내가 된다는 것

BEING

데이터, 사이보그, 인공지능 시대에
인간 의식을 탐험하다

내가 된다는 것

아닐 세스 지음 | 장혜인 옮김

YOU

흐름출판

뇌는 하늘보다 넓지

뇌와 하늘을 나란히 두면

뇌 안에 하늘이 금세 들어가고

당신도 그 안에 들어가니까

— 에밀리 디킨슨Emily Dickinson

추천사

의식에 대한 새로운 이론이 등장할 때마다 나는 귀가 번쩍 뜨였다가 곧 고개를 젓게 된다. 그래서 차세대 아인슈타인(여기에서는 물론 아닐 세스를 말한다)이 또 다른 의식 이론을 발표했다는 소식에 나는 기대와 실망을 예상하고 두 눈을 번뜩였다. 하지만 신경과학자 아닐 세스의 이 책은 이런 편견을 가뿐히 벗어난다. 의식을 다룬 단 하나의 책만 읽는다면 단연 이 책이다. 탁월한 통찰로 복잡한 문제를 아주 명료하게 해체한다.

— 줄리언 바기니Julian Baggini, 〈월 스트리트 저널〉

오늘날 의식 과학을 둘러싼 여러 이론을 살펴보는 데 이보다 나은 가이드는 없을 것이다. 아닐 세스는 우아하고 매력적인 글쓰기로 범심론과 통합 정보 이론 같은 여러 이론을 부드럽게 무너뜨리며, 의식은 일종의 제어된 환각이고 미래를 발명하는 뇌의 최선의 추측이라는 자신의 멋진 이론을 구축한다.

— 니컬러스 험프리Nicholas Humphrey, 신경과학자, 《마음과 영혼의 역사》의 저자

무엇이 나를 만드는가? 내 의식과 자아 감각을 설명하는 것은 무엇인가? 이 놀랍고 획기적인 책에서 아닐 세스는 예측적 뇌라는 새로운 과학에 근거해 놀라운 답을 제시한다. 우리 내면의 '동물기계'를 더 잘 이해하고 싶은 독자에게 필독서다.

— 앤디 클라크Andy Clark, 《불확실성 탐색》의 저자

아닐 세스는 인류의 가장 심오한 수수께끼 중 하나를 진정 이해할 수 있는 발전으로 우리를 이끌 유일한 인물이다.

— 크리스 앤더슨Chris Anderson, TED 큐레이터

아닐 세스는 세계 최고의 의식 연구자 중 한 명이다. 주제를 독특하고 신선하게 탐구하는 그의 글과 강의는 언제나 흥미롭고 이해하기 쉬우며 매력적이다.

— 크리스토프 코흐Christof Koch, 앨런 뇌 연구소 연구자, 《의식의 탐구》의 저자

아닐 세스는 과학자의 마음과 이야기꾼의 기술로 주변을 덜어내며 과학과 철학의 가장 어려운 문제 중 하나를 명료하고 날카롭게 고찰한다.

— 애덤 러더퍼드Adam Rutherford, 《지금껏 살았던 모든 사람의 간략한 역사》의 저자

매혹적인 책이다. 읽는 즐거움이 있다. 아닐 세스는 철학에 정통한 신경과학자의 관점에서 의식과 자아에 대한 근본적인 질문을 탐색한다. 적극 추천한다.

— 나이절 워버턴Nigel Warburton, 《철학의 역사》의 저자

아닐 세스는 의식을 다방면에서 다룬다. 독자에게 다양한 이론의 정수를 진지하고 성공적으로 파헤친다. 본질적으로 다양한 이론에도 너그럽다. 사람을 사물로 바꾸어 놓는 전신마취에서 정보 이론, 확률의 마법(귀납적 베이즈 추론)을 거쳐, 관람자의 몫을 지나 자유에너지 이론까지 여러 이론을 샅샅이 파헤치며 정의한다. 대단원은 체화된 지각과 자아를 강력하게 설명하는 동물기계 이론으로 마무리된다. 아닐 세스의 차분하고 폭넓은 주장은 이 설명에 저항할 수 없게 만든다.

— 길 프리스턴Karl Friston, 유니버시티칼리지 런던 교수

의식의 본질을 탐구하는 명료하고 진지한 이 책에서 아닐 세스는 우리가 의식적인 자아가 되는 경험을 이해하는 데 한 걸음 가까이 다가간다. 꼭 읽어야 할 책이다.

— 아닐 아난타스와미Anil Ananthaswamy, 《나는 죽었다고 말하는 남자》의 저자

아닐 세스는 우리의 생각을 다시 생각하게 만든다. 복잡한 아이디어를 쉽게 읽고 이해할 수 있게 해 주는 흥미로운 이 책은 이 주제에 관심 있는 독자라면 항상 원하던 바로 그 책이다. 저자가 다루는 주제를 잘 이해하고 싶다면 분명 도움이 될 것이다. 누구나 의식에 대해 제대로 이해하고 싶어 하지 않는가? 우리의 삶에서 의식은 가장 기이하고 가장 근본적인 것이기 때문이다.

— 알렉스 가랜드Alex Garland, 영화 〈엑스 마키나〉 감독

놀랄 만한 멋진 책이다. 철학, 과학, 문학, 개인적 체험과 고찰 등 다양한 면을 광범위하게 다룬다. 아닐 세스는 우리가 무엇이고 어떤 존재인지뿐만 아니라 우리가 왜 이런 식으로 존재하는지 묻는 도발적인 질문을 던진다. 어째서 우리는 분명 그렇지 않은데도 항상 똑같은 사람이라는 감각을 느끼게 되는가? 어째서 우리는 자각하는 존재라고 느끼게 되는가? 무엇 때문일까? 영감 넘치는 이 책을 읽으며 나는 열정적으로 열 페이지도 넘는 메모를 했다. 꼭 펜을 가까이 두고 읽기를 권한다.

— 데이비드 번David Byrne, 밴드 '토킹 헤드Talking Heads' 리더

짜릿하고 방대하며 단연 중대한 책으로 자리매김할 놀라운 업적이다.

— 〈가디언〉

아닐 세스는 지각이 의식적 현실로 가장할 뿐이라는 사실을 설득력 있게 주장한다. 유려하고 쉽게 읽힌다.

— 〈파이낸셜 타임스〉

이 탁월한 저자는 철학, 생물학, 인지과학, 신경과학, 인공지능을 바탕으로, 끊임없이 세상을 만들고 오류를 수정하는 우리 뇌를 예측 기계라고 보며, 자아 감각은 바로 우리 몸에서 나온다고 주장한다.

— 〈네이처〉

상상력 넘치고 매우 설득력 있는 책!

— 〈사이언티픽 아메리칸〉

신경과학과 인공지능 연구 모두에서 점점 많은 지지를 얻는 혁신적인 아이디어들을 멋지게 설명하는 책이다. 의식이라는 핵심 질문에 익숙한 독자와 새로 입문하는 독자 모두 읽을 가치가 있는 책이다.

— 〈월드 리터러쳐 리뷰〉

과학과 철학의 여러 면에서 획기적인 이 책은 흥미진진하고 정보가 넘치며 열정적이고 도발적이다. 여러 번 곱씹어 읽으며 '내'가 정확히 누구이고 무엇인지 다시 생각해 보게 한다.

— 〈리서치 프로페셔널 뉴스〉

몇 년 전, 나는 인생에서 세 번째로 소멸했다. 간단한 수술을 받느라 뇌에는 마취제가 가득 찼다. 온통 암흑이었고, 세상에서 떨어져 무너지는 듯했던 느낌을 기억한다.

전신마취는 잠이 드는 상태와는 상당히 다르다. 사실 그래야 한다. 수술 중 마취되지 않고 잠이 든다면 수술칼이 닿자마자 깨버릴 것이다. 깊은 마취 상태는 의식이 전혀 없는 혼수상태나 식물인간 상태와 비슷하다. 깊은 마취에 빠지면 뇌의 전기적 활동이 대부분 사라지는데, 이런 일은 깨어 있든 잠들어 있든 일상에서는 절대 일어나지 않는다. 마취과 의사가 환자의 뇌에 변화를 주어 어렵지 않게 깊은 무의식 상태에 들어갔다 나오도록 할 수 있다는 것은 현대 의학의 기적 중 하나다. 마취는 일종의 변신이자 마술이며, 사람을 사물로 바꾸는 기술이다.

물론 이 사물은 다시 사람으로 돌아온다. 그래서 나는 약간 졸리고 혼란스러웠지만 분명 그곳에서 돌아왔다. 시간이 전혀 흐르지 않은 것 같았다. 깊은 잠에서 깨어나면 몇 시인지 분간이 가지 않을 때도 있지만, 적어도 어느 정도 시간이 흘렀다거나, 잠잘 때의 의식과 지금의 의식이 이어져 있다는 느낌은 항상 느낄 수 있다. 하지만 전신마취 상태에서는 상황이 다르다. 나는 그 상태로 5분, 5시간, 5년, 심지어 50년을 보냈을 수도 있다.

전신마취는 뇌나 마음에만 작용하지 않는다. 우리 의식에도 작용한다. 마취는 머릿속 신경 회로의 섬세한 전기화학적 균형을 바꿔 '무언가가 된다'는 것이 어떤 것인지 알려주는 기저 상태를 일시적으로 사라지게 만든다. 이 과정에는 과학과 철학의 가장 큰 미스터리가 있다.

우리 뇌는 아주 작은 생물학적 기계인 수많은 뉴런의 활동을 결합해 의식적 경험을 만든다. 뇌가 만드는 의식적 경험은 지금 이곳에서 일어나는 **당신의** 의식적 경험이다. **어떻게 이런 일이 일어날까? 어째서 우리는 삶을 일인칭으로 경험할까?**

어린 시절, 욕실 거울을 바라본 적이 있다. 그때 나는 **내가 된다**는 그 순간의 경험도 언젠가는 끝나고, 그러면 '나'는 죽는다는 사실을 난생처음 깨달았다. 여덟아홉 살 때쯤이었을 터라, 어린 시절의 다른 기억과 마찬가지로 그다지 정확하지는 않다. 하지만 내 의식에 끝이 있다면 그것은 나를 이루는 내 몸과 뇌라는 물리적 물질성과 어떻게든 연관이 있을 거라는 사실을 깨달은 것도 그때였다. 그 후 나는 이 미스터리와 씨름해왔다.

케임브리지대학교 학부생이던 1990년대 초, 내가 가졌던 물리학과 철학에 대한 설익은 로망은 심리학과 신경과학에 대한 매혹으로 확장되었다. 당시 이 분야에서는 의식에 대한 언급을 꺼리거나 심지어 금기시하는 것 같았는데도 말이다. 박사 과정을 거치며 인공지능과 로봇공학이라는, 길지만 뜻밖에 귀한 우회로에 접어든 나는, 이후 태평양 연안 샌디에이고의 신경과학 연구소Neurosciences Institute에서 6년간 일한 후, 마침내 직접 의식의 뇌 기반을 조사할 기회를 얻었다. 그곳에서 나는 노벨상 수상자 제럴드 에델만Gerald Edelman과 함께 연구했다. 그는 의식이라는 주제를 연구함에 있어 과학에 초점을 맞추는 정당한 관점에서 보는 가장 중요한 인물 중 한 명이다.

지금 나는 영국의 해안 도시 브라이턴 근처 사우스다운스의 완만한 녹지 언덕에 자리한 서식스대학교 새클러 의식과학 연구센터Sackler Centre for Consciousness Science의 공동 책임자로 10년 넘게 재직 중이다. 이곳에서는 신경과학자, 심리학자, 정신과 의사, 뇌 영상 전문가, 가상현실 전문가, 수학자, 철학자들이 의식적 경험의 뇌 기반을 밝히는 새로운 창을 열기 위해 함께 노력하고 있다.

당신이 과학자든 아니든 의식은 중요한 미스터리다. 의식적 경험은 우리에게 **전부**다. 의식적 경험이 없다면 세상도, 자기도, 내부도, 외부도 없다.

그리 머지않은 미래의 내가 일생일대의 거래를 제안한다고 상상해보자. (미리 말해두지만, 이는 철학적 문제다.) 자, 당신의 뇌를 모든 면에서 똑같은 기계로 대체할 수 있다. 겉으로 보기에는 아무도 차이를 구별할 수 없다. 이 새로운 기계에는 장점이 많다. 썩지도 않고, 당신을 영원히 살게 해줄 수도 있다.

하지만 한 가지 문제가 있다. 미래의 나도 실제 뇌에서 어떻게 의식이 발생하는지는 알 수 없으므로, 당신이 제안을 받아들인다면 의식적 경험을 하게 된다고 장담할 수 없다. 의식이 뇌 회로의 동력이나 복잡성 또는 기능적 능력에만 의존한다고 생각한다면 당신은 이 제안을 받아들이겠지만, 의식이 뉴런 같은 특정 생물학적 물질에 의존한다고 생각한다면 제안을 받아들이지 않을 것이다. 물론 기계-뇌는 모든 면에서 원래 뇌와 똑같이 작동할 것이므로, 제안을 받아들여 새로 태어난 당신에게 의식이 있는지 질문하면 당신은 그렇다고 대답할 것이다. 하지만 그렇게 대답하더라도 **당신**에게 삶이 더는 일인칭이 아니라면 어떨까?

그렇다면 당신은 거래를 거절할 가능성이 크다. 의식이 없다면 5년을 더 살든 500년을 더 살든 큰 차이가 없을 것이기 때문이다. 그렇게 사는 동안 **당신이 된다는 것은 어떤 것인지 알려주는 것은 아무것도 없을** 테니 말이다.

철학 논쟁은 제쳐두더라도 의식의 뇌 기반을 이해하는 일은 실질적으로도 중요하다. 즐거운 이야기는 아니지만, 뇌가 손상되거나 많은 이들이 겪고 있는 정신적 질병을 경험하면 괴로운 의식 장애가 함께 일어날 수 있다. 모든 것이 혼란스러운 어린 시절부터, 좀 더 명확하지만 환상 같기도 하고 분명 전반적으로 명료하지는 않은 성인기를 거쳐, 신경 퇴행성 쇠퇴가 시작되어 점진적으로(어떤 이들에게는 어리둥절할 정도로 빠르게) 자기가 해체되는 노년기에 이르는 동안 우리의 의식적 경험은 변한다. 인생의 각 단계에 존재하지만, 시간이 지나도 변하지 않는 단일하고 독특한 의식적 자기(영혼?)가 있다고 생각한다면 오산이다. 사실 의식이라는 미스터리의 가장 매혹적인 측면 중 하나는 **자기**self의 본질이다. 자의식 없이도 의식이 가능할까? 그렇다 해도 자의식은 여전히 중요할까?

이런 어려운 질문에 대한 답은 우리가 세상, 그리고 세상 속 생명을 이해하는 방식에 여러 의미를 준다. 의식은 언제부터 발달하기 시작할까? 태어날 때부터일까? 태아도 의식이 있을까? 영장류나 다른 포유류뿐만 아니라 문어 또는 전혀 다른 생물, 이를테면 선충류나 박테리아 같은 단순한 유기체도 의식이 있을까? 대장균이나 농어 같은 것이 된다는 것은 어떤 것인지 알려주는 무언가가 있을까? 미래의 기계는 어떨까?

이제 우리는 인간을 넘어선 새로운 인공지능의 능력뿐만 아니라 **우리**가 **그들**에 대해 윤리적 태도를 보여야 할지 아닐지, 만일 그래야 한다면 언제부터 그래야 할지 근심해야 한다. 이런 질문은 영화 〈2001: 스페이스 오디세이2001: A Space Odyssey〉에서 주인공 데이브 보우먼Dave Bowman이 그저 기억 저장 장치를 하나씩 빼내 인공지능 할HAL의 성격을 파괴하는 장면을 볼 때 느꼈던 묘한 연민을 떠올리게 한다. 리들리 스콧Ridley Scott의 영화 〈블레이드 러너Blade Runner〉에 나오는 복제인간들의 처지를 볼 때 느끼는 더 큰 연민은 의식적 자기를 경험하는 데 있어 **살아 있는 기계**living machines라는 본질의 중요성에 대한 실마리가 된다.

───────

이 책은 의식의 신경과학을 다룬다. 주관적 경험이라는 내면의 우주가 뇌와 몸에서 펼쳐지는 생물학적·물리적 과정과 어떤 연관이 있고, 이 과정을 통해 내면의 우주를 어떻게 설명할 수 있을

지 알아본다. 의식의 신경과학이라는 주제는 내 연구 경력 전반에 걸쳐 나를 사로잡아 왔으며, 이제 희미한 해답의 빛이 보이기 시작했다.

이 희미한 빛은 세상과 그 속에 사는 우리의 의식적 경험에 대해 사고하는 방법을 이미 극적으로 바꿔놓았다. 의식을 사고하는 방식은 삶의 모든 면에 영향을 미친다. 의식과학은 다름 아닌 우리가 누구인지, 내가 된다는 것은 어떤 것인지, 당신이 된다는 것은 어떤 것인지, 그리고 무언가가 '된다'는 것은 어떤 것인지 알려주는 무언가가 대체 왜 존재하는지 설명한다.

의식은 인간 게놈을 해독하거나 기후변화라는 현실을 파악하는 것과 같은 방식으로 '해결'되지는 않을 것 같다. 과학 지식이 번뜩 떠오른 깨달음으로 단번에 진보한다는 믿음은 간단하지만 그다지 정확하지 않은 신화에 불과하다. 의식의 미스터리는 그렇게 풀리지 않을 것이다.

의식과학은 의식의 다양한 속성이 머릿속 뇌라는 신경 웨트웨어wetware의 작동과 어떻게 연관되고, 이에 따라 어떻게 달라지는지 설명할 수 있어야 한다. 적어도 의식과학은 의식이 애초에 우주의 일부가 된 이유를 설명하는 것을 일차적 목표로 삼아서는 안 된다. 의식의 미스터리는 감추면서 뇌가 이처럼 복잡하게 작동하는 이유를 이해하는 것을 목표로 삼아서도 안 된다. 이 책에서는 뇌와 신체 메커니즘 측면에서 의식의 속성을 설명해 의식이 존재하는 심오한 형이상학적인 이유와 존재 방식의 신비를 점차 밝힐 수 있음을 보이려 한다.

앞서 나는 뇌가 고깃덩어리로 만들어진 컴퓨터가 아니라는 점을 강조하기 위해 '웨트웨어'라는 용어를 사용했다. 뇌는 전기적 네트워크이자 화학적 기계다. 뇌는 환경과 상호작용하는 살아 있는 신체 일부다. 생물물리학적 메커니즘 측면에서 의식의 속성을 설명하려면 뇌와 의식적 마음을 **체화**embodied되고 **내재된**embedded 시스템으로 이해해야 한다.

마지막으로 나는 우리에게 가장 의미 있는 의식의 측면일 **자기**에 대한 새로운 개념을 제안하고자 한다. 17세기 데카르트로 거슬러 올라가 지금도 큰 영향을 미치는 전통적 관점에서는, 인간이 아닌 동물에게는 행동을 유도하는 이성적 마음이 없으므로 의식적 자아도 없다고 본다. 동물은 자신의 존재를 숙고할 능력이 없는, 살점으로 된 자동장치인 '동물기계beast machines'에 불과하다는 것이다.

나는 이런 의견에 동의하지 않는다. 의식은 지능이 있다는 것보다 살아 있다는 것과 더 관련이 있다. 우리는 바로 동물기계이기 **때문에** 의식적 자기가 된다. **당신이 된다**거나 **내가 된다**는 경험은 뇌가 신체의 내적 상태를 예측하고 제어하는 방식에서 나온다. 자아의 본질은 이성적 마음도, 비물질적 영혼도 아니다. 자아의 본질은 모든 자기 경험과 의식적 경험의 기초가 되는, 살아 있다는 단순한 느낌을 뒷받침하는 깊이 체화된 생물학적 **프로세스**다. **당신이 된다**는 것은 바로 신체와 관련이 있다.

이 책은 네 부분으로 구성되었다. 1부에서는 의식을 과학적으로 다루는 접근법을 설명한다. 여기서는 의식의 '수준', 즉 누군가 혹은 무엇이 얼마나 의식적일 수 있는가 하는 문제, 그리고 의식을 '측정'하려는 시도가 어떤 길을 걸어왔는지 살핀다. 2부에서는 의식의 '내용'을 다루며 우리가 무엇을, 언제 의식하는지 설명한다. 3부에서는 내면에 초점을 맞추어 자기와 의식적 자아가 일으키는 다양한 경험을 다룬다. 마지막 4부 '또 다른 것들'에서는 의식을 새롭게 이해해 다른 동물의 의식과 의식 있는 기계의 가능성을 살펴본다. 이 책을 읽고 나면 세상과 자기에 대한 우리의 의식적 경험이 살아 있는 우리 몸에서, 몸을 통해, 몸 **때문에** 발생하는 뇌 기반 예측, 즉 '제어된 환각controlled halluciations'의 여러 형태라는 사실을 이해하게 될 것이다.

———

신경과학자들 사이에서는 다소 그 명성이 퇴색했지만, 지크문트 프로이트Sigmund Freud는 여러 면에서 옳았다. 프로이트는 과학의 역사를 되돌아보며, 발견 당시 거센 저항에 부딪혔지만 중요한 과학적 진보를 이룬 세 가지 '충격'을 거론했다. 인간 중심의 자기 중요성self-importance에 이의를 제기한 충격들이다. 첫 번째는 지구가 태양 주위를 돌며 그 반대는 아니라는 지동설을 주장한 니콜라우스 코페르니쿠스Nicolaus Copernicus다. 지동설은 인간이 우주의 중심이 아니라는 사실을 깨닫게 했다. 우리는 광활한 저 어딘가의 작은 점, 심연의 창백한 푸른 점에 지나지 않는다. 두 번째는 인간과 다른 모든 생물의 조상은 하나라는 사실을 밝힌 찰스 다윈Charles Darwin이다. 놀랍게도 어떤 사람들은 아직도 이 사실을 거부한다. 약간 자기 자랑 같지만 프로이트가 인간 예외주의에 대한 세 번째 충격으로 거론한 것은 인간의 정신적 삶을 의식적이고 이성적으로 통제할 수 있다는 생각에 도전하는, 무의식적 마음에 대한 자신의 이론이었다. 세부적으로는 다소 빗나갔을지 모르지만, 프로이트의 이론은 마음과 의식에 대한 자연주의적 설명이 결정적으로 인류의 지위를 끌어내리리라 지적했고, 이런 프로이트의 설명은 전적으로 옳았다.

이처럼 우리 자신을 바라보는 관점이 변화한 것은 환영받을 만한 일이다. 자신을 새롭게 이해하면 우리가 자연에서 **멀어진** 존재가 아니라 자연의 **일부**라고 보는 새로운 능력과 경이로운 감각을 얻게 될 것이다.

우리의 의식적 경험은 신체나 세상과 마찬가지로 자연의 일부다. 그리고 삶이 끝나면 의식도 사라진다. 이렇게 생각하면 나는 전신마취를 받았던 경험(경험하지 **못한** 경험)을 다시 떠올리게 된다. 망각은 위안이 되지만, 그래도 망각은 망각이다. 소설가 줄리언 반스Julian Barnes는 죽음을 피할 수 없다는 사실을 다음과 같이 완벽하게 표현했다. "의식의 끝이 온다고 겁먹을 것은 아무것도 없다. 정말 **아무것**nothing도 없다."

차례

3부

자기
Self

4부

또 다른 것들
Other

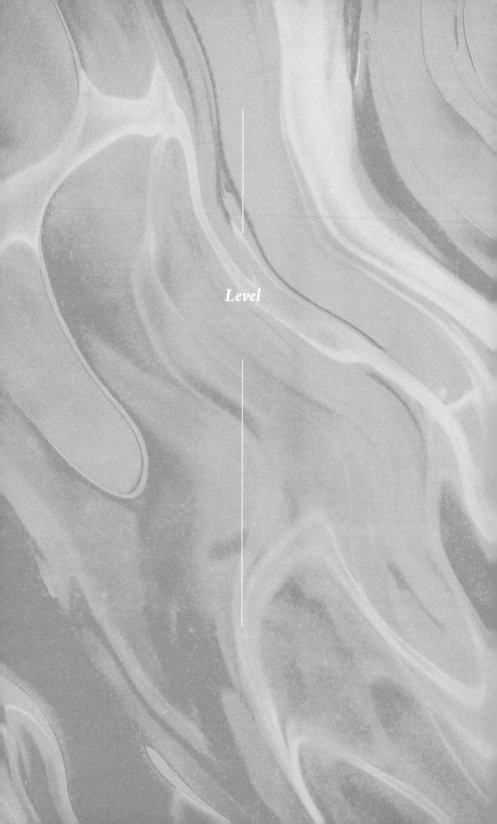

Level

1부

의식의 수준

1장

실재적 문제

의식이란 무엇인가?

의식이 있는 생물에게는 그 생물이 **되는 것**이란 어떤 것인지 알려주는 무언가가 있다. 내가 되는 것은 어떤 것인지, 당신이 되는 것은 어떤 것인지, 양이나 돌고래가 되는 것은 어떤 것인지 알려주는 그 무엇이다. 의식이 있는 각 생물에게는 주관적 경험이 일어난다. 이 주관적 경험은 내가 되는 것이 **어떤 느낌인지** 알려준다. 하지만 박테리아나 풀잎, 장난감 로봇이 되는 것이 어떤 것인지는 거의 알 길이 없다. 이들에게는 (아마도) 주관적 경험이 절대 일어나지 않을 것이기 때문이다. 이들에게는 내면의 우주도, 인식도, 의식도 없다.

이런 설명은 철학자 토머스 네이글Thomas Nagel이 1974년에 발표한, 지금은 전설이 된 논문 〈박쥐가 된다는 것은 어떤 것인가?

What is it like to be a bat?)와 밀접한 관련이 있다. 네이글은 이 논문에서 우리 인간은 박쥐의 경험을 결코 경험할 수 없지만, 그렇더라도 박쥐에게는 '박쥐가 된다는 것은 어떤 것인지' 알려주는 무언가가 있다고 주장했다.[1] 나는 **현상성**phenomenology을 강조하는 네이글의 이런 접근법을 선호한다. 현상학은 의식적 경험의 주관적 속성을 다룬다. 시각적 경험이 왜 정서적 경험이나 후각적 경험의 주관적 속성과 다른 고유한 형식과 구조, 특질을 지니는지와 같은 질문은 현상학적 질문이다. 철학에서는 이런 속성을 **감각질**qualia이라고 부른다. 빨강의 빨간색, 질투의 고통, 치통의 찌르는 듯한 통증이나 뻐근한 욱신거림 같은 것이 감각질이다.

유기체가 의식을 지니려면 그 자체로 일종의 현상성이 있어야 한다. **어떤** 경험, **어떤** 현상학적 속성도 다른 것만큼 중요하다. 경험이 있으면 현상성이 있다. 그리고 현상성이 있으면 의식이 있다. 짧은 시간밖에 살지 못하는 생물이라도 그 생물이 된다는 것이 어떤 것인지 알려주는 무언가가 있는 한, 비록 찰나의 고통이나 기쁨만 느낀다 해도 그 생물은 의식적이라 할 수 있다.

우리는 의식의 현상학적 속성을 의식의 **기능적** 또는 **행동적** 속성과 실질적으로 구별할 수 있다. 기능적 속성은 우리 마음과 뇌가 작동할 때 의식이 수행하는 역할을, 행동적 속성은 의식적 경험을 통해 유기체가 할 수 있는 행동을 나타낸다. 의식과 관련된 기능과 행동은 중요한 주제이지만, 의식의 정의를 내리는 데는 적합하지 않다. 의식은 무엇보다 주관적 경험에 관한 것이며,

따라서 현상성에 관한 것이기 때문이다.

과거에는 의식이 있는 상태를 언어나 지능이 있다거나, 특정 행동을 보이는 것과 종종 혼동했다. 하지만 꿈꾸는 동안이나 전신마취 상태에서 명확하게 알 수 있듯, 의식은 겉으로 드러나는 행동과는 큰 관련이 없다. 의식에 언어가 필요하다고 하려면 아기나 언어능력을 상실한 성인, 인간 이외의 동물 대부분은 의식이 없다고 해야 한다. 게다가 아마도 인간만의 독특한 부분인 복잡한 추상적 사고조차 의식의 일부에 불과하다고 보아야 한다.

하지만 의식과학에서 두드러진 몇몇 이론조차 계속해서 현상성보다 기능과 행동을 강조한다. 가장 대표적인 이론은 심리학자 버나드 바스Bernard Baars와 신경과학자 스타니슬라스 드앤Stanislas Dehaene이 여러 해에 걸쳐 개발한 '전역 작업공간global workspace' 이론일 것이다. 이 이론에 따르면 지각, 사고, 정서 등의 정신적 내용은 해부학적으로 뇌 피질의 전두부frontal regions와 두정부parietal regions에 분포한 '작업공간'에 접근할 때 비로소 의식적인 것이 된다. (대뇌피질은 빼곡히 접힌 뇌의 바깥 표면으로, 뉴런으로 꽉 채워져 있다.[2]) 정신적 내용이 피질 작업공간으로 송출되면 우리는 그 내용을 의식하고 이를 이용해 무의식적 지각보다 훨씬 유연하게 행동을 유도한다. 나는 내 앞 탁자 위에 놓인 물잔을 의식적으로 인식한다. 나는 잔을 집어 들어 물을 마시거나 충동적으로 컴퓨터에 던져버릴 수도 있고, 물잔에 대한 시를 쓰거나, 물잔이 며칠이나 그 자리에 있었다는 사실을 깨닫고 주방으로 가져갈 수도 있다.

하지만 무의식적 지각은 이 정도의 행동 유연성을 허용하지 않는다.

또 다른 유명한 이론인 '고차사유higher-order thought' 이론에 따르면, 우리는 정신적 내용을 목표로 하는 '고차원적' 인지 프로세스가 그 내용을 의식적으로 만들 때 비로소 그 정신적 내용을 의식할 수 있게 된다. 전역 작업공간 이론보다는 덜하지만, 고차사유 이론은 의식의 현상성보다 기능적 속성을 강조하는 **메타인지**metacognition('인지에 대한 인지') 같은 프로세스가 의식과 밀접하게 관련 있다고 본다. 전역 작업공간 이론처럼 고차사유 이론도 뇌 전두부가 의식의 핵심이라고 강조한다.

이런 이론은 흥미롭고 영향력 있지만, 이 책에서는 둘 중 어느 것도 깊이 있게 다루지 않을 것이다. 두 이론은 모두 의식의 기능적·행동적 측면을 중시하지만, 나는 경험 자체에서 시작하는 현상성에서 출발해야만 의식의 기능과 행동을 논할 수 있다고 생각하기 때문이다.

복잡한 현상을 제대로 이해하지 못하고 섣불리 명확하게 정의하려다 보면 정의가 제한되거나 심지어 오해를 불러일으킬 수 있다. 유용한 정의는 과학적 진보의 시작이나 끝이 아닌 발판 역할을 하며 과학적 이해와 나란히 발전해왔으며, 이런 사실은 역사상 여러 번 입증되었다. 유전학에서 '유전자'의 정의는 분자생물학이 발전함에 따라 상당히 달라져 왔다. 이와 마찬가지로 의식에 대한 이해가 발전하면 의식의 정의(또는 정의들)도 함께 발전할 것이다. 의식이 무엇보다 현상성에 대한 것임을 받아들이면, 이제 다음 질문으로 넘어갈 수 있다.

———

의식은 어떻게 발생하는가? 의식적 경험은 우리 몸과 뇌 속 생물물리학적 기계와 어떤 관련이 있는가? 의식적 경험은 원자나 쿼크, 초끈 소용돌이 또는 궁극적으로 우주 전체를 구성하는 모든 것과 어떤 관련이 있는가?

의식의 '어려운 문제hard problem'는 이 질문에 대한 고전적인 답을 준다. 호주 철학자 데이비드 차머스David Chalmers가 1990년대 초에 고안한 이 표현은 이후 여러 의식과학의 의제를 설정했다. 차머스는 '어려운 문제'를 이렇게 설명한다.

"어떤 유기체가 경험의 주체라는 점은 부인할 수 없다. 하지만 이 유기체라는 시스템이 대체 어떻게 경험의 주체가 되었는가 하는 질문은 난해하다. 인지 시스템이 시청각 정보를 처리할 때 어째서 우리는 남색의 특질이나 가온도 음의 감각 같은 시청각 경험을 하게 되는가? 정신적 이미지를 품거나 정서를 경험한다는 것이 어떤 것인지 알려주는 그 무엇이 존재하는 이유를 설명할 수 있는가? 우리는 경험이 물리적 기반에서 발생한다는 데는 전반적으로 동의하지만 경험이 어떻게, 왜 발생하는지는 제대로 설명하지 못한다. 대체 왜 물리적 프로세스가 풍부한 내면의 삶을 일으켜야 하는가? 그래야 하고, 어쨌든 그렇게 한다는 말은 객관적으로 불합리해 보인다."

차머스는 뇌 같은 물리적 시스템이 어떻게 의식의 여러 기능적·행동적 속성을 일으키는지 설명하는 소위 의식의 쉬운 문제 easy problem(또는 문제들)와 어려운 문제를 구별한다. 의식의 기능적 속성은 감각 신호 처리, 동작 선택, 행동 제어, 주의 집중, 언어 생성 등이다. 쉬운 문제는 우리 같은 존재가 할 수 있는 것과 기능(입력이 출력으로 변환되는 방식) 및 행동으로 특징지을 수 있는 모든 것을 다룬다.

물론 쉬운 문제라고 해서 결코 쉽지는 않다. 신경과학자들이 쉬운 문제를 해결하려면 수십 년에서 수 세기가 더 걸릴지도 모른다. 차머스는 쉬운 문제를 풀기란 원칙적으로 쉽지만 어려운 문제는 그렇지 않다고 지적한다. 좀 더 정확히 말하면 물리적 메커니즘 측면에서 쉬운 문제를 설명하지 못하게 막는 개념적 장애물은 없지만, 어려운 문제는 어떤 식으로도 설명할 수 없어 보인다. (여기서 '메커니즘'이란 명확히 말하자면 효과를 내는 여러 부분이 인과적으로 상호작용하는 시스템으로 정의할 수 있다.) 쉬운 문제를 하나하나 모두 해결해도 어려운 문제는 그대로 남는다.

"지각적 변별, 범주화, 내적 접근, 구두 보고 같은 경험에서 모든 기능이 어떻게 작동하는지 설명하더라도, 다음과 같은 질문은 여전히 해결되지 않는다. **이런 기능은 왜 경험을 일으키며 작동하는가?"**

어려운 문제의 뿌리는 고대 그리스 이전으로 거슬러 올라간다. 하지만 이 개념이 명확히 드러나는 것은 17세기 르네 데카르트René Descartes에 이르러서다. 데카르트는 우주를 마음(**사유하는 실체** res cogitans)과 물질(**연장된 실체**res extensa)로 구분했다. 이런 구분에 따라 이원론dualism이라는 철학이 시작되면서 의식에 대한 모든 논의는 복잡하고 혼란스러워졌다. 의식을 사고하는 철학 양식이 급증했다는 점에서 이런 혼란을 뚜렷하게 볼 수 있다.

잠시 숨을 고르고 이 '주의'들을 살펴보자.

내가 선호하고 많은 신경과학자가 기본 가정으로 삼는 철학적 입장은 **물리주의**physicalism다. 우주는 기질로 구성되어 있으며, 의식적 상태는 이 기질의 특정 배열과 같거나 기질에서 발생한다고 보는 개념이다. 일부 철학자들은 **유물론**materialism이라는 용어를 사용하기도 하는데, 우리의 목적상 이 둘은 동의어로 볼 수 있다.

물리주의의 대척점에는 **유심론**idealism이 있다. 흔히 18세기 성공회 주교 조지 버클리George Berkeley로부터 나왔다고 보는 유심론은 현실의 궁극적 원천이 기질이나 물질이 아니라 의식이나 마음이라고 여긴다. 유심론에서 중요한 문제는 마음이 어떻게 물질에서 나오는지가 아니라, 물질이 어떻게 마음에서 나오는지다.

이 둘 사이에 어중간하게 끼어 있는 **이원론**을 주장하는 데카르트 같은 사람들은 의식(마음)과 물질이 별개의 실체나 존재 양식이라 믿으며, 의식과 물질이 상호작용하는 방법이라는 까다로운 문제를 제기한다. 오늘날 이런 견해에 완전히 동의하는 철학자나 과학자는 거의 없다. 하지만 많은 이들, 특히 서구 사람들에게 이원론은 여전히 매력적이다. 의식적 경험을 비물질적으로 보는 직관은 매력적이지만, 이렇게 '보는' 방식은 사물의 실체에 대한 믿음을 끌어내며 '안일한 이원론'을 조장한다. 앞으로 이 책에서 살펴보겠지만, 사물의 겉모습은 사물의 실체에 대해 제대로 알려주지 못한다.

특히 큰 영향력을 미치며 유행하는 물리주의 중 하나는 **기능주의**functionalism다. 물리주의와 마찬가지로 기능주의도 많은 신경과학자가 암묵적으로 동의하는 일반적인 가정이다. 물리주의를 받아들이는 사람은 대부분 기능주의도 당연하게 받아들인다. 하지만 내가 보기에 기능주의는 불가지론적이고 다소 미심쩍다.

기능주의에 따르면 의식은 시스템이 무엇으로 이루어졌는지(물리적 구성)가 아니라, 시스템이 무엇을 하고, 어떤 기능을 수행하며, 어떻게 입력을 출력으로 변환하는지에 달려 있다. 마음과 의식은 뇌가 실행할 수 있는 정보처리 형태지만, 그 정보처리에 생물학적 뇌가 꼭 필요하지는 않다는 생각이 기능주의로 이어진다.

(앞서 차머스의 인용문에서도 볼 수 있었듯이) '정보처리information processing'라는 용어가 난데없이 끼어든 것에 주목하자. 정보처리라는 말은 마음과 뇌, 의식을 논할 때 흔히 등장하므로 간과하기

쉽다. 하지만 이는 실수다. 뇌가 '정보를 처리한다'라는 주장은 현실과 동떨어진 몇 가지 가정을 감추기 때문이다. 이런 가정은 뇌가 마음(과 의식)이라는 소프트웨어(또는 '마인드웨어mindware')로 작동하는 일종의 컴퓨터라는 가정에서부터, 정보란 실제로 **무엇인지**에 대한 가정까지 다양하다. 이런 가정은 모두 위험하다. 뇌는 컴퓨터, 적어도 우리에게 익숙한 컴퓨터와는 전혀 다르다. 그리고 앞으로 살펴보겠지만 정보가 '실제로' 무엇인지 묻는 질문은 의식이 무엇인지 묻는 질문만큼 복잡한 문제다. 이런 우려 때문에 나는 기능주의를 의심한다.

많은 사람처럼 기능주의를 액면 그대로 받아들이면 의식도 컴퓨터에서 **시뮬레이션**simulation할 수 있다는 충격적인 의미도 그대로 받아들이게 된다. 기능주의자들은 의식이 시스템의 구성이 아니라 시스템의 기능에 달려 있다고 믿는다. 기능적으로 제대로 연결하기만 하면, 즉 시스템에 올바른 '입출력 지도'가 있다면 의식을 일으킬 수 있다는 의미다. 다시 말해 기능주의자들에게 **시뮬레이션**이란 **예시화**instantiation다. 실제로 존재하게 만든다는 의미다.

이 말이 합리적으로 들리는가? 분명 시뮬레이션을 예시화로 볼 수도 있다. 영국 인공지능 회사인 딥마인드DeepMind가 개발해 바둑에서 세계를 제패한 알파고 제로AlphaGo Zero는 **실제로 바둑을 둔다**. 하지만 그렇지 않은 경우도 많다. 일기예보를 떠올려보자. 기상 시스템의 컴퓨터 시뮬레이션이 아무리 구체적이어도 실제로 비가 오게 하거나 바람이 불게 하지는 못한다. 의식은 알파고와 비슷한가, 아니면 날씨와 비슷한가? 정답을 기대하지는 말라. 정해진 답은 없다. 적어도 지금은 말이다. 정답이 있으리라는 생각은 충분히 이해한다. 그래서 나는 기능주의에 대해 불가지론적이다.

두 가지 '주의'만 더 살펴보면 끝난다.

먼저 **범심론**panpsychism이다. 범심론은 의식이 질량-에너지나 전하처럼 모든 곳에 편재한 우주의 근본적 속성이라고 본다. 어떤 이들은 인간에게 의식이 있듯 돌이나 숟가락에도 의식이 있다는 말이냐며 범심론을 비웃기도 하지만, 이는 범심론을 우스꽝스럽게 만드는 고의적인 오해다. 범심론을 정교하게 변용한 사례 중 일부를 좀 더 살펴볼 것이다. 하지만 겉보기에 기이해 보이는 것이 범심론의 진짜 문제는 아니다. 터무니없는 생각이 결국 사실이거나 유용하다고 밝혀지는 경우도 많다. 범심론의 주된 문제는 범심론이 실제로는 아무것도 설명하지 못하며, 검증 가능한 가설로 이어지지 못한다는 점이다. 범심론은 어려운 문제가 제기한 명백한 미스터리를 손쉽게 회피하며 의식과학을 실증적 연구가 불가능한 막다른 길로 몰고 간다.

마지막으로 철학자 콜린 맥긴Colin McGinn이 주장한 **신비주의**mysterianism가 있다. 신비주의는 의식을 물리적으로 완벽히 설명해 차머스의 어려운 문제를 모두 해결할 수 있지만, 우리 인간은 이 문제를 해결하거나 심지어 초능력을 가진 외계인이 답을 준다 해도 그 답을 이해할 만큼 현명하지 못하고 그렇게 될 수도 없다고 본다. 의식을 물리적으로 이해할 수는 있지만, 개구리가 가상 화폐를 이해하지 못하듯 인간도 의식을 이해하지 못한다는 것이 신비주의의 주장이다. 인간 정신의 한계 때문에 우리는 의식을 인지적으로 이해하지 못한다.

신비주의를 어떻게 받아들여야 할까? 뇌와 마음의 한계 때문에 우리가 결코 이해하지 못하는 것이 있을 수는 있다. 에어버스 A380 항공기가 어떻게 작동하는지 완벽하게 이해하는 사람은 분명 아무도 없을 것이다. (그래도 두바이에서 비행기를 타고 집으로 돌아오는 길은 즐거웠다.) 물리학의 끈 이론을 상세히 이해하기 힘들 듯, 우리가 이론적으로는 이해할 수 있더라도 인지적으로 접근할 수 없는 것도 분명 있다. 뇌라는 물리적 시스템의 자원은 한정되어 있고 뇌가 이해할 수 없는 것도 있으므로, 분명 존재하지만 인간이 이해할 수 없는 것이 있다는 사실은 피할 수 없어 보인다. 하지만 의식을 인간이 닿을 수 없는 미지의 영역에 미리 가두어버리는 신비주의의 주장은 분명 비관적이다.

과학적 사고 방법이 훌륭한 이유는 누적적이고 점층적이기 때문이다. 우리 조상들, 심지어 불과 몇십 년 전 활동하던 과학자나 철학자들이 **원론적으로라도** 전혀 이해할 수 없다고 여겼던 질문도 오늘날에는 많은 사람이 이해할 수 있게 되었다. 온갖 미스터리에도 점차 추론과 실험이 체계적으로 적용되었다. 신비주의를 진지하게 받아들이면 다 포기하고 손을 놓게 된다. 그렇게 하지는 말자.

이런 '주의'들은 의식과 우주 전반의 연관성을 사고할 방식을 제공한다. 이런 이론의 장단점을 따질 때는 어떤 사고방식이 가장 '옳은지'가 아니라, 어떤 이론이 의식에 대한 이해를 한 발 나아가게 하는 데 가장 유용할지 살펴야 한다. 이것이 내가 기능상으로는 불가지론적이지만 물리주의에 끌리는 이유다. 물리주의는 의식과학을 연구하는 데 가장 실용적이고 생산적인 사고방식이다. 또한 내가 아는 한 지적으로 가장 솔직하기도 하다.

––––––

물리주의의 매력에도 불구하고, 물리주의는 의식 연구자들 사이에서 보편적으로 받아들여지지 않는다. '좀비' 사고실험은 물리주의에 대한 가장 흔한 반박이다. 여기서 좀비는 영화에 나오는 사람을 먹는 반半시체가 아니라 '철학적 좀비philosophical zombies'를 의미한다. 하지만 영화 속 좀비처럼 철학적 좀비도 없애야 하는 존재다. 그렇지 않으면 의식을 자연스럽고 물리적으로 설명할 가능성이 설명을 시작도 하기 전에 사라져버리기 때문이다.

철학적 좀비는 의식 있는 생물과 구별할 수 없지만 의식은 없다. 좀비 아닐 세스는 나와 비슷해 보이고 나처럼 행동하고 걷고 말하지만, 좀비 아닐 세스가 **된다**는 것이 어떤 것인지 알려주는 그 무엇이나 내면의 우주도 없고, 경험을 느낄 수도 없다. 좀비 아닐 세스에게 의식이 있는지 물으면 '의식이 있다'라고 대답할 것이다. 좀비 아닐 세스는 철학적 좀비와 의식의 미심쩍은 연관성을 다룬 신경과학 논문을 여러 편 쓸 수도 있다. 하지만 좀비의 어떤 행동도 의식적 경험을 수반하지는 않는다.

좀비라는 개념이 의식에 대한 물리주의적 설명을 공격하는 논증으로 여겨지는 이유는 다음과 같다. 좀비를 상상할 수 있다는 것은, 우리가 사는 세상과 구별할 수는 없지만 의식이 일어나지 않는 세상을 가정할 수 있다는 의미다. 그리고 그런 세상을 가정할 수 있다면 의식은 물리적 현상일 수 없다.

이 논증이 왜 말이 되지 않는지 살펴보자. 좀비 논거는 물리주의를 겨냥하는 여러 사고실험과 마찬가지로 상상 가능성 논증 conceivability arguments이고, 상상 가능성 논증은 본질적으로 취약하다. 다른 논증처럼, 좀비 논증도 지식이 늘어날수록 상상 가능성이 줄어든다.

A380 항공기가 후진해서 나는 모습을 상상할 수 있는가? 물론 상상할 수는 있다. 하늘에서 큰 항공기가 뒤로 가는 모습을 상상하기만 하면 된다. 이 시나리오를 **정말** 상상할 수 있는가? 유체역학과 항공공학에 대해 알면 알수록 이런 상상을 하기는 어렵다. 이론을 조금이라두 알고 있다면 비행기가 후진해서 날 수 없다는 사실은 명백해진다. 그냥 **그럴 수 없다.**[3]

좀비도 마찬가지다. 어떤 면에서 철학적 좀비는 쉽게 상상할 수 있다. 그저 의식적 경험 없이 휘청거리며 돌아다니는 자신을 그려보면 된다. 하지만 이런 좀비를 **정말** 상상할 수 있는가? 좀비 사고실험에서 **정말** 상상해야 하는 것은 타자의 뇌와 몸을 포함한 세상과 상호작용하는 우리 몸속 신경아교세포나 신경전달물질의 농도 구배 또는 신경생물학적 특성이 아니라, 수많은 뉴런과 시냅스(뉴런 사이의 연결)로 이루어진 광활한 네트워크의 능력과 한계다. 정말 이런 것을 상상할 수 있을까? 그렇게 할 수 있는 사람이 있을까? 아마 없을 것이다. A380 항공기처럼 뇌 그리고 뇌와 의식적 경험 및 행동의 관계에 대해 알면 알수록 좀비를 상상하기는 어려워진다.[4]

어떤 것을 상상할 수 있는지의 여부는 상상을 하는 사람에 대한 심리적 견해지, 현실의 본질에 대한 통찰은 아니다. 이것이 좀비의 약점이다. 철학적 좀비는 상상할 수 없는 것을 상상하라고 요구하고, 이런 허구적인 이해를 바탕으로 물리주의적 설명에 한계가 있다는 잘못된 결론을 내린다.

———

이제 우리는 의식에 대한 **실재적 문제**real problem를 만날 준비가 되었다. 실재적 문제란 내가 수년간 여러 의견을 받아들여 정립한, 의식과학에 대한 새로운 사고방식이다. 나는 의식과학을 논할 때 실재적 문제를 다루는 것이 가장 성공적인 접근법이라고 생각한다.

실재적 문제 관점에서 의식과학의 주요 목표는 의식적 경험의 현상학적 속성을 **설명하고, 예측하고, 제어하는** 것이다. 실재적 문제는 뇌와 몸에서 일어나는 물리적 메커니즘과 프로세스라는 측면에서, 특정한 의식적 경험이 일어나고 현상학적 속성을 갖는 이유를 설명한다. 이렇게 설명하면 특정한 주관적 경험이 언제 일어날지 예측할 수 있고, 근본적 메커니즘에 개입해 주관적 경험을 통제할 수 있다. 즉, 실재적 문제를 다루려면 특정 뇌 활동이나 물리적 프로세스 패턴이 그냥 일어나지 않고 특정한 의식적 경험을 드러내는 **이유**를 설명해야 한다.

실재적 문제는 어려운 문제와는 구별된다. 실재적 문제는 의식이 애초에 우주의 일부가 된 이유와 방법을 설명하는 과제를 최우선으로 하지는 않는다. 의식이 단순한 메커니즘을 통해 마술처럼(또는 그런 식으로) 나타나는 특별한 비법을 찾지도 않는다. 실재적 문제는 의식의 기능이나 행동보다 현상성에 중점을 둔다는 점에서 쉬운 문제(또는 문제들)와도 구별된다. 실재적 문제는 의식의 주관적 측면을 숨기지 않는다. 메커니즘과 프로세스를 강조한다는 점에서 물질과 마음의 관계를 다루는 물리주의적 세계관과도 자연스럽게 일치한다.

이 차이를 명확히 살펴보기 위해 여러 접근법이 '빨강redness'이라는 주관적 경험을 어떻게 설명하는지 살펴보자.

쉬운 문제라는 관점에서는 빨강을 경험하는 것과 관련된 메커니즘적·기능적·행동적 속성을 설명하는 일이 문제가 된다. 특정한 빛 파장이 시각 체계를 활성화하는 방법, 우리가 '저 물체는 빨갛다'라고 말할 때의 상태, 빨강 신호등을 볼 때의 전형적인 행동, 빨간색 물체가 특정 정서적 반응을 유도하는 방식 등이 이에 해당한다.

쉬운 문제 접근법은 이런 메커니즘적·기능적·행동적 속성이 현상성, 여기서는 '빨강'의 현상성을 수반하는 이유와 방법을 의도적으로 지나친다. 경험이 나타나지 않는 것과 달리, 어떻게든 주관적 경험이 나타난다는 것은 어려운 문제의 영역에 속한다. 메커니즘에 대한 정보가 아무리 많아도 "좋아, 그런데 이 메커니즘이 왜 의식적 경험과 연관될까?"라고 질문할 수 있다. 어려운 문제 관점에서는 메커니즘과 '빨강을 본다'라는 주관적 경험 사이에 설명적 간극explanatory gap이 있다고 항상 의심하게 된다.

실재적 문제 관점은 의식적 경험이 존재한다는 사실을 받아들이고 의식적 경험의 현상학적 속성에 초점을 맞춘다. 빨강을 경험한다는 것은 시각적이고, 이런 경험은 보통 사물에 고정된 속성이지만 항상 그런 것은 아니다. 빨강은 표면적 속성이고, 다양한 채도를 지니며, 빨강이라는 색 범주 내에서 자연스럽게 달라질 수는 있지만 다른 색 범주와는 분명 구별된다. 이런 의식적 경험의 속성은 모두 **경험 자체**의 속성이지, 적어도 일차적으로는 의식적 경험의 기능적·행동적 속성은 아니다. 실재적 문제의 목표는 뇌와 몸에서 일어나는 일의 현상학적 속성을 설명하고, 예측하고, 제어하는 것이다. 우리는 특정한 경험이 다름 아닌 그런 고유한 방식으로 경험되는 이유를 설명하고, 예측하고, 제어하는 것은 어떤 뇌 활동 패턴(예를 들어 시각 피질[5]에서 일어나는 복잡한 회로 활동 등)인지 알고자 한다. 즉, 실재적 문제는 빨강을 경험하는 의식적 경험은 왜 파랑, 치통, 질투심 같은 것을 경험하는 방식과 다른지 질문한다.

대부분의 과학 연구를 평가하는 기준은 어떤 현상을 어떻게 설명하고, 예측하고, 제어하는지에 달려 있다. 목표하는 현상이 애초에 아무리 종잡을 수 없어 보였더라도 말이다. 물리학자들은 우주의 속성을 설명하고, 예측하고, 제어하면서 우주의 비밀을 푸는 데 엄청난 발전을 이루었지만, 우주가 무엇으로 이루어졌고 왜 존재하는지는 아직 밝히지 못한다. 의식과학 역시 의식적 경험이 왜, 어떻게 우리가 사는 우주의 일부가 되었는지 설명하지 않아도 의식적 경험의 속성과 본질을 밝히는 데 엄청난 진전을 이룰 수 있다.

하지만 과학적 설명이 항상 직관적으로 만족스러우리라는 기대는 접어야 한다. 물리학에서 양자역학은 직관적으로 이해하기 몹시 힘들지만 현재로서는 물리적 현실의 본질을 가장 잘 설명하는 이론으로 널리 받아들여진다. 이와 마찬가지로 의식과학이 무르익으면 "그렇지, 이게 맞아. **당연히** 이렇게 되어야 해!"라고 직관적으로 느껴지지 않더라도 현상학적 속성을 제대로 설명하고, 예측하고, 제어할 수 있게 될 것이다.

하지만 실재적 문제를 주장한다고 어려운 문제가 실패했다는 의미는 아니다. 간접적이지만 실재적 문제는 여전히 어려운 문제를 추구한다. 그 이유를 설명하기 위해 먼저 '의식의 신경 상관물 NCC, Neural Correlate of Consciousness'이라는 개념을 소개하겠다.

불과 30년 전만 해도 의식과학에 대한 평판이 얼마나 좋지 않았는지 생각하면 아직도 놀랍다. 내가 케임브리지대학교에서 학부 과정을 시작하기 1년 전인 1989년, 선도적 심리학자인 스튜어트 서덜랜드Stuart Sutherland는 다음과 같이 썼다. "의식은 매혹적이지만 규정하기 어려운 현상이다. 의식이 무엇이고, 어떤 역할을 하고, 왜 진화했는지는 설명할 수 없다. 의식에 대해 읽을 만한 문헌은 전혀 없다." 이런 말도 안 되는 문장은 무려《국제 심리학 사전International Dictionary of Psychology》에 나온 표현이다. 이 말은 내가 학계에 처음 발을 들일 때 부딪혔던 의식에 대한 일반적인 태도를 잘 포착한다.

당시에는 잘 몰랐지만, 케임브리지에서 멀리 떨어진 다른 곳의 상황은 훨씬 나았다. (로절린드 프랭클린Rosalind Franklin, 제임스 왓슨James Watson과 함께 DNA 분자 구조를 공동 발견한) 프랜시스 크릭Francis Crick과 동료 크리스토프 코흐Christof Koch는 캘리포니아주 샌디에이고에서 의식의 신경 상관물을 찾는다는, 신경과학의 부상에 있어 주요 방법이 될 연구를 시작했다.

의식의 신경 상관물의 표준 정의는 '서로 결합해 특정한 의식적 지각을 일으키기에 충분한 최소 신경 메커니즘'이다. 의식의 신경 상관물 접근법은 '빨강을 본다'처럼 각 경험에 관여하는 특정한 신경 활동 패턴이 있다고 주장한다. 이런 신경 활동이 있을 때마다 빨강이라는 경험이 발생하고, 신경 활동이 없으면 경험도 발생하지 않는다.

의식의 신경 상관물 접근법의 큰 장점은 실질적인 연구 방법을 제공한다는 것이다. 의식의 신경 상관물을 밝히려면 특정한 의식적 경험을 하는 상황과 그렇지 않은 상황을 만들기만 하면 된다. 이때 두 상황은 해당 의식적 경험이라는 측면 외에는 최대한 비슷해야 한다. 그다음 기능적 자기공명영상fMRI, funtional Magnetic Resonance Imaging이나 뇌전도EEG, electroencephalography 같은 뇌영상 방법으로 두 상황의 뇌 활동을 비교한다.[6] 이때 '의식'적 경험을 하는 상황에서 특징적으로 나타나는 뇌 활동이 각 경험의 의식의 신경 상관물이다.

'양안 경합binocular rivalry' 현상은 의식의 신경 상관물을 이해하는 데 도움이 된다. 먼저 양쪽 눈에 각각 다른 이미지를 보여준다. 예를 들어 왼쪽 눈에는 얼굴 사진을, 오른쪽 눈에는 집 사진을 보여준다. 이 상황에서 이시저 지각은 얼굴과 집을 기묘하게 중첩하지 않는다. 의식적 지각은 얼굴과 집 사이를 왔다 갔다 하며 몇 초씩 머무른다. 먼저 집을 보고, 다음에는 얼굴을 보고, 그다음에는 집을 보는 식으로 계속 반복한다. 여기서 중요한 사실은 감각 입력이 변하지 않는데도 의식적 지각은 계속 변한다는 점이다. 뇌에서 어떤 일이 일어나는지 살펴보면, 의식적 지각을 나타내는 뇌 활동과 들어오는 감각 입력을 나타내는 뇌 활동을 구별할 수 있다. 의식적 지각을 나타내는 뇌 활동이 바로 해당 지각에 대한 의식의 신경 상관물이다.

의식의 신경 상관물 전략은 여러 해 동안 상당히 생산적인 성과를 거두었으며 다양하고 흥미로운 결과를 보여주었다. 하지만 한계 역시 분명하다. 의식의 신경 상관물 전략의 한 가지 문제는 여러 잠재적 교란 변수와 '진짜' 의식의 신경 상관물을 구분하기 어렵고, 결국 이 둘의 구분이 불가능하다는 점이다. 더 중요한 문제는 신경에서 발생하는 잠재적 교란 변수가 의식의 신경 상관물 자체의 전제 조건이자 결과라는 점이다. 양안 경합 실험의 경우, 의식적 지각을 나타내는 뇌 활동은 '주의 집중' 같은 상향식 과정(전제 조건)을 나타낼 수도 있고, 집이나 얼굴이 보인다고 '보고'하는 말하기 행동 같은 하향식 과정을 나타낼 수도 있다. 의식적 지각의 흐름과 연관해 보더라도, 주의 집중이나 구두 보고 또는 이러한 상향식 전제 조건이나 하향식 결과를 담당하는 신경 메커니즘을 의식적 지각 자체를 담당하는 신경 메커니즘과 혼동해서는 안 된다.

더 중요한 문제는 **상관관계**가 곧 현상을 **설명**하지는 않는다는 점이다. 단순한 상관관계가 인과관계로 이어지지 않는다는 사실은 누구나 잘 알지만, 상관관계가 충분한 설명이 되지 못한다는 점도 사실이다. 기발한 실험 디자인이 늘어나고 더욱 강력한 뇌 영상 기술도 발전했지만, 상관관계 자체가 곧 어떤 현상을 설명하지는 못한다. 이런 관점에서 보면 의식의 신경 상관물 전략과 어려운 문제는 자연스러운 단짝이다. 뇌에서 일어나는 일과 경험에서 일어나는 일 사이의 상관관계를 살피는 데만 몰두하면, 물리적인 것과 현상학적인 것 사이에 설명적 간극이 있다고 항상 의심하게 된다. 하지만 상관관계를 살피는 일을 넘어, 실재적 문제 접근법에 따라 신경 메커니즘의 속성과 주관적 경험의 속성 사이를 잇는 설명을 찾는다면 이 설명적 간극은 좁아지고 결국 완전히 사라질 것이다. 빨강의 경험이 왜 파랑이나 질투심의 경험과 다른 고유한 방식으로 일어나는지 예측하고, 설명하고, 제어할 수 있다면, 빨강의 경험이 어떻게 일어나는지에 대한 미스터리는 줄어들고 결국 사라질 것이다.

물리적인 것과 현상학적인 것 사이의 관계를 설명하는 다리를 더욱 견고하게 만들면 의식을 물리적 측면에서는 결코 설명할 수 없다는 어려운 문제 같은 생각은 사라지고 결국 형이상학적 연기 속으로 사그라들 것이다. 이것이 실재적 문제의 야심이다. 이렇게 되면 우리는 의식적 경험을 설명하는 충분하고 만족스러운 과학을 손에 넣을 수 있을 것이다.

어떻게 이런 야심이 옳다고 볼 수 있을까? 지난 한두 세기 동안 **생명**에 대한 이해가 어떻게 성숙해왔는지 떠올려보자.

얼마 전까지만 해도 생명은 오늘날 의식처럼 신비롭다고 여겨졌다. 당시 과학자와 철학자들은 **살아 있다는 것**being alive의 속성을 물리적·화학적 메커니즘으로 설명할 수 있다는 사실을 의심했다. 살아 있는 것과 그렇지 않은 것, 생물과 무생물의 차이는 너무 근본적이어서 어떤 메커니즘적 설명으로도 이들 사이의 간극을 이을 수 없다고 여겼다.

이런 **생기론**vitalism은 19세기에 절정에 이르렀다. 요하네스 뮐러Johannes Müller나 루이 파스퇴르Louis Pasteur 같은 선도적인 생물학자들의 지지를 받은 생기론은 20세기까지 꾸준히 이어졌다. 생기론자들은 살아 있다는 것의 속성을 엘랑 비탈élan vital(생명의 약동) 같은 특별한 비법으로만 설명할 수 있다고 여겼다. 하지만 지금 우리가 알고 있듯, 특별한 비법은 필요 없다. 오늘날 과학계는 생기론을 철저히 거부한다. 세포의 작동 방식처럼 생명에 대해 알려지지 않은 것이 여전히 많지만, 살아 있다는 상태에 초자연적인 요소가 필요하다는 생각은 완전히 신뢰를 잃었다. 생기론은 초자연적인 것 없이 살아 있는 상태를 상상할 수 없다면, 역으로 살아 있는 상태를 상상할 때 초자연적인 것이 필요하다는 뜻이라고 잘못 해석했다. 이런 생기론의 치명적인 약점은 좀비 논증의 핵심이 지닌 약점과 같다.

생명과학은 실용적인 진보에 초점을 맞춘 덕에 근시안적인 생기론을 넘어 살아 있다는 것의 의미를 살피는 '실재적 문제'에 중점을 둘 수 있게 되었다. 생물학자들은 비관적인 생기론에 구애받지 않고 생명계의 속성을 밝힌 다음, 물리적·화학적 메커니즘 측면에서 생명의 속성을 설명하고, 예측하고, 제어해왔다. 생식, 대사, 성장, 자기 치유, 발달, 항상성 자기 조절 같은 모든 속성은 각각은 물론이고 전체적으로도 메커니즘적 설명에 들어맞는다. 설명의 세부가 채워지면서(지금도 여전히 채워지고 있다) '생명이란 무엇인가'라는 본질적인 미스터리가 사라졌을 뿐만 아니라, 생명이라는 개념 자체도 세분되어 '살아 있다는 것'이 더는 생명과 비생명으로 양분되는 단일 속성으로 여겨지지 않게 되었다. 바이러스처럼 잘 알려진 중간 지대뿐만 아니라, 생명계의 특성 중 일부만 가진 합성 유기체, 심지어 기름방울 집합조차 생명으로 여겨지게 되었다. 생명은 초자연적인 것이 아니라고 받아들여지면서, 생명은 훨씬 흥미로워졌다.

생명과학과 의식의 유사점에서 의식의 실재적 문제를 다룰 낙관론의 원천과 실용적 전략을 가져올 수 있다.

낙관론은 오늘날 의식 연구자들이 처한 상황이 불과 몇 세대 전에 생명의 본성을 연구하던 생물학자들의 상황과 비슷하다고 본다. **지금** 미스터리하다고 **계속** 미스터리하게 남아 있지는 않으리라는 뜻이다. 의식의 다양한 **속성**을 근본적 메커니즘의 맥락에서 설명하면 '생명이란 무엇인가'라는 미스터리가 사라진 것처럼 '의식이 어떻게 발생하는가'라는 근본적인 미스터리도 사라질 것이다.

물론 생명과 의식이 똑같지는 않다. 생명의 속성은 객관적으로 설명할 수 있지만 의식과학이 설명하려는 목표는 일인칭으로만 존재하므로 주관적이라는 점이 가장 두드러진 차이다. 그렇다고 극복할 수 없는 장애물은 아니다. 관련 데이터가 대체로 주관적이어서 수집하기 어려울 뿐이다.

실용적 전략은 의식도 생명처럼 단일한 현상이 아니라는 생각에서 나온다. 생물학자들은 생명을 하나의 거대하고 두려운 미스터리라고 보는 관점에서 벗어나, 단번에 얻은 깨달음으로 문제를 해결할 수 있으리라는 소망과 요구를 버리게 되었다. 대신 생물학자들은 서로 관련이 있지만 구분할 수 있는 여러 프로세스로 생명이라는 '문제'를 나누었다. 나는 이런 전략을 의식에 적용해 **당신이 된다**는 것이 무엇인지 나타내는 핵심 속성을 **수준**level, **내용**content, 그리고 **자기**self에 초점을 맞추어 살펴볼 것이다. 이렇게 하면 모든 의식적 경험에 대한 만족스러운 그림이 밝혀질 것이다.

———

의식의 **수준**은 '얼마나 의식이 있는가'에 대한 것이다. 혼수상태나 뇌사 상태처럼 의식적 경험이 전혀 없는 상태부터 깨어 있는 정상적 삶의 생생한 인식 상태까지 모두 아우르는 단계를 말한다.

의식의 **내용**은 우리가 무엇을 의식하는지를 말한다. 내면의 우주를 구성하는 시각, 소리, 냄새, 정서, 기분, 생각, 믿음 등이다. 의식의 내용은 의식적 경험을 통합적으로 구성하는 감각 신호를 뇌 기반으로 해석한 다양한 **지각**을 말한다. (앞으로 살펴보겠지만 지각은 의식적이기도, 무의식적이기도 하다.)

마지막으로 의식적 **자기**는 **당신이 된다**는 고유한 경험이며, 이 책의 주요 주제다. '자신이 된다'라는 경험은 의식적 내용의 하위 부분으로, 특정 몸, 일인칭 관점, 독특한 기억, 기분이나 정서 또는 '자유의지'의 경험이다. 자아는 아마도 우리가 가장 매달리는 의식의 측면이므로, 자의식self-consciousness(자기가 된다는 경험)과 의식 자체(어떤 주관적 경험이나 현상성 등이 있음)를 혼동할 수도 있다.

의식의 여러 측면을 이렇게 구분한다고 이들이 완전히 독립적이라는 의미는 아니다. 사실 의식의 각 측면은 독립적이지 않으며, 의식의 여러 측면이 어떻게 연관되는지 알아내는 것은 의식과학의 또 다른 중요한 도전 과제다.

하지만 이런 포괄적인 용어를 이용해서라도 의식의 실재적 문제를 구분하면 많은 이점이 있다. 설명해야 할 명확한 목표를 제시하면 의식을 설명하고, 예측하고, 제어하는 메커니즘을 더 쉽게 제인힐 수 있다. 게다가 의식이 과학직으로 실명할 수 없는 미지의 '무언가'라는 생각에서 벗어날 수 있게 된다. 대신 의식의 여러 속성이 다양한 종과 사람들 사이에서 여러 방식으로 어떻게 결합하는지 알 수 있다. 의식 있는 유기체가 다양한 만큼 의식을 갖는 방법도 다양하다.

결국 어려운 문제 자체는 사라지고, 우리는 현상학과 물리학의 연관성을 독단적으로 주장하는 자의적인 여러 '주의'를 받아들이지 않고도 의식을 자연의 연속선상에서 이해할 수 있게 될 것이다.

이것이 실재적 문제의 약속이다. 실재적 문제를 통해 우리가 얼마나 나아갈 수 있을지 계속 살펴보자.

2장
의식의 측정

당신은 지금 의식이 있는가? 완전히 의식이 있는 상태와 의식이 전혀 없는, 살아 있는 고깃덩어리 또는 내면의 우주라고는 없는 실리콘 덩어리는 어떻게 다른가? 새로운 이론과 기술이 나타나면서 과학자들은 처음으로 의식의 **수준**을 측정할 수 있게 되었다. 이 새로운 연구를 잘 이해하기 위해 먼저 이 기술이 개발된 기원을 살펴보자.

17세기 프랑스 파리, 센강 좌안 파리 천문대 아래에는 어둡고 시원한 지하실이 있었다. 이 지하실은 과학의 역사에서 지식의 발전에 **측정법**이 얼마나 중요한지 보여주는 놀라운 역할을 했다.

당대의 철학자와 과학자들(아직 과학자라 불리지는 않았지만)은 신뢰할 만한 온도계를 개발해 열의 본질을 물리적으로 이해하려고 경쟁했다. 열이 사물로 드나들며 흐르는 물질이라고 보는 '열량

calorific' 이론의 인기는 시들해지고 있었다. 이론을 수정하려면 사물의 '뜨거움'이나 '차가움'을 체계적으로 평가할 정확한 실험이 필요했다. 이런 실험을 하려면 대체 무엇이 '열'인지 측정할 도구와 서로 다른 측정값을 비교할 척도가 필요했다. 과학자들은 신뢰할 만한 **온도계**와 **온도** 척도를 개발하기 위해 경쟁했다. 하지만 검증된 적절한 척도가 없다면 어떻게 온도계의 신뢰성을 확보할 수 있을까? 게다가 우선 신뢰할 만한 온도계가 없다면 어떻게 온도 척도를 개발할 수 있을까?

이 난제를 해결할 첫 번째 단계로 과학자들은 온도가 일정하다고 가정할 수 있는, 변하지 않는 기준인 고정점을 고안했다. 이조차도 쉽지 않았다. 물의 끓는점 같은 유망한 고정점 후보는 고도나 날씨에 따라 달라지는 기압 같은 요인이나 유리 용기 표면의 거친 정도 같은 미묘한 요인에도 영향을 받았다. 비교적 일정한 냉기를 유지하는 파리천문대 지하실은 이런 요인에 방해받지 않고 온도 고정점을 연구할 수 있는 합리적인 장소로 한동안 주목받았다. (사실 이는 그렇게 특이한 제안은 아니었다. 버터의 녹는점을 고정점으로 보자는 조아킴 달랑세Joachim Dalencé의 제안이 더 특이했다.)

결국 신뢰할 수 있고 정확한 수은 온도계가 발명되며 열량 이론은 새로운 과학인 열역학 이론으로 대체되었다. 전설적인 인물인 루트비히 볼츠만Ludwig Boltzmann과 켈빈 경Lord Kelvin이 이룬 혁명이었다. 열역학 이론에 따르면 온도는 물질 내 분자운동의 광범위한 속성으로, 특히 평균 분자운동 에너지를 일컫는다. 분자가 빠르게 움직일수록 온도는 높다. '열'은 서로 온도가 다른 두 계system 사이에서 전달되는 에너지다. 열역학이 그저 온도에 **상응하는** 평균 운동 에너지 확립 이상의 역할을 했다는 점이 중요하다. 열역학은 온도가 진짜 **무엇인지** 제시했다. 이 새로운 이론으로 무장한 과학자들은 이제 태양 표면의 온도나 이론적으로 모든 분자운동이 멈춘 '절대 영도absolute zero'도 밝힐 수 있게 되었다. 특정 물질의 측정값에 따른 예전의 척도(화씨, 섭씨)는 근본적인 물리적 속성에 바탕을 둔 척도(켈빈 경의 이름을 딴 켈빈)로 대체되었다. 온도와 열의 물리적 토대는 더는 미스터리가 아니게 되었다.

나는 이 이야기를 유니버시티칼리지 런던에서 연구했고 현재 케임브리지대학교에 재직 중인 과학사학자 장하석의 《온도계의 철학Inventing Temperature》이라는 책에서 처음 읽었다. 그때까지만 해도 나는 과학적 진보가 측정법에 따라 얼마나 달라지는지 제대로 이해하지 못했다. 온도계, 그리고 온도계가 열의 이해에 미쳤던 영향의 역사를 살펴보면, 고정점이라는 정해진 척도로 상세한 정량적 측정을 하게 되면서 불가사의한 현상을 이해하게 되는 과정을 생생하게 볼 수 있다. 그렇다면 의식에 대해서도 이와 같은 접근법을 적용할 수 있을까?

———

철학자들은 때로 타인, 동물, 기계 등 무언가에 의식이 있는지 판단할 수 있는 가상의 '의식 측정기'를 상상한다. 어려운 문제 논쟁이 한창이던 1990년대에 한 회의에서 데이비드 차머스는 낡은 헤어드라이어를 자신의 머리에 들이대며 만약 의식 측정기라는 것이 있다면 얼마나 유용할지 강조하기도 했다. 의식 측정기를 대고 값을 읽어보면 의식이라는 특권이 어디까지 뻗어 있을지는 더는 미스터리가 아닐 것이다.

하지만 온도 이야기가 보여주듯, 측정법의 가치는 어떤 속성의 유무를 예/아니요로 답하는 것만이 아니라, 정량적 실험을 가능하게 해 과학적 이해를 바꾼다는 데 있다.

의식이 온도 같은 것이라면, 즉 '의식이 있다'라는 상태의 바탕이자 이 상태를 그대로 나타내는 단일한 물리적 프로세스가 있다면 그 영향은 놀라울 것이다. 누군가에게 '얼마나 의식이 있는지' 판단할 수 있을 뿐만 아니라, 의식의 구체적인 '수준'과 '정도', 그리고 인간이라는 편협한 사례에서 벗어나 다양한 의식에 대해 명확히 말할 수 있게 된다.

하지만 내 생각대로 의식이 온도와 다르고 오히려 생명에 더 가깝다고 밝혀지더라도, 주관적 경험의 본질을 설명하고, 예측하고, 제어하며 설명할 다리를 놓으려면 정확한 측정법이 필수적이다. 의식이 온도와 비슷하든 생명과 비슷하든, 측정법은 질적인 것을 양적인 것으로, 막연한 것을 명확한 것으로 바꾼다.

의식의 측정법에는 현실적인 동기도 있다. 환자의 의식 상태를 일시적으로 망각 상태로 유지하기 위해 마취제를 적절히 투여하는 마취 기술은 매일 400만 명이 넘는 환자에게 적용된다. 특히 마취할 때는 의사가 환자의 근육 반사에 방해받지 않고 수술할 수 있도록 일정 시간 마비를 유도하는 신경근 차단제를 함께 사용하므로, 신뢰할 수 있는 정확한 의식 측정기가 있다면 환자를 섬세한 균형 상태로 유지하는 데 분명 도움이 될 것이다. 그리고 앞으로 살펴보겠지만 심각한 뇌 손상을 입고 '식물인간 상태'나 '최소 의식 상태' 같은 끔찍한 진단을 받은 환자에게 의식이 남아 있는지 살펴볼 새로운 방법은 시급하다.

사실 뇌 기반 의식 모니터링 기술은 수년 전부터 이미 수술실에 도입되었다. 가장 흔한 방법은 '이중분광지수BIS, bispectral index' 모니터다. 세부 사항은 특허 때문에 공개되지 않았지만 BIS는 실시간으로 여러 뇌전도 측정값을 결합해 단일 숫자로 나타내어 수술 중 마취 의사를 돕는다. BIS는 상당히 효과적이지만, 환자가 마취 중 눈을 뜨거나 의사가 수술 중 했던 말을 기억하는 등 의식의 행동 징후와 모니터 측정값이 일치하지 않는 경우도 더러 있다. 의식과학 측면에서 더 심각한 문제는 BIS에 이론적 근거가 전혀 없다는 점이다.

지난 몇 년 동안 수술실이 아니라 신경과학 실험실에서 새로운 의식 측정기가 개발되기 시작했다. 과거의 의식 모니터와 달리 이 새로운 접근법은 의식이 뇌 기반에 대한 최근 이해와 밀집한 연관이 있으며 이미 실질적인 효용을 나타내고 있다.

인간의 의식 수준을 측정하는 일은 누군가가 깨어 있거나 잠들어 있는지 판단하는 것과는 다르다. 의식consciousness 수준은 생리적 각성wakefulness과 다르다. 의식과 각성은 보통 높은 상관관계가 있지만 의식(인식awareness)과 각성(깨어 있음arousal)은 여러 방식으로 구분될 수 있고, 동일한 생물학적 근거를 따르지 않는다. 예를 들어 꿈을 꿀 때 우리는 의미상 잠들어 있지만, 풍부하고 다양한 의식적 경험을 한다. 식물인간 상태('무반응성 각성 증후군 unresponsive wakefulness syndrome'이라고도 알려져 있음) 같은 비극적인 상태도 있는데, 식물인간 상태에 빠진 사람은 여전히 수면과 각성 주기를 반복하지만 의식적 인식이 있다는 행동 징후는 전혀 보이지 않는다. 집에 가끔 불이 켜지지만 아무도 없는 것과 같다. 〈그림 1〉은 정상 및 병리학적인 여러 조건에서 인식과 각성의 관계를 나타낸다.

의식의 수준을 추적하려면 그저 깨어 있는 상태와 달리 뇌에서 의식이 있는 상태의 기초를 이루는 것은 무엇인지 질문해야 한다. 의식과 관련 있는 뉴런 수일까? 그렇지는 않다. 소뇌 cerebellum(대뇌피질 뒤에 매달린 '작은 뇌')에는 뇌의 나머지 부분을 합친 것보다 네 배나 많은 뉴런이 있지만, 소뇌는 의식과 거의 관련이 없다. 정상적인 소뇌가 발달하지 않지만 전반적으로 정상적인 삶을 영위할 수 있는 소뇌 무형성cerebellar agenesis 같은 드문 질환

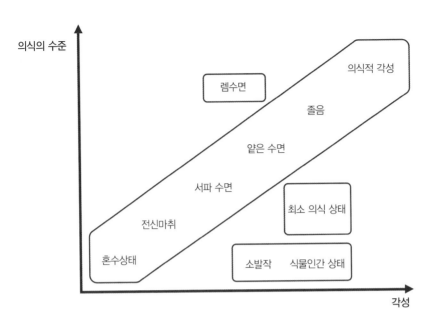

의식의 수준

렘수면

의식적 각성

졸음

얕은 수면

서파 수면

최소 의식 상태

전신마취

혼수상태

소발작   식물인간 상태

각성

〈그림 1〉 의식의 수준(인식)과 각성(깨어 있음)의 관계

도 있다. 이런 환자도 의식이 있다는 사실을 의심할 이유는 전혀
없다.

전반적인 신경 활동 정도는 어떤가? 뇌는 일반적으로 무의식
상태보다 의식 상태에서 더 활동적인가? 그럴 수도 있지만, 항상
그렇지는 않다. 비록 의식의 수준에 따라 뇌의 에너지 소비량에
차이가 있기는 하지만 그 차이는 극히 미미하며, 의식이 희미해
지면서 뇌가 '멈춘다는' 감각은 없다.

대신 의식은 뇌의 여러 부분이 서로 어떻게 대화하는지와 연
관이 있다. 전체로서의 뇌가 아니다. 중요한 활동 패턴은 피질과

시상thalamus(달걀형 뇌 구조인 여러 '시상핵nuclei'으로 이루어져 있으며, 대뇌피질 바로 아래에 위치하고 피질과 복잡하게 얽혀 있다)이 결합한 시상 피질thalamocortical에서 나오는 것으로 보인다. 가장 흥미로운 최신 접근법은 뇌 여러 부분의 상호작용을 추적하고 정량화해 의식의 수준을 측정하고 의식과 각성을 구별한다. 이런 아이디어를 가장 야심차게 구현한 접근법은 어떤 사람이 얼마나 의식을 가졌는지 숫자로 나타내려 한다. 마치 온도계처럼 말이다.

———

이 새로운 접근법을 개척한 사람은 이탈리아 신경과학자 마르첼로 마시미니Marcello Massimini다. 마시미니는 위스콘신-매디슨 대학교의 유명한 의식 연구자인 줄리오 토노니Giulio Tononi와 함께 연구를 시작했지만, 최근에는 밀라노대학교에서 자신의 연구진을 꾸려 연구한다. 마시미니 연구진의 작업은 단순하고 우아하다. 이들은 뇌의 한 지점에서 활동을 자극하고 이 뇌 활동 펄스pulse가 시간에 따라 어떻게 여러 피질 영역으로 퍼지는지 기록해 피질의 각 부분이 소통하는 방법을 살펴보았다. 마시미니 연구진은 이 실험을 위해 두 가지 기술을 결합했다. 하나는 뇌전도이고 다른 하나는 경두개자기자극법TMS, Transcranial Magnetic Stimulation이다. TMS는 정밀하게 제어되는 전자석으로 두개골을 통해 짧고 예리한 에너지 펄스를 뇌에 직접 쏜다. 그리고 EEG는 이 잽zap 자극에 대한 뇌 반응을 기록한다. 전기 망치로 뇌를 두드리고 메아리를 듣는 식이다.

실험 참가자는 움직임이 유도(전자석을 움직임 제어와 관련 있는 운동 피질에 놓을 때)되거나 번쩍임(시각 피질이 활성화되어 일어나는 '섬광')이 보이는 등 분명한 현상이 일어나지 않으면 놀랍게도 TMS 잽 자체를 거의 인식하지 못했다. 잽이 얼굴 근육이나 두피에 경련을 일으키면 통증을 느꼈다. 하지만 대부분은 TMS로 뇌 활동을 방해해도 의식적 경험에는 아무런 변화도 일어나지 않았다. 그다지 놀라운 일은 아니다. 이 현상은 뉴런이 무슨 일을 하는지 우리가 알아차리지 못한다는 사실을 보여줄 뿐이기 때문이다. 그렇다면 우리는 왜 뉴런이 무슨 일을 하는지 알아야 할까?

마시미니와 토노니는 우리가 직접 TMS 펄스를 느끼지 못해도 TMS가 유발하는 전기적 메아리를 의식의 여러 수준을 구분하는 데 이용할 수 있다는 사실을 발견했다. 꿈꾸지 않고 잠자는 동안이나 전신마취 같은 무의식 상태에서 일어나는 메아리는 매우 단순하게 일어난다. 잽을 받은 뇌 부위에는 초기에 강한 반응이 나타나지만, 이 반응은 물에 돌을 던지면 생기는 파문처럼 빠르게 사라진다. 하지만 의식 상태에서는 반응이 전혀 다르다. 이때 전형적인 메아리는 피질 표면 전반에 광범위하게 퍼지며, 복잡한 패턴을 이루며 사라졌다가 다시 나타난다. 이 메아리 패턴이 시공간에 걸쳐 나타나며 복잡하다는 점은 뇌의 여러 부분, 특히 시상 피질 영역이 무의식 상태보다 의식 상태에서 훨씬 더 정교하게 소통한다는 사실을 의미한다.

무의식 상태와 의식 상태의 차이는 데이터를 살펴보기만 해도 쉽게 알 수 있지만, 이 연구에서 정말 흥미로운 점은 메아리의 복잡성을 정량화할 수 있다는 사실이다. 연구진은 메아리에 숫자를 매겨 복잡성의 **정도**를 나타냈다. 이 접근법을 '잽 앤 집zap and zip'이라 부른다. TMS로 피질을 자극(잽)하고 컴퓨터 알고리즘으로 반응을 압축(집)하면 전기적 메아리를 하나의 숫자로 만들 수 있다.

'집'에 사용하는 알고리즘은 디지털 사진을 작은 파일로 압축(집)하는 알고리즘과 비슷하다. 여름휴가 사진을 압축하듯 시공간을 가로질러 뇌에 퍼지는 전기적 메아리 패턴도 0과 1이라는 숫자 배열로 나타낼 수 있다. 모든 비非무작위 배열에는 압축된 표현, 즉 원본을 완벽하게 재현할 수 있는 짧은 수열이 있다. 가장 짧게 압축된 표현의 길이를 해당 배열의 **알고리즘 복잡도**algorithmic complexity라고 한다. 완전히 예측 가능한 배열(모두 1과 0으로만 구성된 배열)의 알고리즘 복잡도는 가장 낮고, 완전히 무작위적인 배열의 알고리즘 복잡도는 가장 높으며, 어느 정도 구조를 예측할 수 있는 알고리즘 복잡도는 그 중간쯤이다. '렘펠–지브–웰치 복잡도Lempel-Ziv-Welch complexity', 약자로 'LZW 복잡도'를 계산하는 '집' 알고리즘은 주어진 배열의 알고리즘 복잡도를 계산하는 데 널리 이용된다.

마시미니 연구진은 실험에서 기록된 메아리의 측정값을 **섭동**

복잡도지수PCI, Perturbational Complexity Index라고 불렀다. PCI는 LZW 복잡도를 이용해 TMS 펄스 섭동에 반응하는 뇌의 알고리즘 복잡도를 측정(지수화)한 것이다.

마시미니는 먼저 이 측정법을 검증하기 위해 꿈꾸지 않는 수면이나 전신마취 등 무의식 상태의 PCI값이 휴지 각성resting wakefulness 의식 상태 기준선의 PCI값보다 현저히 낮다는 사실을 밝혔다. 이 결과도 고무적이지만 PCI 접근법의 진짜 강점은 연속적인 척도를 규정해 의식 상태를 좀 더 세밀하게 구분할 수 있다는 점이다. 2013년부터 마시미니 연구진은 의식 장애가 있는 여러 뇌 손상 환자의 PCI값을 측정하는 획기적인 연구를 진행했다. 이를 통해 신경과 의사가 진단한 뇌 손상 정도와 PCI값은 매우 큰 상관관계를 지닌다는 사실이 밝혀졌다. 예를 들어 각성은 유지되지만 의식은 없다고 여겨지는 식물인간 상태인 환자의 PCI값은 의식의 행동 징후가 나타났다 사라지는 최소 의식 상태인 환자의 PCI값보다 낮았다. 심지어 연구진은 의식의 유무를 나타내는 PCI값의 구분선도 지정했다.

서식스대학교의 우리 연구진은 이와 비슷한 방법으로 의식의 수준을 평가했다. 하지만 우리는 TMS를 이용해 피질에 에너지 펄스를 쏘는 대신, 지속적이고 자연스러운 ('자발적'인) 뇌 활동의 알고리즘 복잡도를 측정했다. '겜' 없는 '집'이라 보면 된다. 동료인 애덤 배럿Adam Barrett과 전 박사 과정 학생 마이클 스카트너Michael Schartner가 실시한 일련의 연구를 통해 우리는 EEG

로 측정한 자발적인 피질 활동의 복잡도가 수면 초기와 마취 상태에서 확실히 감소한다는 사실을 발견했다. 또한 렘REM, Rapid Eye Movement수면 동안의 복잡도는 정상적인 의식적 각성 상태일 때의 복잡도와 상당히 비슷하다는 사실도 발견했다. 렘수면은 꿈꿀 가능성이 가장 높을 때인데, 꿈도 의식이라는 사실을 보면 이해할 만한 결과다. 마시미니 연구진은 PCI 측정값에서 같은 패턴을 발견했고, 이런 결과는 PCI값이 각성보다 의식의 수준을 반영한다는 주장을 더욱 뒷받침한다.

———

각성과 별개로 의식의 수준을 측정하는 능력은 과학적으로 중요할 뿐만 아니라, 신경과 의사와 환자의 판도를 바꿀 수 있다는 점에서 중요하다. 마시미니의 2013년 연구는 PCI로 식물인간 상태와 최소 의식 상태를 구별할 수 있음을 이미 보여주었다. PCI 같은 측정법이 이런 맥락에서 매우 강력한 힘을 발휘하는 까닭은 겉으로 드러나는 환자의 행동에 의존하지 않기 때문이다. 단순한 각성(생리적 각성)은 행동으로 정의할 수 있다. 병원에서 신경과 의사는 환자가 큰 소리나 팔을 꼬집는 등의 감각 자극에 반응해 나타내는 행동으로 환자의 각성 상태를 추측한다. 하지만 의식은 내면의 주관적 경험으로 정의되므로, 겉으로 드러나는 행동과는 간접적으로만 연관된다.

뇌 손상 환자의 의식 상태를 결정하는 표준 임상 접근법은 여전히 환자의 행동에 의존한다. 일반적으로 신경과 의사는 환자가 감각 자극에 반응하는지(생리적 각성의 지표)뿐만 아니라, 지시에 반응하거나 자발적인 행동을 하는지 등을 살펴 환경과 상호작용할 수 있는지 평가한다. 환자가 '손을 들고 주먹을 쥐세요'처럼 두 가지 이어진 지시를 따를 수 있고 자신의 이름과 날짜를 분명히 말할 수 있으면 완전히 의식이 있다고 본다. 하지만 이런 접근법의 문제는 내면의 삶이 있어도 밖으로 표현하지 못하는 환자도 존재한다는 사실에 있다. 행동으로만 추론하면 이런 환자를 놓치고, 실제로 의식이 남아 있는데도 의식이 없다고 잘못 진단할 수 있다.

전신 마비 상태인데도 의식은 완전히 남아 있는 '락트-인 증후군locked-in syndrome'이 극단적인 사례다. 이 희귀병은 뇌 아랫부분과 척수 윗부분 사이에 있는, 몸과 얼굴의 근육을 조절하는 뇌간이 손상될 때 일어난다. 락트-인 증후군 환자는 기구한 해부학적 우연으로 제한적이지만 눈을 움직일 수 있다. 이처럼 쉽게 놓칠 수도 있는 가느다란 행동 덕분에 환자는 락트-인 증후군으로 제대로 진단받고 의사소통할 수 있다. 1995년 뇌출혈 후 락트-인 증후군을 겪게 된 전《엘르Elle》편집장 장 도미니크 보비Jean-Dominique Bauby는 이렇게 눈을 움직이는 방법으로《잠수종과 나비 The Diving Bell and the Butterfly》라는 책을 썼다. 이른바 '완전' 락트-인 증후군 환자는 이런 소통 통로조차 없어 훨씬 진단하기 어렵다.

행동으로만 유추해보면 락트-인 증후군 환자는 의식이 완전히 소실되었다는 잘못된 진단을 받기 쉽다. 하지만 보비 같은 사람을 뇌 스캐너에 넣어 관찰하면 전반적인 뇌 활동은 거의 정상임을 쉽게 알 수 있다. 마시미니의 2013년 연구에서 락트-인 증후군 환자들은 같은 연령대의 건강한 대조군과 구별할 수 없을 정도의 PCI값을 나타냈다. 이 결과는 락트-인 증후군 환자들의 의식이 온전하다는 사실을 나타낸다.

식물인간 상태와 최소 의식 상태 같은 삶과 죽음 사이의 중간지대에서는 문제가 더욱 어렵다. 이런 경계 지대에서는 의식의 행동 징후가 아예 나타나지 않거나 일관되지 못하며 뇌 손상이 너무 광범위해서 뇌 스캔으로도 결론을 내지 못할 수 있다. PCI 같은 측정법이 진단의 판도를 바꿀 힘은 바로 여기에 있다. 의식이 있다는 PCI값을 나타내는 환자라면 다른 모든 정황상 의식이 없어 보여도 다시 살펴볼 만하다.

마시미니는 최근 PCI 측정법으로 인생이 달라진 한 남성의 사례를 내게 말해주었다. 이 남성은 머리를 크게 다쳐 밀라노의 한 병원에 입원했다. 그는 간단한 질문이나 지시에도 반응하지 않아 식물인간 상태라는 진단을 받았다. 하지만 남성의 PCI 수치는 의식이 있는 건강한 사람만큼 높았다. 락트-인 증후군 상태도 아니었기 때문에 더욱 당황스러운 결과였다. 임상팀은 결국 이 남성의 가족이 사는 북아프리카에서 이탈리아로 여행 온 삼촌을 찾아냈다. 삼촌이 조카와 아랍어로 대화하기 시작하자 즉각 반응이 나타났다. 남성은 농담에 미소 짓고, 영화를 볼 때 엄지손가락을 치켜들기까지 했다. 남성은 사실 계속 의식이 있었던 것이다. 다만 이탈리아어에는 아무런 반응을 보이지 않았을 뿐이었다. 왜 그랬는지는 알 수 없다. 마시미니는 이 남성이 이탈리아는 전혀 모르는 듯 '문화적 태만cultural neglect'을 보이는 이상한 사례라고 생각했다. PCI로 명백한 전기적 메아리를 측정하지 않았다면 이 환자 이야기의 결말은 전혀 달랐을 것이다.

뇌 손상 환자의 잔여 의식을 진단하는 의학 분야는 빠르게 변화하고 있다. 마시미니의 PCI 같은 여러 방법은 연구소에서 병원으로 옮겨졌다. 내가 가장 좋아하는 방법은 2006년 신경과학자 에이드리언 오언Adrian Owen 연구진이 진행한 '하우스 테니스' 실험이다. 신경학계에서는 유명한 실험이다. 오언은 교통사고를 당한 후 행동 반응을 나타내지 않는 23세 여성을 fMRI 스캐너에 넣은 후 여러 구두 지시를 내렸다. 테니스를 치는 모습을 상상해보라고 하거나 자신의 집 안을 돌아다니는 모습을 상상해보라고 하기도 했다. 이런 상태의 환자는 보통 복잡한 구두 지시는커녕 어떤 자극에도 반응을 보이지 않기 때문에, 오언의 지시는 다소 특이해 보인다. 건강한 사람을 연구해보면, 테니스를 치는 등 변화가 많은 동작을 상상하는 뇌 부위와 공간을 탐색하는 행동을 상상하는 뇌 부위는 상당히 다르다.[1] 놀랍세노 오언의 환자는 건강한 사람과 똑같은 뇌 반응 패턴을 보였다. 이 환자 역시 고도의 구체적인 심상mental imagery을 떠올리며 능동적으로 지시를 따랐다는 의미다. 의식이 없는 상태에서 이런 행동을 하기란 거의 불가능하므로, 오언은 겉으로 드러난 환자의 행동만 보고 식물인간 상태라고 내린 진단이 틀렸으며 사실 이 환자는 의식이 있다고 결론을 내렸다. 요컨대 오언 연구진은 뇌 스캐너의 용도를 바꿔 환자가 신체보다 뇌를 이용해 환경과 상호작용할 수 있도록 도운 셈이다.

이어지는 연구들은 한 발 더 나아가 오언의 방법을 진단뿐만 아니라 의사소통에도 이용했다. 2010년 마틴 몬티Martin Monti가 주도한 연구에서, 식물인간 상태로 진단받은 환자들은 어떤 질문에 '예'라고 대답하려면 테니스 치는 상상을 하고 '아니요'라고 대답하려면 집 안을 돌아다니는 상상을 하는 방법으로 질문에 예/아니요로 대답할 수 있었다. 힘든 소통 방식이기는 하지만 자신을 이해시킬 다른 방도가 없는 사람에게는 삶을 뒤바꿀 만한 발전이다.

의식은 있지만 반응이 없어 신경과 병동이나 요양원에서 잊힌 채 시들어가는 사람이 얼마나 많을까? 알 수 없다. PCI보다 오래된 오언의 방법은 더 많이 연구되었는데, 최근 분석 결과에 따르면 식물인간 상태인 환자의 10~20퍼센트는 숨겨진 의식을 어떤 형태로든 유지하고 있다. 전 세계로 따지면 수천 명이나 된다. 이 것도 적게 잡은 수치일 수 있다. 오언 검사를 통과하려면 환자가 언어를 이해하고 일정 기간 심상을 나타내야 하는데, 의식이 있어도 그렇게 할 수 없는 환자가 있을지도 모른다. 그러므로 환자

에게 어떤 것을 하라고 요구하지 않고도 잔여 인식residual awareness
을 감지할 수 있는 PCI 같은 새로운 방법은 특히 중요하다. 진정
한 의식 측정기라면 그래야 한다.

———

　지금까지는 '의식의 수준' 개념으로 정상적인 각성 상태의 삶
이나 전신마취 또는 식물인간 상태에 빠진 사람의 의식의 수준
에서 일어나는 비교적 전반적인 변화를 살펴보았다. 하지만 의식
수준의 의미를 다른 식으로 생각해볼 수도 있다. 아기는 성인보
다 덜 의식적인가? 유아는 아기보다도 덜 의식적인가?

　물론 이런 생각에는 위험도 따른다. 건강한 성인의 의식과 다
른 의식은 어떤 형태로든 다소 부족하거나 낮은 의식이라고 가정
하게 만들기 때문이다. 인간 중심주의에 바탕을 둔 이런 사고방
식은 끊임없이 생물학을 괴롭혀온 한편 여러 면에서 인간 사상의
역사를 어둡게 만들었다. 의식은 여러 속성을 지니는데도, 건강
한 성인에게 나타나는 전형적인 특정 속성의 표현을 모든 의식의
중요한 본질과 혼동하고, 건강한 성인의 의식이 나타내는 속성을
단일한 척도의 맨 위에 있다고 가정하는 것은 실수다. 의식적 경
험은 (인간이든 아니든) 어떤 동물의 발달이나 전반적인 진화 과정
에서 점차 분명히 나타난다. 하지만 어떤 프로세스가 하나의 선
을 따라 펼쳐진다는 설명에서, 당신 혹은 내가 된다는 것이 곧 성

인 인간이라는 이상에 도달하는 것이라고 보는 설명으로 건너뛰는 것은 분명 상당한 비약이다. 내가 이 장을 시작할 때 제시했던 의식과 온도의 비유처럼 의식을 이렇게 보는 방법은 제한적이다.

의식을 불이 켜졌다 꺼지는 것처럼 '모 아니면 도'로 볼 것인지, 아니면 의식이 있는 상태와 없는 상태 사이에 명확한 경계가 없는 '점층적인' 것으로 볼 것인지 묻는 질문도 비슷하다. 이 질문은 마취 중 망각이나 꿈꾸지 않는 수면에서 깨어날 때도 적용되지만, 진화나 발달 단계에서 일어나는 의식의 창발emergence에도 적용된다. 이는 흥미롭지만 잘못된 질문이다. 의식이 '모 아니면 도'나 '점층적인' 것 중 하나일 필요는 없다. 나는 진화나 발달 단계든, 일상생활에서든, 신경과 병동에서든, 일단 내면의 빛이 희미하게라도 있다면 전혀 의식이 없는 상태에서 어느 정도 의식이 있는 상태로 재빨리 전환되어 여러 정도나 크기로 의식적 경험이 나타난다고 보는 관점을 선호한다.

일반 성인을 보자. 점심을 배불리 먹고 책상에 앉아 정신이 산만해진 채 몽롱한 상태에 있을 때보다 꿈을 꿀 때 의식 수준이 더 높거나 낮은가? 간단한 답은 없다. 꿈은 어떤 면(지각적 현상학의 생생함 등)에서는 '더 의식적일' 수 있지만, 다른 면(일어나는 사건에 대한 성찰적 통찰의 정도 등[2])에서는 '덜 의식적일' 수 있다.

의식의 다면적인 수준을 심도 있게 고려하면 의식의 **수준**과 **내용** 사이의 명확한 구분이 사라진다는 중요한 결론에 이르게 된다. 얼마나 의식적인지와 무엇을 의식하는지를 완벽하게 구분하는 일은 무의미해진다. 온도의 비유를 문자 그대로 끌어온, '어디에나 들어맞는' 의식 측정법 따위는 결코 없다.

몇 년 전 우리는 환각 상태의 뇌 활동을 조사해 의식의 수준과 내용이 어떻게 상호작용하는지 살펴보았다. 환각제는 여러 용도로 쓰이지만, 단순한 약리학적 개입으로 뇌 의식의 내용에 심오한 변화를 일으킨다는 면에서 의식과학에 독특한 기회를 제공한다.

리세르그산 다이에틸아마이드LSD, Lysergic acid Diethylamide를 발명한 스위스 화학자 알베르트 호프만Albert Hofmann은 1943년 4월 19일 스위스 바젤에 있는 제약회사 산도스Sandoz의 실험실에서 집으로 돌아오는 길에 일어난 일을 기록해 이런 의식 변화가 얼마나 극적인지 알게 되었다. '자전거의 날Bicycle Day'로 기억되는 이날, 호프만은 자신이 최근 발명한 물질을 조금 삼켰다. 잠시 후 그는 다소 심상치 않은 기운을 느끼며 자전거를 타고 집으로 출발했다. 온갖 괴로운 경험에 시달리며 겨우 집에 돌아온 호프만은 자신이 미쳐가고 있다고 믿으며 소파에 누워 눈을 감았다.

(⋯) 나는 감은 눈 속에서 이어지는 희한한 색채와 형태의 향연을 조금씩 즐기게 되었다. 만화경처럼 변화무쌍하고 환상적인 영상들이 밀려들고 변화하며 다채롭게 원과 나선 모양을 이루었다 풀리고, 색색의 분수처럼 폭발하며 끊임없이 흐르고 다시 정렬하다 합쳐졌다. (⋯)

환각 상태에서 생생한 지각적 환각perceptual hallucination이 일어나면 흔히 자기와 세상, 타인과의 경계가 이동하거나 해체되는 '자아 해체ego dissolution'라는 특이한 자아 경험이 일어난다. 환각 상태에서는 '정상적인' 의식적 경험에서 벗어난 이런 이탈이 넘쳐나, 의식의 **내용**뿐만 아니라 전반적인 의식의 **수준**에도 변화가 일어난다. 임페리얼칼리지 런던의 로빈 카하트-해리스Robin Carhart-Harris와 오클랜드대학교의 수레시 무투쿠마라스와미Suresh Muthukumaraswamy가 함께 시작한 실험은 여기서 착안했다.

2016년 4월, 로빈과 나는 애리조나주 투손 외곽의 산타 카탈리나 산맥 기슭에서 열린 회의에 참석했다. 강연 제의를 받은 우리는 이 회의를 의식에 대한 우리의 관심사와 환각제라는 맥락 사이의 접점을 찾을 기회로 삼았다. LSD나 실로시빈psilocybin(마법 버섯의 유효 성분) 같은 환각제를 다루는 과학적·의학적 연구는 수십 년간 불모지였다가 최근에서야 다시 시작되었다. 호프만이 스스로 실험한 이래, LSD를 약물 및 알코올 중독 같은 정신 질환 치료제로 사용할 가능성을 탐색하는 연구가 잠깐 꽃피워 매우 유망한 결과를 보인 적도 있다. 하지만 이후 LSD가 기분 전환용 약물로 흔히 이용되고 티모시 리어리Timothy Leary 같은 이들이 반항의 상징으로 칭송하면서, 1960년대 말이 되자 이런 연구는 대부분 중단되었다. 실제로 새로운 연구가 재개된 것은 2000년대가 되어서였다. 과학의 발전으로 본다면 잃어버린 긴 시간이다.

신경화학 수준에서 보면 고전적 환각제인 LSD, 실로시빈, 메스칼린mescaline, 디메틸트립타민DMT, dimethyltryptamine('아야와스카 ayahuasca'라는 남미 환각 음료의 유효 성분)은 주로 뇌의 세로토닌 시스템에 영향을 미친다. 세로토닌은 뇌의 주요 신경전달물질 중 하나로, 뇌 회로 전반을 통과하며 뉴런 간 의사소통 방식에 영향을 미친다. 환각제는 뇌의 여러 부분에 있는 세로토닌 수용체인 5-HT$_{2A}$에 강하게 결합해 세로토닌 시스템에 영향을 미친다. 환각제 연구의 주요 과제 중 하나는 이런 낮은 수준의 약리학적 개입이 어떻게 전반적인 뇌 활동 패턴을 바꿔 의식적 경험에 심오한 변화를 일으키는지 이해하는 것이다.

로빈 연구진은 환각 상태가 위약 대조군보다 뇌 역학에 현저한 변화를 일으킨다는 사실을 발견한 바 있다. 환각 상태에서는 평상시에는 함께 작동하는 '휴지기 네트워크resting-state networks'가 해체되고, 다소 독립적인 다른 영역들이 서로 연결된다. 전반적으로 정상 조건에서 특징적인 뇌 연결 패턴이 붕괴한다. 로빈은 자기와 세상의 경계가 흐려지고 감각이 뒤섞이는 붕괴가 환각 상태의 특징이라고 여겼다.

우리는 로빈이 수집한 데이터가 서식스대학교의 우리 팀에서 수면과 마취에 대해 살펴본 알고리즘 복잡도 분석과 딱 맞아떨어진다는 사실을 발견했다. 특히 로빈은 우리에게 필요했던 방법인, 시간 분해능이 높고 필요한 뇌 영역 전반을 살필 수 있는 뇌 자도MEG, magnetoencephalography를 이용해 뇌를 스캔했다. 로빈은 실로시빈이나 LSD, 저용량 케타민ketamine을 복용한 실험 참가자의 뇌 활동을 MEG로 측정했다. (고용량 케타민은 마취제로 작용하지만, 저용량 케타민은 환각 효과가 더 크다.) 환각 속을 헤맬 때처럼 의식의 내용이 급격히 변하면 의식 수준의 측정값은 어떻게 달라지는가? 우리는 로빈의 데이터로 이 질문에 답할 수 있었다.

서식스대학교의 마이클 스카트너와 애덤 배럿은 앞서 언급한 실로시빈, LSD, 저용량 케타민으로 유도한 세 가지 환각 상태에서 뇌 여러 영역의 MEG 신호가 나타내는 알고리즘 복잡도 변화를 계산했다. 결과는 명확하고 놀라웠다. 실로시빈, LSD, 케타민은 모두 위약 대조군보다 알고리즘 복잡도를 **증가**시켰다. 환각 상태에서 휴지 각성 상태의 기준선에 비해 의식 수준이 증가한다는 사실을 밝힌 것은 처음이었다. 수면이나 마취 상태, 의식 장애 등 다른 경우에서는 이 수치가 감소했다.

이 결과를 이해하려면 우리가 사용한 알고리즘 복잡도 측정법이 해당 뇌 신호의 무작위도, 즉 '신호 다양성signal diversity'을 가장 잘 측정하는 방법이라는 사실을 기억해야 한다. 완전 무작위 배열은 알고리즘 복잡도가 가장 높고 다양성도 가장 크다. 따라서 흔히 환각에 빠진 사람이 지각적 경험을 자유롭게 재구성하듯, 환각 상태의 뇌 활동은 시간에 따라 점점 더 무작위적으로 바뀐다. 이런 연구 결과는 로빈의 이전 연구를 뒷받침한다. 또한 의식의 수준과 의식의 내용이 어떻게 연관되는지 새롭게 밝힌다. 의식 **수준**의 측정값이 환각 상태의 특징인 광범위한 의식 **내용**의 변화와 일치한다는 결과도 있다. 의식 수준의 측정값이 의식 내용의 변화에 민감하게 반응한다는 사실은 의식의 수준과 내용이라는 두 측면이 서로 별개가 아니라는 사실을 분명하게 보여준다.

환각 연구 결과는 혼란스러운 전망도 낳았다. 알고리즘 복잡도로 측정한 뇌 활동이 최대한 무작위해지면 환각 경험도 최대가 될까? 아니면 다른 의식 '수준'으로 건너뛸까? 예상하기 어렵다. 프리 재즈가 어느 지점에 이르면 더는 음악이 아니게 되는 것처럼, 뇌 속 뉴런이 동시에 무작위로 발화하면 의식적 경험이 아예 일어나지 않는 것처럼 보일 수도 있다.

여기서 문제는 알고리즘 복잡도가 흔히 말하는 '복잡하다'라는 의미와 다르다는 점이다. 복잡도는 무작위도와 다르다. 복잡도라는 개념은 무질서의 양극단이 아니라 질서와 무질서의 중간쯤으로 보는 것이 타당하다. 재즈로 말하자면 니나 시몬Nina Simone이나 텔로니어스 몽크Thelonious Monk 정도이지, 본조 도그 두다 밴드Bonzo Dog Doo-Dah Band[3](1960년대 영국 미술 학교 학생들이 만든 아방가르드 그룹 – 옮긴이주)는 아니다. 복잡도를 이처럼 좀 더 정교하게 살펴보면 무슨 일이 일어날까?

나의 지도 교수이자 스승이었던 제럴드 에델만과 줄리오 토노니는 1998년 《사이언스Science》에 이런 내용을 발표했다. 나는 약 20년 전 이 논문을 읽었던 것을 아직도 기억한다. 이 논문은 의식에 관한 생각을 획기적으로 바꾸었으며, 내가 샌디에이고에 있는 신경과학 연구소에서 일하게 된 결정적인 계기가 되었다.

토노니와 에델만은 '빨강을 본다' 같은 단일한 의식적 경험 사례에 초점을 맞추는 '의식의 신경 상관물' 접근법을 취하는 대신, 의식적 경험의 일반적인 특징이 무엇인지 질문했다. 두 사람은 단순하지만 심오한 전망을 내놓았다. **모든** 의식적 경험은 **정보적** informative이고 **통합적** integrated이다. 두 사람은 이 명제에서 출발해 빨강을 보거나, 질투심을 느끼거나, 치통을 앓는 특정 경험이 아닌 **모든** 의식적 경험의 신경적 기초를 논했다.

여기서 의식이 정보적인 동시에 통합적이라는 생각은 약간 설명이 필요하다.

정보적이라는 점부터 시작하자. 의식적 경험이 '정보적', 즉 정보를 준다는 말은 무슨 뜻인가? 토노니와 에델만은 이 표현을 '신문은 정보적이다' 같은 의미가 아니라, 언뜻 사소해 보여도 풍부함을 감추고 있다는 의미로 사용했다. 모든 의식적 경험은 이전에 경험했거나, 앞으로 경험할 예정이거나, 경험할 수 있는 다른 의식적 경험과 다르다는 면에서 정보적이다.

내 앞에 있는 책상 너머 창문 바깥을 바라볼 때, 나는 커피잔이나 모니터, 구름이 이루는 배열을 정확히 지금과 같은 **이런** 식으로 경험한 적이 없다. 내면의 우주라는 배경에서 동시에 펼쳐지는 지각, 정서, 생각까지 더하면 이 경험은 훨씬 더 독특한 경험이 된다. 우리는 언제나 **일어날 수 있는 수많은** 의식적 경험 중 정확히 **단 하나의** 의식적 경험을 한다. 따라서 모든 의식적 경험은 불확실성을 크게 줄인다. 지금 겪는 **이** 경험은 **그** 경험도, **저**

경험도 아니었고, 지금도 아니기 때문이다. 불확실성이 줄어든다는 말은 수학적으로 정보를 준다는 의미다.

특정한 의식적 경험의 정보성은 그 경험이 얼마나 풍부하고 상세한지, 또는 그 경험을 하는 사람에게 얼마나 깨우침을 주는지 알려주는 기능을 하지 않는다. 롤러코스터를 타면서 딸기를 먹으며 니나 시몬의 음악을 듣는 경험은 조용한 방에서 아무것도 하지 않고 눈을 감고 앉아 있는 등 다른 여러 경험을 배제한다. 각 경험은 가능한 경험의 범위에 대한 불확실성을 딱 그만큼 줄인다.

이런 관점에서 본다면 특정한 의식적 경험이 '어떤 것인지what-it-is-like-ness'는 그 경험이 **실제로 무엇인지**가 아니라, 실현되지 않았지만 실현 가능한 **그것이 아닌** 나머지로 정의된다. 순수한 빨강을 그런 방식으로 경험하는 것은 '빨강'의 내재적 속성 때문이 아니라 빨강이 파랑, 초록, 또는 다른 색이나 다른 냄새, 다른 생각, 후회의 느낌, 다른 어떤 형태의 정신적 내용도 아니기 때문이다. 빨강은 다른 모든 것이 아니기 때문에 빨강이고, 이는 의식적 경험도 마찬가지다.

정보성에서 높은 점수를 얻는 것만으로는 충분하지 않다. 의식적 경험은 매우 정보적일 뿐만 아니라 **통합적**이다. 의식이 '통합적'이라는 말이 정확히 무슨 의미인지에 대해서는 아직 논쟁의 여지가 많지만, 근본적으로는 모든 의식적 경험이 하나의 통일된 장면으로 나타난다는 의미다. 우리는 색깔을 모양과 별개로 경험하지 않으며, 사물을 배경과 별개로 경험하지도 않는다. 컴퓨터와 커피잔, 복도에서 문이 닫히는 소리, 다음에 어떤 이야기를 쓸지에 관한 생각 등 지금 내 의식적 경험의 여러 요소는 단일하고 포괄적인 의식적 장면의 요소로 불가피하고 근본적인 방식으로 엮여 있다.

토노니와 에델만의 승부수는 여기에 있다. 모든 의식적 경험이 현상학적 수준에서 정보적이고 통합적이라면 **의식적 경험의 근본인 신경 메커니즘 역시 정보적이고 통합적이어야 한다.** 신경 메커니즘이 모든 의식적 경험의 핵심 현상학적 특징과 연관됨은 물론이고 이 특징을 설명할 수 있는 이유는 신경 메커니즘이 정보성과 통합성을 모두 지녔기 때문이다.

메커니즘이 정보적이고 통합적이라는 말은 무슨 의미인가? 잠시 뇌에서 벗어나 각 요소가 상호작용하는 시스템을 떠올려보자. 그 요소가 무엇인지는 몰라도 괜찮다. 〈그림 2〉에서 볼 수 있듯, 이런 시스템은 양극단을 가진 척도로 정의할 수 있다. 한 극단(왼쪽)에서 모든 요소는 기체 분자처럼 무작위적이고 독립적으로 행동한다. 이런 시스템은 최대 정보성(최대 무작위성)을 지니지만 모든 요소가 서로 독립적이기 때문에 통합성은 전혀 없다.

반대편 극단(오른쪽)에서는 모든 요소가 똑같이 행동하므로 각 요소의 상태는 전적으로 시스템 내 다른 요소의 상태에 따라 결정된다. 무작위성은 전혀 없다. 결정격자 속 원자 배열처럼, 개별 원자의 위치는 다른 원자들의 위치에 따라 정해진 격자 구조로

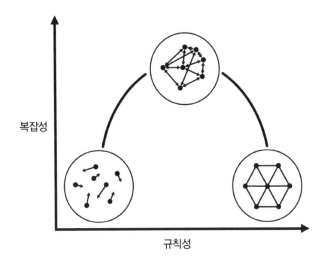

〈그림 2〉 복잡성과 규칙성의 관계

결정된다. 이런 시스템이 취할 수 있는 상태는 매우 한정되어 있어서, 이런 배열은 통합성은 최대이지만 정보성은 거의 없다.

양극단의 중간에는 개별 요소가 서로 다르게 행동하지만 공동 작용할 수도 있어 어느 정도 '전체적으로' 작동하는 시스템이 있다. 통합성과 정보성을 모두 나타내는 영역이다. 질서와 무질서의 중간 지점이기도 하며, 보통 시스템이 '복잡하다'라고 부르는 것은 이 지점이다.

이런 설명을 뇌에 적용하면 의식의 신경적 기초를 밝힐 방법을 알 수 있다.

정보가 가장 풍부한 뇌에서는 모든 뉴런이 완전히 개별적으로 무작위로 발화하며 독립적으로 행동한다. 이런 뇌에서 LZW 복잡도 같은 알고리즘 복잡도 측정치는 매우 높다. 이런 뇌는 정보성이 높지만 통합성은 낮아 의식적 상태를 나타내지 않는다. 다른 극단에는 가장 질서 있는 뇌가 있다. 이런 뇌에서는 모든 뉴런이 똑같이 행동한다. 마치 전방위적인 뇌전증 발작epileptic seizures 상태처럼 모든 뉴런이 정확히 함께 발화한다. 알고리즘 복잡도는 매우 낮다. 이런 뇌도 의식이 없지만 원인은 앞의 경우와 다르다. 통합성은 높고 정보성은 낮기 때문이다.

따라서 의식의 수준을 측정한다는 목적에 맞는 측정법은 정보 자체가 아니라 정보성과 통합성이 어떻게 함께 나타나는지 추적해야 한다. 진정한 의미의 복잡도를 측정하는 이런 방법은 메커니즘의 속성과 경험의 속성을 명시적으로 연결해 의식에 다가가는 실재적 문제 접근법의 사례다.

지금까지 살펴보았듯 LZW 복잡도 같은 알고리즘 복잡도 추정은 이런 작업을 제대로 하지 못한다. 이런 방법은 정보성은 많이 알려주지만 통합성은 거의 알려주지 못한다. 오히려 PCI가 조금 더 낫다. PCI 척도에서 높은 점수를 얻으려면 TMS로 주사한 에너지 펄스가 압축하기 어려운 뇌 활동 패턴을 생성해 높은 정보성을 나타내야 한다. 그다음 이 펄스는 피질 전반에 넓게 퍼져 '메아리'를 형성해야 한다. 이 메아리를 평가하면 압축률을 평가할 수 있다. 하지만 이런 피질 확산으로 통합성을 유추할 수는 있어도, 이상적인 측정법에는 미치지 못한다. PCI 측정법은 다소 모호하게 통합된 뇌 활동(이런 뇌 활동이 없다면 메아리도 없을 것이다)

에 의존하지만, 정보성 측정과 비슷한 정량적 방법으로 통합성을 측정하지는 못한다. 우리가 찾고자 하는 것은 하나의 데이터에서 하나의 방법으로 동시에 통합성과 정보성을 직접 감지할 수 있는 측정법이다.

적어도 이론상으로는 이런 기준을 만족하는 몇 가지 방법이 있다. 1990년대 토노니와 에델만은 동료인 올라프 스폰스Olaf Sporns과 함께 '신경 복잡도neural complexity'라는 측정법을 고안했고, 나는 10년 후 다른 수학적 방법을 이용해 '인과적 밀도causal density'라는 방법을 고안했다. 다음 장에서 다룰 몇 가지 새로운 방법은 더욱 정교한 방식으로 이런 측정법의 토대를 구축했다. 이 측정법들은 모두 통합된 정보가 나타나는 질서와 무질서 사이 중간 지대를 특정 시스템이 얼마나 점유하는지 정량화하려고 시도한다. 하지만 문제는 실제 뇌 영상 데이터에 적용했을 때 제대로 작동하는 측정법이 아직 없다는 점이다.

이런 상황에는 몇 가지 의문이 있다. 알고리즘 복잡도처럼 근본적인 이론과 느슨하게 연관된 측정법보다 이론적 원리에 좀 더 가까운 측정법이 실제로 더 잘 작동하리라는 기대 자체는 합리적이다. 하지만 우리가 살펴본 바는 이와 다르다. 왜 그럴까? 한 가지 가능성은 이론 자체가 잘못되었다는 것이다. 하지만 그것보다는 측정법이 제대로 작동하도록 계산을 좀 더 정교하게 다듬고, 뇌 영상 기법을 개선해 올바른 데이터를 제공해야 할 것으로 생각된다.

진정한 의식 측정기를 찾는 노력은 계속된다. 지금까지의 진보도 엄청났다는 점을 강조해야겠다. 의식 수준과 각성이 다르다는 사실은 이제 널리 알려졌으며, 우리는 이미 뇌에 기초한 여러 의식 수준의 측정법을 이용해, 의식의 다양한 전역 상태를 추적하고 뇌 손상을 입은 환자의 잔여 인식을 감지하는 데 놀라운 성과를 거두었다. 마시미니의 PCI 방법은 특히 중요하다. 임상적으로 유용할 뿐만 아니라 정보성과 통합성이라는 타당한 이론적 원리에 기반을 둔 이 방법은, 신경 메커니즘과 의식적 경험의 보편적 속성을 효과적으로 연관 짓는 '실재적 문제' 방법과 맞닿아 있다. 비슷한 다른 원칙에 근거한 여러 방법도 속속 등장하고 있으며, 특히 자발적 뇌 데이터의 알고리즘 복잡도를 추정하는 방법 등 좀 더 사용하기 쉬운 근사치를 이용해 의식의 수준과 의식의 내용 사이의 매혹적인 연관성을 살펴보는 방법도 있다.

하지만 근본적인 의문은 여전히 남아 있다. 의식은 **온도**에 더 가까운가? 의식을 물리적인(또는 정보적인) 우주의 기본적 속성으로 축소하고 이와 같다고 볼 수 있는가? 아니면 의식은 **생명**에 가까운가? 각 속성의 근본적인 메커니즘이라는 관점에서 설명할 수 있는 수많은 속성의 집합일까? 지금까지 살펴본 의식 측정법들은 온도 이야기에서 영감을 얻었지만, 내 생각에 의식은 결국 생명이라는 비유에 더 잘 들어맞을 것 같다. '통합성'과 '정보성'

은 대부분의, 아마 모든 의식적 경험의 일반적인 속성이다. 하지만 온도는 분자의 평균 운동 에너지 **자체**이지만, 의식은 곧 통합된 정보 **자체**가 아니다.

의식이 곧 통합된 정보라는 생각이 어떻게 떠오르게 되었는지 살펴보려면 의식이 온도와 비슷하다는 비유를 끝까지 밀어붙여서 결국 언제 틀어지는지 알아보아야 한다. 그렇다면 이제 의식의 '통합 정보 이론IIT, Integrated Information Theory'을 살펴볼 차례다.

3장

의식의 측정값, 파이

2006년 7월, 나는 라스베이거스에서 줄리오 토노니와 젤라토를 먹고 있다. 우리는 베네치아호텔에 있는데, 무슨 일인지는 도통 모르겠다. 전날 런던에서 비행기를 타고 이곳에 도착했다. 베네치아호텔 내부는 항상 초저녁 같은 분위기인 데다, 가짜 별들이 가짜 푸른 하늘을 배경으로 반짝거리고 있다. 가짜 곤돌라가 가짜 궁전 사이를 지나간다. 호텔은 이런 식으로 사람들이 얼마나 시간이 흘렀는지조차 깨닫지 못한 채 계속 식전주에 취해 몽롱한 상태로 돈을 뿌리며 이곳에 머물도록 유혹한다. 나는 긴 저녁 식사에 곁들인 술과 시차 때문에 조금 멍한 채로 매우 야심 찬 의식의 '통합 정보 이론'을 몇 시간이나 상세히 논의하고 있다. 이 개념은 토노니의 독창적인 개념으로, 다른 어떤 신경과학 이론보다 의식의 어려운 문제를 정면으로 다룬다. 통합 정보 이론에 따르면 주관적인 경험이란 인과 패턴의 속성이며, 정보는 질량이나 에너지처럼 실제적이고, 심지어 원자에도 조금은 의식이 있을 수 있다.

이건 공정한 토론이 아니다. 나는 최근 내 논문에서 토노니의 초기 이론을 비판한 지점을 차근차근 옹호하려 한다. 토노니는 완곡하지만 끈질기게 내가 왜 틀렸는지 설명한다. 시차 때문인지 와인 때문인지, 토노니의 완고한 논리 때문인지 모르겠지만, 비행기를 타고 이곳에 올 때보다 나에 대한 확신이 조금 줄었다. 다음 날 아침, 나는 좀 더 깊이 생각하고, 좀 더 이해하고, 더 잘 준비하고, 술은 덜 마시겠다고 결심한다.

통합 정보 이론은 당시에도 매력적이었고 지금도 그렇다. 통합 정보 이론은 의식과 온도의 유사성을 보여주는 사례이기 때문이다. 통합 정보 이론에 따르면 의식은 단순히 통합된 정보 **그 자체**다. 이를 입증하기 위해 통합 정보 이론은 마음과 물질이 어떻게 연관되고 의식이 우주에 어떻게 짜여 들어가는지 이해하는 오래된 직관을 뒤집는다.

2006년까지만 해도 통합 정보 이론은 잘 알려지지 않았다. 하지만 오늘날에는 의식과학 분야에서 격렬한 논쟁을 일으키며 가장 주목받는 이론 중 하나다. 토노니뿐만 아니라 의식과학 분야의 여러 거장이 이 이론에 찬사를 보낸다. 과거에 의식의 신경 상관물 접근법의 선두주자였던 크리스토프 코흐는 통합 정보 이론을 '오래된 심신 문제를 종결할 위대한 발걸음'이라고 칭송했다.

하지만 이 이론의 야심과 명성은 상당한 반발도 일으켰다. 통합 정보 이론에 반대하는 사람들이 거론하는 이유 중 하나는 이 접근법이 너무 수학적이고 복잡하다는 점이다. 물론 이 점이 반드시 나쁘다고만은 볼 수 없다. 의식 문제를 쉽게 해결해야 한다고 말한 사람은 아무도 없다. 또 다른 반발은 통합 정보 이론의 주장이 너무 반反직관적이어서 분명 틀렸을 것이라는 의견이다. 이 역시 의식처럼 당혹스러운 현상을 마주할 때 우리가 의존하는 위험한 직관이다.

내 생각에 통합 정보 이론의 가장 큰 문제는 다음과 같다. 통합 정보 이론의 놀라운 주장에는 마찬가지로 놀라운 증거가 필요하지만, 의식의 어려운 문제를 해결한다는 통합 정보 이론의 야심 자체가 바로 통합 정보 이론의 차별화된 주장을 실제로 검증할 수 없게 만든다는 점이다. 통합 정보 이론을 뒷받침하는 데 필요한 놀라운 증거를 얻을 수 없다는 말이다. 하지만 다행히 모두 검증할 수 없는 것은 아니다. 이제부터 설명하겠지만 적어도 이론적으로는 통합 정보 이론이 예측한 일부 주장을 검증할 수 있다. 게다가 통합 정보 이론을 의식의 어려운 문제보다 실재적 문제와 더 밀접하게 연관해 대안적으로 해석하면, 이론적으로 원칙에 기**초하면서도** 실질적으로 적용 가능한 새로운 의식 수준 측정법을 개발할 수도 있다.

통합 정보 이론의 핵심은 이름 그대로 '정보성'과 '통합성'이다. 통합 정보 이론은 2장에서 살펴본 것처럼 의식의 수준을 측정한다는 생각에 바탕을 두지만, 훨씬 독특한 방법을 이용한다.

통합 정보 이론의 핵심에는 '파이(그리스 문자 Φ)'라는 단일한 측정값이 있다. 파이를 가장 쉽게 이해하는 방법은 파이가 정보의 측면에서 어떤 시스템 전체가 각 부분의 '합보다 얼마나 클지' 측정한다고 보는 것이다. 어떻게 시스템 전체가 각 부분의 합보다 클 수 있을까? 새 떼가 느슨한 비유가 될 수 있다. 새 떼는 무리를 구성하는 각 새의 합보다 커 보인다. 새 떼는 마치 '그 자체의 생명'을 지닌 것처럼 보인다. 통합 정보 이론은 이런 생각을 정보 영역에 적용한다. 통합 정보 이론에서 파이는 시스템의 각 부분이 독립적으로 생성하는 정보량에 더해, 시스템이 '전체'로서 생산하는 정보의 양을 측정한다. 이것이 통합 정보 이론의 핵심 주장을 뒷받침하는 근거다. 즉, **각 부분의 합보다 전체로서 더 많은 정보를 생성하는 시스템은 어느 정도 의식을 갖는다.**

이 주장이 단순히 상관관계가 있다는 주장도 아니고, 시스템의 메커니즘적 속성이 현상학적 속성을 설명하는 방법을 다루는 실재적 문제와 비슷한 주장도 아니라는 점에 주목하자. 통합 정보 이론의 주장은 동일성identity에 대한 주장이다. 통합 정보 이론에 따르면 파이는 시스템에 내재하며(외부 관찰자의 영향을 받지 않음),

파이의 수준은 시스템과 관련된 의식의 양과 같다. 파이가 높으면 의식이 많고, 파이가 0이면 의식이 없다. 그러므로 통합 정보 이론은 의식을 온도에 비유해 의식을 보는 관점을 궁극적으로 표현하는 이론이라고 할 수 있다.

어떻게 파이가 높아질 수 있는가? 핵심 아이디어는 앞 장에서 살펴본 바와 비슷하지만, 몇 가지 중요한 차이점이 있으므로 처음부터 하나하나 살펴보자.

우선 '켜짐'과 '꺼짐'을 할 수 있는 단순한 인공 '뉴런' 네트워크를 상상해보자. 파이가 높아지려면 네트워크는 다음과 같은 두 가지 핵심 조건을 만족해야 한다. 첫째, 네트워크의 전역 상태('전체'로서의 네트워크)는 다른 전역 상태를 대부분 배제해야 한다. 이것이 **정보성**이다. 정보성은 모든 의식적 경험이 다른 의식적 경험을 상당 부분 배제한다는 현상학적 관찰을 반영한다. 둘째, 각 시스템은 시스템을 부분(개별 뉴런 또는 뉴런 그룹)으로 나누고 각 부분을 개별적으로 볼 때보다 시스템 전체로 볼 때 더 많은 정보를 주어야 한다. 이것이 **통합성**이다. 통합성은 모든 의식적 경험이 통일되어 있고 '일관적으로' 경험된다는 관찰 결과를 반영한다. 파이는 어떤 시스템의 점수를 정보성과 통합성이라는 두 차원에서 산정하는 방법이다.

시스템의 파이가 높지 않은 경우는 여럿 있다. 하나는 정보성이 낮은 경우다. 간단한 예로 '켜짐'이나 '꺼짐'을 할 수 있는 단순한 빛 센서인 단일 광다이오드photodiode를 보자. 단일 광다이오드는 어떤 상태에 있어도 무언가에 대해 거의 정보를 주지 못하므로, 이때 파이는 낮거나 0에 가깝다. 광다이오드가 어떤 상태이든(1 또는 0이든, '켜짐' 또는 '꺼짐'이든) 다른 하나의 경우(0 또는 '꺼짐')를 배제한다. 단일 광다이오드는 최대 1'비트bit'의 정보를 전달한다.[1]

시스템의 파이가 낮은 또 다른 경우는 통합성이 낮은 경우다. 휴대전화 카메라 센서처럼 여러 광다이오드로 구성된 시스템을 상상해보자. 시스템의 전역 상태는 전체 광다이오드가 배열된 상태이고, 이 배열은 수많은 정보를 준다. 배열된 센서가 아주 크다면 센서에 입력되는 어떤 상황에 따라서도 시스템의 전역 상태가 바뀔 수 있으므로 카메라는 제대로 작동한다. 하지만 이런 전역 정보가 센서 자체에는 중요하지 않다. 센서 안에 있는 각 광다이오드는 서로 인과관계가 없다. 각 광다이오드의 상태는 개별 광다이오드가 받는 빛의 영향만 받는다. 센서를 여러 개의(인과관계가 없는) 광다이오드 덩어리로 잘라내도 이 덩어리는 여전히 잘 작동한다. 센서 배열이 전체적으로 전달하는 정보는 모든 센서나 광다이오드가 독립적으로 전달하는 정보보다 많지 않다. 즉, 광다이오드 센서 시스템이 생성하는 정보는 각 부분이 생성하는 정보의 합보다 많지 않으므로 파이는 여전히 0이다.

파이가 0인 경우를 잘 보여주는 다른 사례는 '분할 뇌split brain'다. 네트워크를 두 반구로 완전히 나눈다고 상상해보자. 네트워크의 각 반구가 가진 파이는 0이 아닐 수 있지만, 전체 네트워크의 파이는 0이다. 네트워크를 부분으로(두 반구로) 나누었으므로 전체는 더는 부분의 합 이상이 되지 못한다. 이렇게 뇌를 분할하면 시스템이 전체로서 하는 일과 부분으로서 하는 일의 차이가 거의 사라진다. 분할 뇌는 '분할' 방법에 따라 파이가 어떻게 달라지는지 보여 주는 사례다. 2장에서 설명한 다른 복잡도 측정법과 통합 정보 이론이 분명히 구별되는 특징 중 하나다.

이 사례는 다른 치료법에 반응하지 않는 간질을 치료하기 위해 피질 반구를 분할하는 **실제** 분할 뇌 사례다. 이 경우 두 개의 독립된 '의식'이 있을 수는 있지만, 양 반구에 걸친 전체로서의 단일한 의식은 없다. 이와 마찬가지로 당신과 나는 둘 다 의식이 있지만, 우리는 정보상 한가운데에서 분리되어 있으므로 우리 둘 사이에 집합적 의식이라는 총체는 없다.

이제 진짜 뇌 문제를 살펴보자. 통합 정보 이론은 의식의 수준에 대한 여러 관찰 결과를 깔끔하게 설명한다. 2장에서 살펴본 대로, 소뇌에는 뇌 속 뉴런의 약 4분의 3이 분포하지만 의식과는 그다지 관련이 없다. 통합 정보 이론은 그 이유를 반독립적인 semi-independent 수많은 회로로 구성되어 파이가 낮은 카메라 센서 배열과 소뇌가 해부학적으로 유사하기 때문이라고 설명한다. 반면 대뇌피질은 촘촘하게 상호 연결된 배선으로 꽉 차 있어 파이가 높다고 본다. 그렇다면 배선이 변하지 않는데 꿈꾸지 않는 수면, 마취, 혼수상태에서는 왜 의식이 희미해질까? 통합 정보 이론은 이런 상태에서는 피질 뉴런과 다른 뉴런이 제대로 상호작용하지 못해 파이가 사라졌다고 대답한다.

통합 정보 이론은 의식에 대한 '공리적' 접근법이다. 통합 정보 이론은 실험적 데이터보다 이론적 원리에서 출발한다. 논리학에서 공리axiom는 부가적인 논증 없이도 일반적으로 받아들여지는, 자명한 진실인 명제다. 그리스 철학자 유클리드Euclid가 "같은 공간을 똑같이 채우고 있는 두 도형은 같은 도형이다"라고 말한 것이 공리의 좋은 예다. 통합 정보 이론은 의식적 경험이 통합적이고 정보적이라는, 의식에 대한 공리를 주장한다. 그리고 이 공리를 이용해 의식적 경험의 기반이 되는 메커니즘이 가져야 하는 속성을 제시한다. 통합 정보 이론에 따르면 뇌든 아니든, 생물학적이든 아니든, 이런 속성을 가진 **모든** 메커니즘은 파이가 0이 아니며, 따라서 의식을 가진다.

————

이론은 이 정도만 살펴보자. 통합 정보 이론에서도 다른 이론들처럼 실험으로 검증 가능한지가 문제가 된다. 통합 정보 이론의 주요 주장은 어떤 시스템의 의식 수준을 파이로 결정할 수 있다는 점이다. 이 주장을 검증하려면 실제 시스템에서 파이를 측정해야 하는데, 여기서 문제가 발생한다. 파이를 측정하기는 매우 어렵고 실제로 대부분 불가능하다. 통합 정보 이론이 '정보'를 특이한 방식으로 다루기 때문이다.

수학에서 정보를 이용하는 표준적인 방법은 1950년대 클로드 새넌Claude Shannon이 개발한 **관찰자 상대적**observer-relative 방법이다. 관찰자 상대적(또는 **외적**extrinsic) 정보란 관찰자 관점에서 특정 상태의 시스템을 관찰해 불확실성이 줄어드는 정도를 말한다. 주사위 하나를 여러 번 던진다고 생각해보자. 한 번 던질 때마다 여섯 가지 가능성 중 한 가지 결과가 나오는 것을 관찰할 수 있다. 즉, 한 번 주사위를 던질 때마다 다섯 가지 대안은 배제된다. 이는 (비트 단위로 측정되는) 불확실성이 일정량 줄어든다는 의미이며, '관찰자에게'는 정보를 준다.

관찰자 상대적인 정보를 측정하려면 일정 기간 시스템이 어떻게 작동하는지 관찰하면 된다. 주사위를 던질 때마다 얻은 결과를 기록하면 특정 횟수만큼 주사위를 던졌을 때 생성되는 정보의 양을 계산할 수 있다. 뉴런 네트워크 시스템이라면 시간에 따라 뉴런의 활동을 기록하면 된다. 외부 관찰자는 각 뉴런의 상태를 모두 기록하고, 각 상태의 확률을 계산하고, 네트워크가 이 상태 중 하나가 될 때 감소하는 불확실성을 측정할 수 있다.

하지만 통합 정보 이론은 관찰자 상대적인 방식으로 정보를 다룰 수 없다. 통합 정보 이론의 정보, 즉 **통합된** 정보인 파이는 **의식**이므로, 정보를 관찰자 상대적이라고 본다면 의식 역시 관찰자 상대적이라는 의미가 되기 때문이다. 하지만 의식은 관찰자 상대적이지 않다. 내가 의식이 있는지 아닌지는 당신이나 누군가가 내 뇌를 측정한다고 달라지지도 않고, 그래서도 안 된다.

따라서 통합 정보 이론에서 보는 정보는 외부 관찰자 상대적인 방법이 아니라 시스템 **내재적**으로 다루어져야 한다. 외부 관찰자에 따라 정보가 달라지지 않는 방법으로 정의되어야 한다는 의미다. 그렇게 하기 위해서는 다른 사람 또는 다른 무언가가 아닌, '시스템 자체에' 정보를 주어야 한다. 그렇지 않다면 통합 정보 이론의 핵심인 파이와 의식의 동일성은 유지될 수 없다.

내재적 정보를 측정하려면 시간에 따라 시스템이 어떻게 작동하는지 살펴보는 것만으로는 부족하다. 외부 관찰자인 과학자는 시스템이 실제로 모든 방식으로 작동하지는 않더라도, 작동할 **수 있는** 모든 방식을 알고는 있어야 한다. 시스템이 시간에 따라 **실제로 무엇을 하는지** 아는 것(이론적으로는 쉽고, 관찰자 상대적)과, 시스템이 실제로 그렇게 하지는 않더라도 무엇을 **할 수 있는지** 아는 것(불가능하지는 않지만 어렵고, 관찰자 독립적)은 다르다.

정보 이론 용어로 말하자면, 두 상황의 차이는 시스템 상태의 '경험적empirical' 분포와 '최대 엔트로피maximum entropy' 분포의 차이로 설명할 수 있다. ('최대 엔트로피'는 시스템의 최대 불확실성을 반영해 붙인 이름이다.) 주사위 두 개를 여러 번 던진다고 생각해보자. 두 주사위의 합으로 7, 8, 11 같은 숫자는 나오는데 12는 한 번도 안 나올 수도 있다. 이 경우 경험적 분포에는 12라는 숫자가 없지만, 최대 엔트로피 분포에는 12라는 숫자가 포함된다. 최대 엔트로피 분포로 본다면 여러 번 주사위를 던졌을 때 실제로 나오지 않았더라도 12가 **나올 수는 있기** 때문이다. 즉, 7, 8, 11 등의 특정 결과는 (12를 포함하지 않는) 경험적 분포로 볼 때보다 (12를 포함하는) 최대 엔트로피 분포로 볼 때 불확실성을 더욱 줄이고 나올 수 있는 다른 대안을 더욱 배제한다는 점에서 더 많은 정보를 준다.

시간에 따라 시스템을 관찰해서 경험적 분포를 측정하는 방법에 비해 최대 엔트로피 분포를 측정하는 방법은 일반적으로 매우 어렵다. 최대 엔트로피 분포를 측정하는 데는 두 가지 방법이 있다. 첫째는 가능한 모든 방법으로 시스템을 교란하고 무슨 일이 일어나는지 보는 것이다. 아이가 새 장난감의 버튼을 모두 눌러 무슨 일이 일어나는지 보는 것처럼 말이다. 둘째는 시스템의 물리적 메커니즘인 '원인-효과 구조cause-effect structure'를 철저하고 완벽히 파악해 최대 엔트로피 분포를 추론하는 것이다. 메커니즘을 철저히 파악하면 시스템에서 실제로 모든 일이 일어나지는 않아도 일어날 수 있는 일을 모두 파악할 수는 있다. 주사위 면이 총 여섯 개라는 사실을 알면 매번 주사위를 던져보지 않더라도 두 주사위의 합으로 최소 2에서 최대 12 사이의 숫자가 나오리라는 사실을 짐작할 수 있는 것과 마찬가지다.

하지만 안타깝게도 우리는 시스템이 **할 수 있는 일**이 아니라 시스템이 **하는 일**, 즉 시스템의 역학에만 접근할 수 있는 경우가 많다. 특히 뇌에 대해서는 분명 그렇다. 뇌가 하는 일을 상세히 기록할 수는 있지만, 뇌의 물리적 구조를 완전히 파악하거나 가능한 모든 방식으로 뇌 활동을 교란할 수는 없다. 이런 이유로 파이가 실제로 의식 **그 자체**라는 통합 정보 이론의 가장 독특한 주장은 결코 실험으로 검증될 수 없다.

―――

어떤 정보를 선택하든 파이를 측정하려면 또 다른 문제에 부딪힌다. 그중 하나는 파이를 측정하려면 '전체'와 '부분'을 제대로 비교할 수 있도록 시스템을 분할하는 적절한 방법을 찾아야 한다는 점이다. 분할 뇌 같은 시스템에서는 간단하지만(중간에서 나누면 된다) 보통은 매우 어렵다. 시스템을 분할하는 방법의 수는 시스템의 크기에 따라 기하급수적으로 늘어나기 때문이다.

게다가 애초에 어떤 시스템에서 무엇이 중요한지 묻는 근본적인 질문도 존재한다. 파이를 계산하려면 시스템의 시공간을 어떻게 세분화해야 할까? 뉴런과 밀리초(10^{-3}초), 아니면 원자와 펨토초(10^{-15}초)로 나누어야 할까? 한 나라의 전체 국민은 의식적이라고 볼 수 있을까? 어떤 나라는 전체적으로 다른 나라보다 더 의식적이라고 볼 수 있을까? 지질학적 역사에 걸쳐 일어난 지각판의 상호작용을 행성 규모에서 통합 정보로 볼 수 있을까?

관찰자 상대적이고 외적인 정보보다 내재적 정보를 측정하는 데 따르는 이런 어려움은 과학자로서 파이를 측정하려는 외부 관찰자에게만 문제가 된다. 통합 정보 이론에 따르면 모든 시스템은 그저 당연히 파이를 **지닌다**. 돌을 던지면 중력의 법칙에 따라 계산하지 않아도 던진 돌이 알아서 궤적을 따라 하늘에 원호를 그리는 것처럼, 시스템이 정보를 통합하는 것도 마찬가지다. 이론을 검증하기 어렵다고 그 이론이 틀린 것은 아니다. 단지 실험으로 검증하기 어렵다는 뜻일 뿐이다.

———

파이를 측정하는 일의 어려움은 잠시 접어두고, 통합 정보 이론이 옳다면 이 이론의 의미가 무엇일지 질문해보자. 통합 정보 이론을 끝까지 따라가면 상당히 이상한 결론에 이르게 된다.

내가 당신의 두개골을 열고 새 뉴런 한 움큼을 뇌에 붙인다고 상상해보자. 새 뉴런은 기존 뇌의 회백질과 특정 방식으로 연결된다. 하루를 시작할 때 새 뉴런은 아무것도 하지 않는다. 무슨 일이 일어나든, 당신이 무엇을 하고 누구를 만나든 새 뉴런은 발화하지 않는다. 새로 확장된 뇌는 모든 의미나 목적상 사실 예전 뇌와 똑같아 보인다. 하지만 새 뉴런은 뇌의 나머지 부분이 이전에 결코 만난 적 없는 특정 상태에서만 발화할 **수 있는** 방식으로 조직되어 있다.

예를 들어 새 뉴런은 일본 홋카이도에서만 재배되는 귀한 덴스케 수박을 먹을 때만 발화한다고 가정해보자. 당신이 덴스케 수박을 한 번도 먹어본 적이 없다면 이 뉴런은 한 번도 발화하지 않을 것이다. 그런데도 통합 정보 이론은 당신의 **모든** 의식적 경험이 아주 미묘하게라도 바뀐다고 예측한다. 새 뉴런은 잠재적으로 발화할 수 있으므로 당신의 뇌가 취할 수 있는 잠재적 상태가 늘어난 것이고, 따라서 파이도 분명 달라진다는 것이다.

이 시나리오를 뒤집어 봐도 마찬가지로 이상한 예측으로 이어진다. 시각 피질 깊숙한 곳에 조용히 들어앉은 뉴런 한 다발을 떠올려보자. 이 뉴런은 다른 뉴런과 연결되어 있고, 적절한 입력이 있으면 발화할 수 있겠지만, 지금은 아무것도 하지 않는다. 그다음 몇 가지 독창적인 실험적 개입을 통해 능동적으로 뉴런이 발화할 수 없게 만든다. 즉, 이 뉴런은 그저 **비활성**inactive **상태라**기보다 **비활성화된**inactivated 상태다. 전반적인 뇌 활동은 전혀 바뀌지 않았지만 뇌가 취할 수 있는 잠재적인 상태가 줄었기 때문에, 통합 정보 이론은 이 경우에도 의식적 경험이 바뀐다고 예측한다.

광유전학이라는 새로운 기술 덕택에 연구자들은 목표 뉴런의 활동을 매우 정확하고 섬세하게 제어할 수 있게 되었고, 놀랍게도 이런 실험은 곧 가능해질 것으로 보인다. 광유전학은 유전공학을 이용해 특정 뉴런을 조작해 빛의 특정 파장에 민감해지도록 만드는 기술이다. 레이저나 LED를 이용해 유전자 조작된 동물의 뇌에 빛을 비추면 이 뉴런을 켜거나 끌 수 있다. 이론적으로 광유전학을 이용하면 **이미 비활성 상태인 뉴런을 비활성화되게** 할 수 있으며, 의식적 지각이 있다면 이에 미치는 영향도 평가할 수 있다. 물론 이는 간단한 실험이 아니며, 파이를 측정하는 방법을 제공하지도 않는다. 하지만 이런 방법은 통합 정보 이론의 모든 면을 실험적으로 검증할 수 있다는 가능성을 보여준다. 최근 운 좋게도 줄리오 토노니 및 다른 이들과 벌인 토론에서는 실제로 이 방법이 가능하다는 견해도 만났다.

단순하게 보았을 때 통합 정보 이론의 또 다른 이상한 점은, 파이가 곧 의식**이라는** 강력한 주장을 통해 **정보 자체**가 마치 질량/에너지나 전하처럼 우주에서 확실한 존재론적 상태를 지닌다고 암시한다는 점이다. (존재론ontology은 '존재하는 것'에 대한 연구다.) 통합 정보 이론은 존재하는 것은 모두 궁극적으로 정보에서 오며, 정보가 가장 주된 것이고, 모든 것은 정보에서 나온다고 주장하는 물리학자 존 휠러John Wheeler의 이른바 '비트에서 존재로it from bit' 라는 관점과 어떤 면에서는 일맥상통한다.

또한 이런 관점은 최종적으로 **범심론**이라는 문제적 결론으로 이어진다. 올바른 메커니즘이 있고, 시스템에 올바른 원인-효과 구조가 있는 한 파이는 0이 아니며, 따라서 의식이 있다는 것이다. 통합 정보 이론의 범심론은 절제된 범심론이며, 의식이 얇게 바른 잼처럼 우주 전체에 퍼져 있다는 뜻도 아니다. 그보다는 통합된 정보인 파이가 있는 곳이라면 어디든 의식이 있다는 의미다. 의식이 여기에도 저기에도 있을 수 있지만 모든 곳에 있다는 뜻은 아니다.

통합 정보 이론은 독창적이고 야심 차며 지적으로 풍부하다. 통합 정보 이론은 여전히 의식의 어려운 문제를 풀기 위해 진지하게 시도하는 유일한 신경과학 이론이다. 통합 정보 이론은 분명 이상하다. 하지만 이상하다고 해서 틀렸다고는 할 수 없다. 과거 물리학에 비해 현대 물리학은 더 이상하지만 덜 틀렸다. 하지만 현대 물리학이 이제는 덜 틀렸다고 말할 수 있는 것은 실험적으로 검증할 수 있기 때문이다. 여기에 통합 정보 이론의 문제가 있다. 파이와 의식 수준이 동등하다는 통합 정보 이론의 핵심 주장이 가진 대담함은 실험으로 검증할 수 없다는 큰 문제가 있다.

이를 해결하는 가장 좋은 방법은 의식적 경험이 정보적이고 통합적이라는 통합 정보 이론의 근본 통찰은 유지하면서, 평균 분자 에너지가 온도를 나타내는 것처럼 파이가 의식을 나타낸다는 비유는 버리는 것이다. 이렇게 하면 의식적 경험의 구조를 바라보는 통합 정보 이론의 통찰력을 실재적 문제라는 관점에 맞추어 재조정할 수 있다. 이런 관점을 받아들이면 2장의 마지막 부분에서 살펴본 복잡도 측정과 많은 공통점을 갖게 될, 실질적으로 적용 가능하며 대안적인 파이라는 측정법을 개발할 길이 열린다.

나는 동료 애덤 배럿과 페드로 메디아노Pedro Mediano와 함께 몇 년 동안 이 전략을 고수해왔다. 우리는 내재적 정보보다 관찰자 상대적인 정보를 대상으로 하는 여러 버전의 파이를 개발했다. 이를 통해 우리는 시스템이 무엇을 할 수 있고 무엇을 하지 않을 지 걱정하지 않고, 시간에 따라 시스템에서 관찰 가능한 행동에 근거해 파이를 측정할 수 있었다. 하지만 현재 우리가 개발한 다양한 파이 버전은 아주 단순한 모델 시스템에서도 매우 다르게 작동한다. 이는 실제로 제대로 작동하는 파이 버전을 개발하기까지 여전히 할 일이 많다는 의미이며, (바라건대) 이론적 원칙이라는 기반에도 불구하고가 아니라 이론적 원칙 덕분에 파이를 경험적으로 통제할 수 있게 된다는 의미다. 우리는 의식의 '통합성'과 '정보성'을 의식이 실제로 무엇'이라는' 공리적 주장이 아니라, 설명할 수 있는 의식적 경험의 일반적 속성으로 본다. 다시 말하면 우리는 의식을 온도가 아니라 생명 같은 것으로 본다.

––––––

의식의 수준을 탐험하는 우리의 여행은 마취 상태나 혼수상태의 망각에서 출발해, 식물인간 상태나 최소 의식 상태라는 오지를 지나고, 수면과 꿈이라는 단절된 세상을 지나, 완전히 깨어 있는 인식의 빛으로 나아가고, 심지어 더 멀리 환각이라는 기묘한 초현실로 뻗어 나왔다. 의식의 여러 수준을 연결한다는 아이디어는 모든 의식적 경험이 정보적이고 통합적이며, 질서와 무질서 사이의 복잡한 중간 지대에 존재한다는 생각에서 비롯된다. 이런 핵심 아이디어는 물리학과 현상학의 간극을 실재적 문제 방식으로 설명할 다리를 놓으면서도 실질적으로 유용한 PCI 같은 새로운 측정법을 낳았다. 통합 정보 이론을 통해 우리는 가장 흥미롭고 논란을 일으키는 의식과학의 최전방에 도달했다. 여기서 통합 정보 이론의 대담한 주장은 실험으로 검증하지 못한다는 한계에 부딪혔고, 의식과 온도의 비유는 마침내 무너졌다. 나는 이 도발적인 이론의 대담한 주장에는 회의적이지만, 토노니와 젤라토를 먹으며 토론했던 몇 년 전보다 이 이론이 어떻게 발전할지 보고 싶은 마음은 더욱 간절해졌다.

돌이켜보면 라스베이거스는 통합 정보 이론을 논하기에 최적의 장소였다. 정보는 실재하는가? 의식은 어디에나 있는가? 라스베이거스라는 곳에서는 경험이라는 원초적인 느낌 자체 외에는 어느 것도 진짜라고 믿기 어려웠다. 몇 년이 지난 지금도 나는 베네치아호텔에서 가짜 곤돌라가 시계방향으로 천천히 도는, 끝없이 이어지는 초저녁을 상상할 수 있다. 나는 분명 의식이 있는데, 나는 **무엇을** 의식하고 있는가? 베네치아호텔에서는 모든 것이 일종의 환각처럼 여겨졌다.

이제 곧 살펴보겠지만, 이 독특한 생각에는 예상치 못한 진실이 있었다.

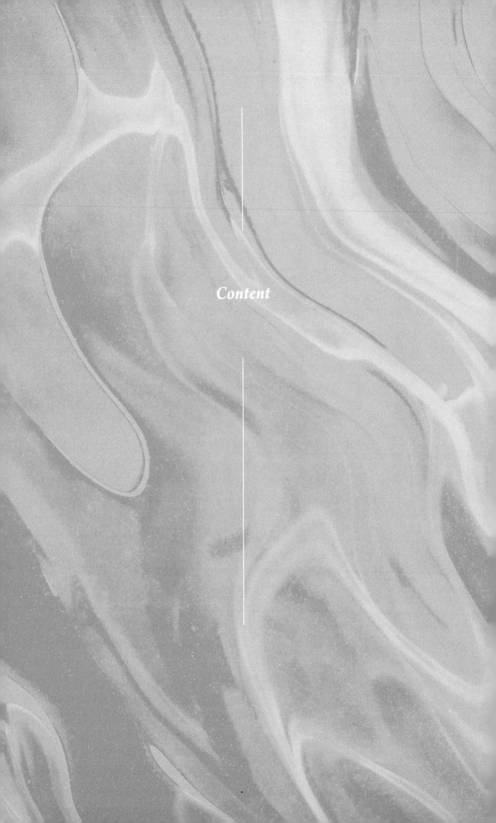

Content

2부
·····

의식의 내용

4장

안에서 바깥으로 지각하기

눈을 뜨자 세상이 보인다. 나는 캘리포니아주 산타크루즈에서 북쪽으로 몇 킬로미터 떨어진 사이프러스 숲 고지대에 있는 낡은 목조 주택 데크에 앉아 있다. 이른 아침이다. 매일 밤 밀려와 기온을 떨어뜨리는 차가운 바다 안개가 저 멀리 키 큰 나무들을 아직 휘감고 있다. 아직 안개가 내려앉아 있어, 데크 위에 있는 나는 나무들과 함께 안개 속을 떠다니는 것 같다. 데크에는 낡은 플라스틱 의자가 몇 개 있다. 나는 그 의자 중 하나에 앉아 있고, 탁자 위에는 커피와 빵이 담긴 쟁반이 있다. 새들이 지저귀고 일행이 부스럭거리는 소리가 뒤쪽에서 난다. 멀리서 알아들을 수 없는 속삭임이 들린다. 매일 아침이 이렇지는 않지만, 오늘은 좋은 아침이다. 나는 이 특별한 세상이 내 뇌에서 구성한 일종의 '제어된 환각controlled hallucination'이라고 확신한다. 이런 생각이 처음은 아니다.

우리는 의식할 때마다 무언가를, 때로는 많은 것을 지각한다. 이것이 의식의 **내용**이다. 의식의 내용이 어떻게 발생하는지 알고, 내가 말한 제어된 환각이 무슨 의미인지 이해하려면 관점을 바꿔야 한다. 잠시 당신이 뇌라고 상상해보자.

두개골에 봉인된 채 바깥세상에 무엇이 있는지 알아내려고 애쓰는 저 머리 위 뇌가 된다는 것이 어떤 것인지 생각해보자. 거기엔 빛도, 소리도, 아무것도 없다. 완벽한 어둠과 침묵뿐이다. 지각을 형성하려 애쓰면 뇌는 바깥세상의 사물과 간접적으로만 이어진 끊임없는 전기적 신호의 세례와 만나야 한다. 이런 감각 입력에는 ('나는 커피에서 온 것임', '나는 나무에서 온 것임' 따위의) 꼬리표가 붙어 있지 않다. 시각, 청각, 촉각 같은 감각 양식들 중 그 무엇도 특정 감각 입력이 무엇에서 왔는지 알려주지 않는다. 또는 온도감(온도를 느끼는 감각)이나 고유수용감각(신체 내부의 감각) 같은, 좀 더 낯선 감각 양식에서 왔는지도 알려주지 않는다.[1]

뇌는 본질적으로 모호한 이런 감각 신호를 어떻게 이에 해당하는 사물, 사람, 장소로 가득한 지각적 세상으로 변환할까? 2부에서는 뇌가 '예측 기계prediction machine'이며 우리가 보고 듣고 느끼는 것은 감각 입력이라는 원인에 반응해 뇌가 만든 '최선의 추측best guess'에 지나지 않는다는 생각을 살펴본다. 이런 이론을 따라가면 의식의 내용이란 실제 세상보다 더 많거나 적은 깨어 있는 꿈, 즉 제어된 환각의 일종이라는 사실을 알게 된다.

우선, 지각에 대한 일반적인 관점을 살펴보자. 지각은 '사물이 어떻게 보이는가'를 나타내는 관점이다.

마음과 독립된 바깥 현실은 색, 모양, 질감 같은 실제 속성을 지닌 사물, 사람, 장소로 가득 차 있다. 감각은 세상을 보여주는 투명한 창 역할을 해서 사물과 그 특징을 감지해 이 정보를 뇌에 전달하고, 뇌는 복잡한 신경 프로세스를 통해 이 정보를 읽어 지각을 형성한다. 바깥세상에 있는 커피잔은 뇌에서 커피잔이라는 지각을 생성하도록 유도한다. 누가 혹은 무엇이 지각을 하는지 묻는다면 '눈 뒤에 있는 나'는 아마도 '자기'라고 대답할 것이다. 연속된 감각 정보를 받아들여 지각적으로 판독한 후 다음에 무엇을 할지 결정해 행동을 유도하는 존재 말이다. 저기 커피잔이 있다. 나는 그것을 지각하고 집어 든다. 나는 느끼고, 생각하고, 그다음 행동한다.

이런 관점은 매력적이다. 우리는 뇌가 두개골 안에 들어앉은 일종의 컴퓨터로, 자기에게 도움이 되도록 감각 정보를 처리해 바깥세상에 대한 내면의 그림을 구축한다는 사고방식에 익숙하다. 수십 년에서 수 세기에 걸쳐 확립된 이런 이론은 우리에게 너무 친숙해 합리적인 대안을 상상하기가 어려울 정도다. 사실 많은 신경과학자나 심리학자들은 여전히 지각이란 어떤 특징을 발견하는 '상향식' 과정이라고 생각한다.

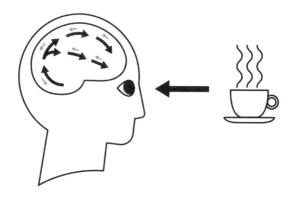

〈그림 3〉 상향식 특징 감지로서의 지각

그럼, 상향식 모델의 작동 방식을 살펴보자. 광파, 음파, 맛과 냄새를 전달하는 분자 같은 바깥세상의 자극은 감각기관에 영향을 주어 전기 자극을 '위로' 혹은 뇌 '안으로' 전달한다. 이런 감각 신호는 〈그림 3〉의 굵은 화살표처럼 몇 가지 처리 단계를 거쳐 흐른다. 각 단계에서는 점점 복잡한 특성을 분석한다. 시각을 예로 들어보자. 초기 단계에서는 밝기나 사물의 경계 같은 특성에만 반응하지만, 단계를 거치며 점점 눈이나 귀, 자동차 바퀴나 백미러 같은 사물의 부분에 반응한다. 마지막 단계에서는 얼굴이나 자동차, 커피잔 같은 사물 전체 또는 사물 범주에 반응한다.

이렇게 본다면 사물, 사람, 기타 모든 것으로 이루어진 바깥세상은 뇌로 흘러들어가는 감각 데이터의 강에서 추출된 일련의 특성으로 요약된다. 마치 흐르는 강에서 크기와 복잡성이 점점 늘어나는 물고기를 잡아 올리는 어부와 같다. (〈그림 3〉의 회색 화살표처럼 '아래로' 또는 '바깥으로' 향하는) 반대 방향 신호는 중요한 상향식 감각 정보의 흐름을 다듬거나 제한하는 역할만 한다.

언뜻 보면 이런 상향식 지각 관점은 우리가 뇌의 해부학에 대해 알고 있는 사실과 일치한다. 다양한 지각은 피질에서 시각 피질, 청각 피질 같은 특정 뇌 영역과 이어진다. 각 영역에서 지각 프로세스는 계층적으로 조직된다. 시각 체계에서 본다면, 일차 시각 피질primary visual cortex 같은 하위 수준은 감각 입력과 관련이 있지만, 하측두 피질inferotemporal cortex 같은 상위 수준에는 정보를 더 처리하는 여러 단계가 있다. 연결성 측면에서 본다면 각 수준의 신호는 상위 수준에서 모이므로, 더 상위 수준의 뉴런은 예상대로 시공간에 걸쳐 넓게 분포된 특성에 반응할 수 있다.

뇌 활동 연구도 상향식 관점을 따른다. 수십 년 전부터 고양이나 원숭이의 시각 체계를 연구한 여러 연구에 따르면, 시각 프로세스 초기(낮은 수준) 단계의 뉴런은 사물의 경계 같은 단순한 특성에 반응하는 반면, 후기(높은 수준) 단계의 뉴런은 얼굴 같은 복잡한 특성에 반응한다. 최근에는 fMRI 같은 신경 영상 기법을 이용해 인간의 뇌에서도 같은 현상이 일어난다는 사실이 밝혀졌다.

이렇게 하면 기초적이지만 인공 '지각 체계'를 구축할 수도 있다. 컴퓨터 과학사 데이비드 마르David Marr가 1982년 내놓은 시각 계산 이론은 상향식 지각 관점의 표준이자 인공 시각 체계를 설계하고 구성하는 데 실용적인 참고서다. '딥 러닝deep learning' 네트워크처럼 인공 신경망을 구현하는 최신 시각 기계 시스템은 오늘날 일부 상황에서 인간과 비슷한 수준의 성능을 달성했다. 이런 시스템도 보통 상향식 이론에 바탕을 둔다.

긍정적인 정황을 고려하면, '사물이 어떻게 보이는가'라는 상향식 지각 관점은 상당히 견고한 기반을 갖춘 것으로 보인다.

———

루트비히 비트겐슈타인: "사람들은 왜 지구가 자전한다는 생각보다 태양이 지구를 돈다는 생각을 더 자연스럽다고 할까?"
엘리자베스 앤스컴: "태양이 지구를 도는 것처럼 보이기 때문이지 않을까요?"
루트비히 비트겐슈타인: "좋네. 하지만 애초에 지구가 자전하는 것처럼 **보였더라면** 다르게 보았을까?"

전설적인 독일 사상가 루트비히 비트겐슈타인Ludwig Wittgenstein은 자신의 유고 관리자 겸 철학자인 엘리자베스 앤스컴Elizabeth Anscombe과 나눈 유쾌한 대화에서 코페르니쿠스 혁명을 빌려와 사물이 **어떻게 보이는지**how things seem가 반드시 사물이 **그러함**how they are을 말해주지는 않는다는 사실을 보여준다. 태양이 지구를 도는 **것처럼 보여도**, 사실 낮과 밤이 생기는 까닭은 지구가 자전하기 때문이다. 태양계의 중심은 지구가 아니라 태양이다. 새로운 것은 전혀 없다. 우리가 아는 대로다. 하지만 비트겐슈타인은 더 깊이 파고든다. 비트겐슈타인이 앤스컴에게 전하는 진짜 메시지는 사물의 실체를 더 깊이 이해하더라도 일정 수준에서 사물은 여전히 똑같이 보인다는 점이다. 언제나 그렇듯 태양은 동쪽에서 뜨고 서쪽으로 지는 것처럼 보인다.

지각도 태양계와 마찬가지다. 눈을 뜨면 바깥에는 실제 세상이 있는 **것처럼 보인다.** 오늘 브라이턴의 우리 집에서는 산타크루즈에서 본 사이프러스 나무는 없고, 여느 때처럼 흐트러진 책상과 구석의 빨간 의자, 창 너머 굴뚝 청소부만 보일 뿐이다. 모두 특정한 형태와 색깔을 **지닌 것처럼 보이고,** 가까이 있는 것은 냄새와 질감도 있다. 이것이 사물이 **보이는** 방식이다.

감각은 마음과 무관한 현실을 보는 투명한 창을 제공하고, 지각은 감각 데이터를 '읽어내는' 과정**처럼 보인다.** 하지만 (적어도 내 생각에) 사실은 전혀 다르다. 지각은 상향식이거나 바깥에서 안으로 들어오지 않으며, 주로 하향식이거나 안에서 바깥으로 향한다. 우리가 경험하는 것은 감각 신호의 원인에 대한 뇌의 예측, 즉 '최선의 추측'으로 구축된다. 코페르니쿠스 혁명과 마찬가지로 하향식 지각 관점은 여러 증거와 일치하며 모든 관점을 바꾸지만, 사물이 보이는 여러 양상은 그대로다.

이런 관점이 완전히 새로운 아이디어는 아니다. 하향식 시각 이론이 희미하게나마 처음 드러난 것은 고대 그리스 플라톤의 동굴 우화다. 평생 동굴에 묶인 채 빈 벽을 바라보아야 하는 죄수들은 불 앞을 지나가는 사물이 드리우는 그림자의 움직임만 볼 수 있지만, 죄수들에게는 그림자가 현실이므로 그들은 그림자에 이름을 부여한다. 동굴 우화는 의식적 지각이 그림자처럼 우리가 결코 직접 만날 수 없는 숨겨진 원인의 간접적인 반영에 불과하다는 사실을 말해준다.

플라톤보다 천 년쯤 후, 하지만 지금보다는 천 년쯤 전, 아랍 학자 이븐 알하이삼Ibn al Haytham은 지금 여기의 지각은 객관적 현실에 직접 다가가도록 돕지 않고, 오히려 '판단과 추론' 프로세스에 따라 달라진다고 주장했다. 다시 수백 년 후 이마누엘 칸트Immanuel Kant는 시공간 같은 선험적(a priori, 아프리오리) 틀처럼 이미 존재하는 개념으로 구조화되지 않는 한, 무제한적인 감각 데이터의 홍수는 무의미하다는 사실을 깨달았다. 칸트는 '**물자체**Ding an sich'를 의미하는 **누메논**noumenon이라는 용어를 통해 감각의 베일 뒤에 숨겨져 인간의 지각으로는 접근 불가능하며 마음과 무관한 현실이라는 개념을 제안했다.

신경과학에서 이런 논의는 독일 물리학자이자 생리학자인 헤르만 폰 헬름홀츠Hermann von Helmholtz로 이어진다. 19세기 후반, 영향력 있는 여러 공헌을 한 헬름홀츠는 '무의식적 추론unconscious inference' 과정으로서의 지각이라는 개념을 제안했다. 헬름홀츠에 따르면 지각의 내용은 감각 신호 자체가 제공하는 것이 아니므로, 감각 신호를 감각 원인에 대한 뇌의 예측 또는 믿음과 엮어 **추론**infer해야 한다고 주장했다. 헬름홀츠는 이 과정을 무의식이라고 부르며, 우리는 지각적 추론이 발생하는 메커니즘을 인식하지 못한 채 오직 결과만 인식할 수 있다고 주장했다. 새로운 감각 데이터가 들어올 때 우리는 지각적 판단('무의식적 추론')을 통해 지각적 최선의 추측을 능동적으로 계속 갱신해 세상의 원인을 추적한다. 헬름홀츠는 지각을 통해서는 세상의 사물을 직접 알 수는 없다는 칸트의 개념을 과학적으로 변용해, 인간은 감각의 베일 뒤에 숨겨진 사물을 추론할 수 있을 뿐이라고 주장한다.

헬름홀츠의 '추론으로서의 지각perception as inference'이라는 개념은 여러 형태로 20세기 전반에 큰 영향을 미쳤다. 1950년대 심리학의 '뉴 룩new look' 운동은 사회적·문화적 요인이 지각에 미치는 영향을 강조했다. 유명한 연구에 따르면 가난한 가정에서 자란 어린이는 동전 크기를 과대평가하는 반면, 부유한 가정에서 자란 어린이는 그렇지 않다. 흥미로운 실험이기는 하지만 불행히도 오늘날의 방법론적 표준에는 맞지 않으므로 그 결과를 항상 신뢰할 수는 없다.

1970년대 심리학자 리처드 그레고리Richard Gregory는 지각을 일종의 신경 '가설–검증hypothesis-testing'으로 보는 이론을 통해 헬름홀츠의 개념을 다른 방식으로 구축했다. 그레고리에 따르면 과학자들이 실험을 통해 수집한 데이터로 과학적 가설을 검증하고 갱신하는 것처럼, 뇌는 과거의 경험이나 다른 형태로 서장된 정보를 바탕으로 세상이 이루어지는 방식에 대한 지각 가설을 끊임없이 형성하고, 감각 기관에서 정보를 수집해 이 가설을 검증한다.

뇌에서 가장 잘 뒷받침된 가설이 지각의 내용을 결정한다.

이런 이론은 그 후 반세기가 넘도록 학계의 주목을 받다 사라졌지만, 지난 10여 년 동안 추론으로서의 지각이라는 개념은 새롭게 주목받았다. '예측 코딩predictive coding'과 '예측 프로세스 predictive processing'라는 대략적인 이름 아래 새로운 이론이 여럿 등장했다. 세부적으로는 다르지만, 이런 이론에는 지각이 일종의 뇌 기반 추론에 따라 달라진다고 보는 공통 요소가 있다.

지금까지 이어진 헬름홀츠의 개념과 그 개념의 현대적 변용을 받아들여, 나는 수년 전 영국 심리학자 크리스 프리스Chris Frith에게 처음 들었던 **제어된 환각**controlled hallucination으로서의 지각이라는 개념을 제안했다.[2] 나는 제어된 환각이라는 개념의 필수 요소를 다음과 같이 본다.

첫째, 뇌는 지각 계층을 통해 감각 신호의 원인에 대한 예측을 단계적으로 하향하며 계속 만든다(〈그림 4〉의 회색 화살표). 만약 당신이 커피잔을 보고 있다면, 당신의 시각 피질은 이 커피잔에서 나온 감각 신호의 원인에 대한 예측을 생성한다.

둘째, 상향식 혹은 바깥에서 뇌 안으로 흐르는 감각 신호는 이런 지각적 예측을 지각의 원인과 유용한 방식으로 엮는다. 앞의 예시에서 지각의 원인은 커피잔이다. 이런 신호는 모든 프로세스 수준에서 뇌가 예상하는 것과 뇌가 얻는 것의 차이를 나타내는 **예측 오류**prediction error 역할을 한다. 상향식 예측의 오류를 억제하기 위해 하향식 예측을 조정함으로써, 뇌는 지각적 최선의 추

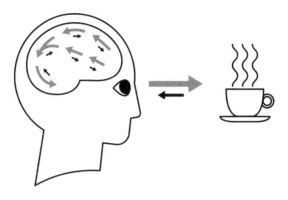

〈그림 4〉 하향식 추론으로서의 지각

측을 통해 세상의 원인을 파악한다. 이런 관점에서 보면 지각은 **예측 오류 최소화**prediction error minimisation라는 지속적 과정을 통해 발생한다.

셋째, 제어된 환각 관점에서 가장 중요한 요소는 지각적 경험 (앞서 살펴본 예시의 경우 '커피잔을 본다'라는 주관적 경험)이 (상향식) 감각 신호가 아닌 (하향식) 예측 내용에 따라 결정된다는 점이다. 우리는 감각 신호를 그 자체로 경험하지 않고 그 해석만을 경험한다.

이 요소를 한데 모으면 우리는 지각을 사고하는 방식에서 코페르니쿠스적 반전을 이룰 수 있다. 일반적으로 세상은 감각기관을 통해 의식적 마음에 직접 드러나는 **것처럼 보인다.** 이렇게 보면 지각이 상향식 특성 감지 프로세스, 즉 우리 주변 세상을 '읽어내는' 과정이라고 자연스럽게 생각하게 된다. 하지만 실제로 우리가 지각하는 것은 진짜 현실을 향한 투명한 창이 아니라 현실에 의해 제어되는, 안에서 바깥으로 향하는 하향식 신경적 환상이다.

(한 번 더 비트겐슈타인을 빌려) 지각이 하향식 최선의 **추측처럼 보인다**면 사물은 어떻게 보일까? 어떤 관점을 취해도 태양은 여전히 동쪽에서 뜨고 서쪽으로 지는 것처럼 보이듯, 지각이 제어된 **환각처럼 보인다** 해도 탁자 위 커피잔(우리의 지각적 경험의 총체)은 여전히 같은 방식으로 보이고 앞으로도 그럴 것이다.

보통 우리는 환각이 일종의 내부적으로 생성된 지각으로, 조현병이나 알베르트 호프만의 환각 모험처럼 실제로 존재하지 않는 무언가를 보거나 듣는 것이라고 여긴다. 이렇게 생각하면 환각은 세상에 실제로 존재하는 것을 반영한다고 여겨지는 '정상' 지각과 구별된다. 하지만 지각에 대한 하향식 관점을 적용하면 정상 지각과 환각 사이의 선명한 구분은 사라지고, 둘 사이의 구분은 그저 정도의 문제로 바뀐다. '정상' 지각과 '비정상' 환각은 모두 감각 입력의 원인에 대해 뇌가 내적으로 생성한 예측이며, 이들에 관여하는 뇌의 핵심 메커니즘도 동일하다. '정상' 지각에서는 우리가 지각하는 것이 세상의 원인과 연결되고 그에 의해 **제어되는** 반면, 환각 상태에서는 지각과 원인 사이의 연결이 어느 정도 사라진다는 점만 다르다. 환각 상태일 때 우리의 지각적 예측은 예측 오류에 따라 제대로 갱신되지 않는다.

지각이 제어된 환각이라면, 환각은 제어되지 않은 지각으로 볼 수 있다. 지각과 환각은 서로 다르지만, 둘 사이의 경계가 어디인지 묻는 것은 낮과 밤의 경계가 어디인지 묻는 것과 마찬가지다.

———

이제 **색깔**을 지각적으로 경험한다는 것이 무슨 의미인지 살펴보면서 제어된 환각 이론에 대해 알아보자.

인간의 시각 체계는 놀랍지만, 전체 빛스펙트럼 중 적외선과 자외선 사이의 아주 좁은 영역에만 반응한다. 우리가 지각하는 모든 색깔, 우리의 시각 세상을 이루는 각 부분은 모두 이 좁은 현실의 조각 일부에 바탕을 두고 있다. 이것만 보아도 지각적 경험이 객관적인 바깥세상을 포괄적으로 표현할 수 없다는 사실을 알 수 있다.

신경생리학자에게 물어보면 우리는 색에 민감한 망막 원추세포가 일정 비율로 활성화될 때 특정한 색을 지각한다고 말할 것이다. 틀린 말은 아니지만, 현상의 전모와는 거리가 멀다. 색에 민감한 세포의 활성과 색 경험은 일대일로 대응하지 않는다. 우리가 경험하는 색은 사물 표면에서 반사되는 빛과 환경의 전반적인 조명 사이에서 일어나는 복잡한 상호작용에 따라 달라진다. 좀 더 정확히 말하면, 우리가 경험하는 색은 뇌가 이 상호작용이 일어나는 방법을 어떻게 추론(최선의 추측)하느냐에 따라 달라진다.

흰 종이를 실외나 실내에서 보면 실외의 (푸른빛이 도는) 햇빛과 실내의 (노란빛이 도는) 조명의 차이 때문에 종이가 반사하는 빛은 매우 다른 스펙트럼 구성을 갖지만, 흰 종이는 여전히 흰색으로 보인다. 시각 체계는 주변 빛의 차이를 자동으로 보정한다. (시각 연구자들이 즐겨 말하는 '조명 보정illuminant discount' 현상이다.) 이렇게 해서 색 경험에서 종이의 불변하는 속성, 즉 종이가 빛을 반사하는 **방식**을 뽑아낼 수 있다. 뇌는 이 불변하는 속성을 계속 변하는 감각 입력의 원인에 대한 최선의 추측으로 본다. 하양whiteness은 이 추론의 현상학적 측면이며, 의식적 경험에서 나타나는 불변하는 속성을 뇌가 추론한 결과다.

즉, 색은 사물 자체의 절대적인 속성이 아니다. 오히려 색은 빛이 변하는 조건에서 뇌가 사물을 인식하고 따라갈 수 있도록 진화가 고안해낸 유용한 장치다. 방구석에 있는 빨간 의자를 보았다는 주관적 경험이 있다고 해서 의자가 **정말 빨갛다**는 의미는 아니다. 의자가 빨강redness 같은 현상학적 속성을 갖는다는 것이 대체 무슨 의미인가? 의자 자체는 못생기거나 구식이거나 아방가르드 스타일이 아닌 것처럼 빨강 자체가 아니다. 대신 뇌는 지각 메커니즘을 통해 의자 표면이 **빛을 반사하는 방식**way-in-which-it-reflects-light이라는 특별한 속성을 추적할 수 있을 뿐이다. 빨강은 이 프로세스에서 일어나는 주관적이고 현상학적인 속성일 뿐이다.

그렇다면 의자의 빨강이 세상 '바깥'에서 뇌 '안'으로 이동했다는 의미인가? 어떤 의미에서 대답은 분명 '아니요'이다. 시각 체계의 소형 카메라가 뇌 속에 있는 빨간 색소(또는 '가공의 물질') 같은 것을 인식해 그 결과를 또 다른 소형 카메라가 있는 시각 체계에 전달하는 식으로 계속된다는 단순한 관점에서 보는 '빨강' 같은 것은 뇌 속에 없다. 철학자 대니얼 데닛Daniel Dennett은 지각이 일어나려면 바깥세상에서 지각된 속성(빨강)이 어떻게든 뇌에서 다시 예시화되어야 한다는 '이중 변환double transduction' 가정이 오류라며 비판했다. 이중 변환은 바깥세상의 '빨강'이 망막에서 전기적 활동 패턴으로 변환된 다음, 내면의 '빨강'으로 재구성(다시 변환)된다는 관점이다. 데닛이 지적했듯, 이런 추리는 아무런 설명도 해주지 못한다. '뇌 속에서' 빨강이 있다고 감각할 수 있는 유일한 이유는 이곳에 지각적 경험의 기반이 되는 메커니즘이 있기 때문이다. 이 메커니즘은 물론 빨강 자체는 아니다.

내가 빨간 의자를 볼 때 경험하는 빨강은 의자의 속성과 내 뇌의 속성에 따라 달라진다. 이 경험은 특정 표면이 빛을 반사하는 방식에 대한 일련의 지각적 예측 내용이다. 세상이나 뇌에는 일반적으로 말하는 빨강redness-as-such은 없다. 폴 세잔Paul Cézanne이 말했듯, "색은 우리 뇌와 우주가 만나는 장소다."

더 넓게 본다면 이런 관점은 색 경험이라는 영역을 훨씬 뛰어넘어 모든 지각에 적용된다. 우리가 지금 여기서 지각하는 장면의 몰입적인 다중 감각 파노라마는 뇌에서 세상으로, 감각을 읽어낸 만큼 써내며 뻗어나간다. 지각적 경험의 총체는 지각적 최선의 추측, 즉 제어된 환각을 계속 만들어내며 세상과 얽혀 있는 신경적 환상이다.

이렇게 본다면 우리는 항상 환각 상태에 있다고까지 말할 수 있다. 환각에 동의한다면 우리는 그것을 현실이라 부를 수 있다.

———

지각적 예측이 어떻게 의식적 경험을 형성하는지 세 가지 사례를 들어보자. 우리가 직접 경험할 수 있는 사례들이다.

2015년 2월, 소셜 미디어와 신문에 등장한 '드레스 색깔 논란 The Dress'을 기억할 것이다. 그 주 수요일 아침 나는 사무실에 도착해 엄청난 양의 이메일과 음성 메시지를 받았다. 갑자기 인터넷 여기저기에서 튀어나온 이 현상을 설명하기 위해 안간힘을 쓰던 언론이 최근 시각 환상에 관한 짧은 책을 공동 저술한 내게 연락해온 것이다. '드레스 색깔 논란'은 사진 속 드레스가 어떤 사람들에게는 파란색과 검은색 줄무늬로 보이고, 다른 사람들에게는 흰색과 금색 줄무늬로 보인다는 사실이 우연히 발견되면서 일어난 논란이었다.[3] 어느 한쪽으로 본 사람들은 자신이 보는 방식이 맞다고 확신했고 같은 드레스가 다른 식으로 보인다는 사실을 믿지 않았다. 인터넷에는 상반된 주장이 넘쳐났다.

처음에 나는 그 현상이 거짓말이라고 생각했다. 내게는 분명 사진 속 드레스가 파란색-검은색으로 보였고, 실험실의 다른 네 명도 똑같았다. 그래서 다섯 번째 사람이 흰색-금색이라고 말했을 때는 안도감과 동시에 놀라움을 느꼈다. 전 세계적으로 나타난 비율과 비슷하게 실험실 사람들의 절반은 파란색-검은색으로, 나머지 절반은 흰색-금색으로 보는 것으로 밝혀졌다.

한 시간 후 나는 BBC 방송에서 이 현상을 설명했다. 이 현상에 대한 공통된 의견은 사물의 색을 지각할 때 주변 빛을 고려하는 조명 보정과 관련 있다는 것이었다. 이 프로세스는 사람마다 달리 일어날 수 있지만 보통 겉으로 드러나지 않아 이전에는 잘 알려지지 않았다. 하지만 드레스 색깔 논란에서는 개인차가 확연히 드러났다는 것이다.

사람들은 드레스 사진의 노출이 과다해 주변이 흐릿하고 잘 보이지 않는다는 사실을 재빨리 지적했다. 사진에서는 배경이 잘 보이지 않고 드레스 자체가 사진을 꽉 채우는데, 이렇게 되면 뇌가 주변을 고려해 사물의 색을 생성하는 방법을 속일 수 있다. 아마 실내에서 시간을 많이 보내 시각 체계가 노란 조명에 익숙한 사람이라면 드레스 사진의 조명을 노란빛으로 가정하고 드레스 색을 파란색-검은색 줄무늬로 추론했을 가능성이 크다. 반대로 바깥에서 시간을 많이 보내는 사람이라면 시각 피질이 푸른빛을 띠는 햇빛에 자주 노출되므로 드레스 색이 흰색-금색으로 보일 수 있다.

이유를 듣고 나자 사람들은 여러 가시 실험을 하기 시작했다. 조명이 희미한 방에서 사진을 보다가 야외로 뛰어나가 다시 사진을 본다든가, 여러 나라의 평균 일조량과 흰색-금색이라고 보는 사람의 비율을 연결해본다든가, 청년층보다 노년층에서 파란색-검은색으로 보는 비율이 더 많은지 알아보는 등 여러 실험을 했다. 오래지 않아 이런 수많은 가설을 실험하는 사람들이 우후죽순 출몰했다.

똑같은 이미지를 보고도 사람마다 이처럼 다른 경험을 하고 자신의 경험을 확신한다는 사실은 세상에 대한 지각적 경험이 개인의 고유한 생물학적 특성과 내력에 따라 내적으로 구성된다는 주장을 뒷받침하는 설득력 있는 증거가 된다. 우리는 모두가 대체로 같은 방식으로 세상을 본다고 가정하며, 대부분은 그 가정이 맞을 것이다. 하지만 그렇다 해도 그런 현상은 빨간 의자가 **정말 빨강이기** 때문은 아니다. 우리 뇌가 지각적 최선의 추측을 할 때 발생하는 미세한 차이는 드레스 색깔 논란 같은 특이한 상황에서만 발견할 수 있기 때문이다.

———

두 번째 사례는 많은 사랑을 받는 시각적 착시 현상인 애덜슨 체스판Adelson's Checkerboard이다. 이 사례는 지각에 미치는 예측의 영향이 드레스 색깔 논란 같은 기묘한 상황에서뿐만 아니라 어디에서나 항상 일어난다는 사실을 보여준다. 〈그림 5〉의 왼쪽 체스판을 보고 A칸과 B칸을 비교해보자. A칸이 B칸보다 진한 회색으로 보일 것이다. 나를 비롯해 모든 사람이 그렇게 보았다. 이 그

〈그림 5〉 애덜슨 체스판

림에서는 개인차가 전혀 없었다.

사실 A칸과 B칸은 정확히 명도가 같다. 오른쪽 체스판처럼 회색 막대를 A칸과 B칸에 걸쳐 두면 두 칸의 회색 명도가 같다는 사실을 알 수 있다. 충분히 자세히 살펴보라. 명도가 갑자기 달라지지도 않았고, 어떤 변화도 없다. A칸과 B칸은 같은 회색인데도 왼쪽 체스판에서는 두 칸의 색이 계속 다르게 보인다. 같은 색이라는 사실을 알아도 별반 도움이 되지 않는다. 나는 이 그림을 수천 번 보았지만 왼쪽 체스판의 A칸과 B칸은 여전히 다른 회색으로 보인다.[4]

여기서 알 수 있는 사실은 회색greyness에 대한 지각이 (사실은 같은) A칸이나 B칸에서 나오는 실제 광파로 결정되는 것이 아니라, 특정 파장의 조합을 유발하는 원인에 대한 뇌의 최선의 추측에서 온다는 점이다. 드레스 색깔 논란과 마찬가지로 이 최선의 추측 역시 주변 상황에 따라 결정된다. B칸은 원통의 그림자 안에 있고, A칸은 그렇지 않다. 그리고 뇌의 시각 체계는 그림자 안에 있는 물체는 더 어둡게 보인다는 지식을 회로 깊숙이 저장하고 있다. 주변 조명에 따라 지각적 추론을 조정하는 것처럼, 뇌는 그림자에 대한 사전 지식을 바탕으로 원통 그림자 속 B칸에 대한 추론을 조정한다. 왼쪽 체스판에서 B칸이 (그림자 바깥에 있는) A칸보다 더 밝게 지각되는 이유다. 반대로 오른쪽 체스판에서는 회색 막대를 걸쳐 그림자라는 맥락을 흐트러뜨리므로 A칸과 B칸의 명도가 사실은 같다는 점을 알 수 있다.

이런 현상은 자연스럽게 일어난다. 우리는 뇌가 지각적 예측을 할 때, 그림자에 대한 사전 예측을 이용한다는 사실을 모른다(적어도 이전까지는 몰랐다). 시각 체계가 실패한 것은 아니다. 유용한 시각 체계는 사진가가 이용하는 광도계처럼 작동하지 않는다. 적어도 초기 근사치를 알아낼 때 지각의 기능은 감각 신호 자체에 대한 인식을 유도하는 것이 아니라, 무엇이 되었든 감각 신호의 가장 그럴듯한 원인을 알아내는 것이다.

———

마지막 사례는 새로운 예측이 의식적 지각에 얼마나 빨리 영향을 미칠 수 있는지 보여준다. 〈그림 6〉을 보자. 아마 보이는 것이라고는 검은색과 흰색이 뒤섞인 얼룩뿐일 것이다. 그러면 129쪽의 〈그림 7〉을 보고 다시 이 그림으로 돌아오자.

〈그림 6〉 무엇일까?

　자, 다시 돌아왔다. 이제 〈그림 6〉을 다시 보자. 조금 다르게 보일 것이다. 뒤죽박죽인 얼룩뿐이었던 그림에서 뚜렷한 사물이 보이고, **어떤 일이**things 존재하고 무언가가 일어나고 있다. 이것은 '투톤two-tone 이미지' 또는 '무니 이미지Mooney Image(발명자 크레이그 무니Craig Mooney의 이름을 딴 이미지로, 컬러 이미지를 흑백으로 변환한 사진을 말함 - 옮긴이주)'라는 사진이다. 일단 한번 눈에 들어오면 못 알아보기 힘들다. 투톤 이미지는 사진을 흑백으로 변환한 다음, 임계 처리(흑백으로 표현되는 정보에서 회색 성분을 줄여 나가는 작업 - 옮긴이주)를 해서 세부가 뭉개지고 극단적인 흑백('투톤')이 되도록 만든 것이다. 괜찮은 사진으로 제대로 만든 투톤 이미지는 어떤 사진인지 알아보기 힘들다. 하지만 원본을 본 다음 다시 보면 투톤 이미지는 갑자기 이해된다.

이 사례에서 주목할 만한 점은 다시 투톤 이미지로 돌아와도 우리 눈에 도착하는 감각 신호는 처음 이 이미지를 보았을 때와 전혀 바뀌지 않았다는 사실이다. 바뀐 것은 감각 데이터의 원인에 대한 뇌의 예측뿐이지만, 이 예측은 우리가 의식적으로 보는 것도 바꾼다.

이런 현상은 시각에만 한정되지 않는다. '사인파 말소리sine wave speech'라는 주목할 만한 청각적 사례도 있다. 말소리에서 정상적인 말을 알아들을 수 있게 만드는 고주파를 모두 잘라내면 사인파 말소리가 만들어진다. 그렇게 만든 사인파 말소리는 시끄러운 휘파람 소리처럼 전혀 알아들을 수 없게 된다. 투톤 이미지의 청각 버전이다. 그다음 처리되지 않은 원래 말소리를 듣고 다시 '사인파' 버전을 들으면 갑자기 모든 말이 명확하게 들린다. 투톤 이미지처럼 감각 신호의 원인에 대한 강한 예측은 지각적 경험을 바꾸고 풍성하게 한다.

세 가지 사례는 분명 의도적으로 만든 단순한 사례이지만, 지각이 생성적이고 창의적인 활동이라는 사실을 드러낸다. 즉, 지각은 능동적인 감각 신호이자, 이 감각 신호를 상황에 맞게 해석한 것이며, 감각 신호와 연관된다. 앞서 살펴보았듯 지각적 경험

이 뇌 기반 예측으로 구축된다는 이론은 시각이나 청각뿐만 아니라 모든 지각에 항상 어디서든 적용된다.

이 원칙의 중요한 의미 중 하나는 우리가 세상을 '그 자체로' 경험하지 못한다는 점이다. 실제로 칸트가 누메논이라는 개념으로 지적했듯, 세상을 그 자체로 경험한다는 것이 무슨 의미인지도 알기 어렵다. 앞서 살펴보았듯, 색 같은 기본적인 것조차도 세상과 마음의 상호작용 속에서만 존재한다. 따라서 우리는 방금 살펴본 사례들처럼 지각적 환상이 우리가 보고 듣고 만진 것과 실제 존재하는 것 사이의 불일치를 드러낼 때 놀라겠지만, 지각적 경험을 단지 현실과 직접 일치한다는 '정확성'으로만 판단하지 않도록 주의해야 한다. 이런 식으로 이해하는 정확한, 또는 '진정한' 지각은 망상이다. 지각 세계의 제어된 환각은 개념적 이해가 불가능한, 바깥 현실로 난 투명한 창이 아니다. 제어된 환각은 우리의 생존 가능성을 강화하려고 진화가 고안한 것이다. 다음 몇 장에 걸쳐 이런 생각을 좀 더 깊이 살펴볼 것이다. 하지만 그 전에 몇 가지 반론을 막아야겠다.

첫 번째 반론은 지각을 제어된 환각으로 보는 관점이 현실 세상의 부정할 수 없는 측면을 부인한다는 것이다. 아마 누군가는 불편함을 내비치며 이렇게 말할지도 모른다. "우리가 경험하는 것이 모두 환각의 일종이라면, 기차에 뛰어들어 무슨 일이 일어나는지 살펴보지 그래."

제어된 환각은 달려오는 기차나 고양이, 커피잔처럼 세상에 있는 사물의 존재를 무시하지 않는다. 제어된 환각이라는 말에서 '제어'는 '환각'만큼이나 중요한 단어다. 지각에 대한 이런 설명은 무슨 일이든 일어난다는 의미가 아니라, 지각적 경험 속에 세상의 사물이 **나타나는** 방식을 뇌가 구축한다는 의미다.

이렇게 말한 김에 계몽주의 철학자 존 로크John Locke가 구별한 '일차적' 특질과 '이차적' 특질을 살펴보자. 로크는 공간을 점유하거나 견고함을 지니거나 움직이는 등, 관찰자와 무관하게 존재하는 특질을 사물의 일차적 특질이라 보았다. 달려오는 기차는 이런 일차적 특질을 풍부하게 지닌다. 따라서 당신이 이 특질을 관찰할 수 있든 그렇지 않든, 또는 지각의 본질에 대해 어떤 믿음을 가지고 있든, 기차에 뛰어드는 것은 좋은 생각이 아니다. 이차적 특질은 관찰자에 의존해서 존재하는 특질이다. 이차적 특질은 마음속에서 감각 또는 '생각idea'을 만드는 사물의 속성이며, 사물과 독립적으로 존재하지 않는다. 색 경험은 특정 지각 도구와 사물의 상호작용에 따라 달라지므로 이차적 특질의 좋은 사례다.

제어된 환각이라는 관점에서 보면 사물의 일차적·이차적 특질은 모두 능동적이고 생산적인 프로세스를 통해 지각적 경험을 유발한다. 하지만 일차적·이차적 특질이 유발하는 지각적 경험의 내용이 항상 그 사물과 상응하는 특질과 일치하지는 않는다.

두 번째 반론은 새로운 것을 지각하는 능력과 관련이 있다. 우리가 무언가를 지각할 때 미리 형성된 최선의 추측이 필요하다면, 우리는 이미 예측한 것으로만 이루어진 지각적 세상에 영원

〈그림 7〉 이것이 〈그림 6〉 사진의 원본이다.

히 갇히게 된다는 우려다. 고릴라를 실제로나 텔레비전, 영화, 심지어 책에서도 한 번도 본 적이 없다고 생각해보자. 그러다 뜻하지 않게 거리를 어슬렁거리는 고릴라를 만나게 되었다면 어떨까. 분명 당신은 이제 고릴라를 보았고, 조금 무섭지만 새로운 지각적 경험을 하게 된다. 세상이 이미 예측한 세계에 불과하다면 어떻게 이런 일이 일어날 수 있을까?

이에 대한 짧은 답변은 '고릴라 보기seeing a gorilla'가 완전히 새로운 지각적 경험은 아니라는 것이다. 고릴라는 팔과 다리가 있는 털 짐승이며, 우리나 조상들은 이런 특질의 일부 또는 전부를 가진 다른 생물을 본 적이 있을 것이다. 더 일반적으로 본다면, 고릴라는 (털이 있지만) 분명한 경계가 있고, 합리적으로 예측 가능한 방식으로 움직이며, 크기와 색상 및 질감이 비슷한 다른 사물과 같은 방식으로 빛을 반사하는 사물이다. 밝기나 경계, 얼굴이나 자세에 대한 예측이 세분화된 여러 수준에서 일어나고, 여러 시간 동안 얻은 지각적 예측이 합쳐져 전반적으로 새로운 지각적 최선의 추측을 형성하면 '고릴라 보기'라는 새로운 경험이 발생하고, 난생처음이라도 고릴라를 볼 수 있게 된다.

지각적 추론을 할 때 뇌가 어떻게 심술궂을 정도로 복잡한 신경적 마술을 펼치는지 살펴보면 좀 더 긴 답을 얻을 수 있다. 이것이 바로 다음 장에서 우리가 나아갈 방향이다.

5장
확률의 마법사

영국 남부 웰스의 툰브리지에서 평생을 지낸 장로교 목사이자 철학자, 통계학자인 토머스 베이즈Thomas Bayes(1702~1761)는 후일 영원히 이름을 떨칠 이론을 남겼으나 생전에는 그 이론을 끝내 출판하지 못했다. 베이즈가 세상을 떠나고 2년 뒤 동료 설교자이자 철학인인 리처드 프라이스Richard Price는 런던 왕립학회Royal Society in London에서 베이즈가 쓴 〈확률론의 한 문제에 대한 소론 Essay towards solving a problem in the doctrine of chances〉을 발표했고, 후에 프랑스 수학자 피에르-시몽 라플라스Pierre-Simon Laplace는 베이즈의 소론에서 수학적으로 어려운 문제 중 많은 부분을 해결했다. 하지만 '최선의 실명을 위한 추론inference to the best explanation'이리 불리는 논법과 함께 떠오르는 것은 언제나 베이즈의 이름이다. 그의 통찰은 의식적 지각이 뇌 기반 최선의 추측으로 어떻게 구축되는지 이해하는 데 핵심이다.

　베이즈 추리는 모두 확률에 대한 추리다. 구체적으로는 불확실한 조건에서 최적의 추론, 즉 '최선의 추측'을 하는 방법을 말한다. 앞서 살펴본 용어인 '추론inference'은 증거와 추리에 기반해 결론에 이르는 것을 의미한다. 베이즈 추론은 **연역적 추론**deductive reasoning이나 **귀납적 추론**inductive reasoning과는 다른 **귀추적 추론** abductive reasoning이다. 연역적 추론이란 논리만으로 결론에 이르는 것을 말한다. 가령, 짐이 제인보다 나이가 많고, 제인은 조보다 나이가 많다면, 짐은 조보다 나이가 많다. 전제가 참이고 논리적인 규칙을 따른다면 연역적 추론은 항상 정확하다. 귀납적 추론은 일련의 관측 결과에 외삽해 결론을 도출하는 것이다. 예컨대, 모든 기록된 역사상 태양은 동쪽에서 떴으므로, 태양은 항상 동쪽에서 뜬다고 추론하는 것이다. 연역적 추론과 달리 귀납적 추론은 틀릴 수 있다. 가방에서 연달아 꺼낸 공 세 개가 모두 초록색이라면 가방 속 공은 모두 초록색이라고 추론할 수 있지만, 이 추론은 사실일 수도, 아닐 수도 있다.

　베이즈 추론으로 형식을 갖춘 귀추적 추론은 일련의 관찰이 불완전하고 불확실하거나 모호할 때도 관찰에 대한 최선의 설명을 찾으려 한다. 귀추적 추론도 귀납적 추론처럼 틀릴 수 있다. 원인에서부터 그 영향을 순방향으로 추론하는 연역적 추론이나 귀납적 추론과 달리, 귀추적 추론은 '최선의 설명'을 찾기 위해 관찰된 효과에서 가장 가능성이 큰 원인을 탐색하는 역방향 추론이다.

　예를 들어보자. 어느 날 아침 일어나 창문 밖을 보니 잔디가 젖어 있다. 그렇다면 간밤에 비가 왔을까? 그럴 수도 있다. 하지만 정원 스프링클러 끄는 것을 깜빡했을 수도 있다. 우리의 목표는 당신이 본 상황에 대한 최선의 설명이나 가설을 찾는 것이다. 잔디가 젖어 있다는 **상황에서 본다면**, 밤새 비가 내렸을 확률과 스프링클러를 켜두었을 확률은 각각 얼마일까? 우리는 **관찰된 데이터를 설명해줄 가장 가능성이 큰 원인**을 추론하려고 한다.

　베이즈 추론은 이런 추론 방법을 알려준다. 이는 새로운 데이터가 들어올 때 우리의 믿음을 갱신하는 최적의 방법이다. 베이즈 규칙은 우리가 이미 알고 있는 것(**사전 확률**prior)에서 다음에 생각해야 하는 것(**사후 확률**posterior)을 우리가 지금 알게 된 것(**가능도**likelihood)을 바탕으로 추측하는 수학적 방법이다. 사전 확률, 가능도, 사후 확률은 세상의 상태보다 앎의 상태를 나타내기 때문에 흔히 베이즈 '믿음belief'이라 부른다. (베이즈 믿음이 꼭 개인으로서의[I as a person] 믿음은 아니라는 점에 주목하자. 닐 암스트롱Neil Armstrong이 달에 착륙했다는 사실을 믿는 것처럼, 내 시각 피질이 앞에 있는 사물을 커피잔이라고 '믿는'다고 할 수 있다.)

　사전 확률은 새로운 데이터가 들어오기 전에 어떤 것이 발생할 확률이다. 비가 거의 내리지 않는 라스베이거스에 산다면, 간밤에 비가 내렸을 사전 확률은 매우 낮다. 일부러 스프링클러를 켜두었을 사전 확률은 당신이 스프링클러를 얼마나 자주 사용하느지, 얼마나 건망증이 심한지에 따라 다르다. 이런 사전 확률도 낮지만 비가 왔을 사전 확률만큼 낮지는 않다.

가능도는 대략 말하자면 사후 확률과는 반대다. 가능도는 원인에서 결과 쪽인 '순방향으로' 추론을 생성한다. 밤새 비가 왔거나 스프링클러를 켜놓았다는 **상황에서 본다면**, 잔디가 젖을 확률은 얼마일까? 사전 확률과 마찬가지로 가능도도 다양할 수 있지만, 지금은 비가 오거나 실수로 스프링클러를 켜둔 상황에서 잔디가 젖을 확률은 같다고 생각하자.

베이즈 규칙은 각 가설에서 사전 확률과 가능도를 결합해 사후 확률을 끌어낸다. 규칙 자체는 간단하다. 사후 확률은 사전 확률과 가능도를 곱하고 2차 사전 확률second prior로 나눈 것이다. (2차 사전 확률은 '데이터에 기반한 사전 확률prior on the data'이다. 이 경우에는 잔디가 젖을 사전 확률이다. 이 사례에서는 두 가정의 2차 사전 확률이 같으므로 신경 쓰지 않아도 된다.)

아침에 잔디가 젖어 있는 것을 보았을 때, 베이즈 추론을 제대로 했다면 가장 높은 사후 확률을 갖는 가설을 고를 것이다. 이 가설이 데이터를 가장 그럴 듯하게 설명하기 때문이다. 앞선 사례에서 라스베이거스에 산다면 간밤에 비가 왔을 사전 확률은 실수로 스프링클러를 켜두었을 사전 확률보다 낮고, 따라서 비가 왔을 사후 확률도 낮다. 그러므로 당신은 스프링클러를 켜두었다는 가설을 선택할 것이다. 이 가설은 관찰된 데이터의 원인에 대한 베이즈 최선의 추측, 즉 '최선의 설명을 위한 추론'이다.

이런 특정 사례에서는 우리의 설명이 상식적으로 보일 것이다. 하지만 베이즈 추론이 일반적인 상식과 다른 경우도 많다. 우리는 흔히 희귀병에 걸릴 사전 확률을 과대평가하기 때문에 검사 결과가 양성으로 나오면 심각한 질병에 걸렸다고 잘못된 결론을 내리기 쉽다. 검사 결과가 99퍼센트 정확하더라도, 인구 집단에서 해당 질병의 유병률이 현저히 낮다면 양성 반응이 나왔더라도 그 질병에 걸렸을 사후 확률은 아주 조금 높아질 뿐이다.

젖은 잔디로 돌아가 이야기를 조금 더 밀고 나가보자. 우리집 잔디를 보고 옆집 잔디도 살펴보았는데 둘 다 젖어 있다고 가정해보자. 이것은 중요한 새 정보다. 이제 각 가설의 가능도는 달라진다. 스프링클러 가설이라면 우리 집 잔디만 젖어 있어야 하지만, 비 가설이라면 두 집 잔디가 다 젖어 있어야 맞다. (가능도는 추정된 원인에서 관찰된 결과의 순방향으로 이어진다는 사실을 기억하자.) 베이즈 추론을 제대로 한다면 사후 확률을 갱신해 밤새 비가 내렸다는 설명이 당신이 본 상황에 대한 최선의 설명이라는 사실을 알게 된다. 그래서 당신은 마음을 바꾼다.

베이즈 추론의 강력한 특징은 최선의 추측을 갱신할 때 정보의 **신뢰성**reliability을 고려한다는 점이다. 신뢰할 수 있는 (또는 신뢰할 수 있다고 추정된) 정보는 신뢰할 수 없는 (또는 신뢰할 수 없다고 추정된) 정보보다 베이즈 믿음에 더 큰 영향을 미친다. 창문이 더럽거나 안경을 잃어버렸다고 상상해보자. 이웃집 잔디도 젖은 것 같은데 창문도 지저분하고 눈도 흐리다면 새로운 정보의 신뢰성은 매우 떨어지고, 당신도 그 사실을 잘 안다. 이 경우 옆집 잔디를 흘끗 보면 비 가설의 확률이 약간 높아지기는 하지만, 실수로 스프링클러를 켜두었다는 원래 가설이 여전히 우위에 있다.

여러 상황에서 새로운 데이터의 유입에 따라 베이즈 최선의 추측을 갱신하는 프로세스는 끊임없는 추론의 순환을 거치며 되풀이된다. 되풀이되는 각 과정에서 이전의 사후 확률은 이제 새 사전 확률이 된다. 그러면 새로운 사전 확률을 이용해 다음에 올 데이터를 해석한 다음 새로운 사후 확률, 즉 새로운 최선의 추측을 만든다. 이 순환은 계속된다. 만약 잔디가 이틀 연속으로 젖어 있다면, 둘째 날 잔디가 젖은 상황의 원인에 대한 최선의 추측은 첫째 날 상황에 대한 최선의 추측에 기반하며, 다음 날도 마찬가지다.

베이즈 추론은 의학 진단에서부터 실종된 핵잠수함 수색에 이르기까지 다양한 맥락에서 매우 유용하게 사용되었으며, 새로운 응용 분야도 속속 등장하고 있다. 과학적 가설이 실험에서 얻은 새로운 증거로 갱신된다는 면에서, 과학적 방법 자체도 베이즈 프로세스로 이해할 수 있다. 과학을 이렇게 이해하는 관점은 일관성 없는 증거라도 누적되면 전체 과학 체계를 뒤집을 수 있다는 토머스 쿤Thomas Kuhn의 '패러다임 전환paradigm shifts'이나, 풍선을 하늘로 날려 보낸 다음 하나씩 쏘아 터트리듯 가설을 제기하고 하나씩 검증하는 카를 포퍼Karl Popper의 '반증주의falsificationist'적 견해와는 구별된다. 과학철학에서 베이즈 관점은 헝가리 철학자

임레 라카토스Imre Lakatos의 견해와 여러 면에서 비슷하다. 라카토스의 분석은 과학 연구 프로그램이 관념적으로 무엇으로 구성되었는지보다 무엇이 실제로 이 프로그램을 구동하는지에 초점을 맞춘다.

물론 베이즈 관점을 과학에 적용하면, 이론의 타당성에 대한 과학자의 사전 믿음prior belief은 새로운 데이터가 기존 이론을 갱신하거나 폐기할지에 영향을 미친다. 예를 들어보자. 나는 뇌가 베이즈 추론을 하는 예측 기계라는 강한 사전 믿음을 가지고 있다. 이 강한 믿음은 내가 실험의 증거를 해석하는 방법에 영향을 줄 뿐만 아니라 내가 수행할 실험의 종류를 결정해 내 믿음에 맞는 새로운 증거를 만들게 할 것이다. 뇌가 본질적으로 베이즈 추론 기계라는 내 베이즈 믿음을 뒤집으려면 얼마나 많은 증거가 필요할지 궁금하다.

———

상상의 뇌로 돌아가보자. 조용하고 어두운 두개골 안에 들어앉은 뇌는 바깥세상에 무엇이 있는지 알아내려 한다. 우리는 이제 이런 어려운 상황을 베이즈 추론을 실행할 이상적인 기회로 볼 수 있다. 뇌가 잡음 많고 모호한 삼각 신호의 원인에 대해 최선의 추측을 할 때, 뇌는 토머스 베이즈의 원리를 따르고 있는 것이다.

지각적 사전 확률은 다양한 수준에서 추상적이고 유연하게 암호화될 수 있다. 지각적 사전 확률은 '빛은 하늘에서 온다'처럼 매우 일반적이고 비교적 고정된 사전 확률부터 '다가오는 북슬북슬한 사물은 고릴라다' 같은 상황별 사전 확률까지 다양하다. 뇌의 가능도는 감각 신호의 잠재적 원인에서 감각 신호에 이르는 지도를 암호화한다. 가능도는 지각적 추론의 '순방향 추론forward reasoning' 요소이며, 사전 확률과 마찬가지로 다양한 시공간에서 작동한다. 뇌는 베이즈 규칙에 따라 사전 확률과 가능도를 계속 결합해 매 순간 새로운 베이즈 사후 확률(지각적 최선의 추측)을 형성한다. 그리고 새로운 사후 확률은 각각 다음에 오는, 계속 변하는 감각 입력에 대한 사전 확률 역할을 한다. 지각은 사진처럼 정지된 것이 아니라 연속된 프로세스다.

감각 정보의 신뢰성은 여기서도 중요한 역할을 한다. 동물원에 온 것이 아닌 이상, 저 멀리서 다가오는 흐릿한 어두운 색의 털이 북슬북슬한 무언가가 '고릴라'일 사전 확률은 매우 낮을 것이다. 멀리서 다가오는 사물의 시각 입력에 대한 추정된 신뢰성은 낮을 것이고, 따라서 지각적 최선의 추측이 곧바로 '고릴라'로 이어지지는 않을 것이다. 하지만 사물이 가까이 다가올수록 시각 신호는 더 믿을 수 있고 더 정보를 주기 때문에, 뇌가 하는 최선의 추측은 커다란 검은 개, 고릴라 탈을 쓴 사람, 진짜 고릴라 등 일련의 선택지를 거쳐 고릴라를 확실히 인지할 것이다. 아직 도망갈 시간이 남아 있다면 다행이다.

사전 확률, 가능도, 사후 확률이라는 베이즈 믿음을 이해하는 가장 간단한 방법은 0(확률 0퍼센트)과 1(확률 100퍼센트) 사이의 어떤 숫자를 떠올리는 것이다. 하지만 감각 신호의 신뢰성이 지각적 추론에 어떻게 영향을 미치는지 이해하고, 실제로 베이즈 규칙이 뇌에서 어떻게 구현되는지 살펴보려면 좀 더 깊이 들어가 **확률 분포**probability distribution의 관점에서 생각해야 한다.

〈그림 8〉의 그래프는 변수 X에 대한 확률 분포의 사례를 보여준다. 수학에서 변수는 다양한 값을 취할 수 있는 기호일 뿐이다. X에 대한 확률 분포는 X값이 특정 범위 내에 있을 확률을 나타낸다. 그래프에서 볼 수 있듯 이 확률은 곡선으로 표시된다. X가 특정 범위에 있을 확률은 해당 범위에 있는 곡선 아래 영역으로 나타난다. 〈그림 8〉에서 X가 2와 4 사이에 있을 확률은 X가 4와 6 사이에 있을 확률보다 훨씬 높다. 모든 확률 분포와 마찬가지로 곡선 아래의 총면적은 정확히 1이다. 가능한 모든 결과를 고려할 때 어떤 일이 일어날 확률이기 때문이다.

확률 분포의 모양은 다양하다. 가장 일반적인 모양은 앞선 예시에서 살펴본 것처럼 '정규', '가우스', '종 모양' 분포다. 이런 분포는 평균값 또는 **평균**mean(곡선의 꼭짓점, 〈그림 8〉에서는 x축의 3) 및 **정밀도**precision(분포 양상. 정밀도가 높을수록 더 좁게 분포된다)로 완벽하게 정의할 수 있다. 평균과 정밀도를 분포의 **모수**parameter라 한다[1]

이렇게 본다면 베이즈 믿음은 가우스 확률 분포로 훌륭하게 표현될 수 있다. 직관적으로 평균은 믿음의 내용을 나타내고, 정

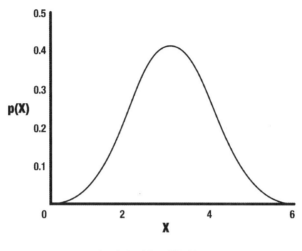

〈그림 8〉 가우스 확률 분포

밀도는 뇌가 갖는 믿음에 대한 신뢰도를 나타낸다. 곡선이 뾰족한(높은 정밀도를 갖는) 분포는 신뢰도 높은 믿음을 나타낸다. 앞으로 살펴보겠지만 베이즈 추론의 힘은 이 신뢰도confidence(또는 신뢰성reliability)를 나타내는 능력에 있다.

고릴라 예시로 돌아가보자. 여기서 사전 확률, 가능도, 사후 확률은 평균과 정밀도로 정의된 확률 분포로 볼 수 있다. 각 분포에서 평균은 '고릴라'일 확률을 나타내며, 정밀도는 이 확률 근사치에 대한 뇌의 신뢰도에 해당한다.

새로운 감각 데이터가 들어오면 어떻게 될까? 베이즈 갱신 프로세스는 그림으로 보면 쉽게 이해할 수 있다. 〈그림 9〉에서 점선은 고릴라를 만날 사전 확률에 해당한다. 점선의 평균이 낮은 것

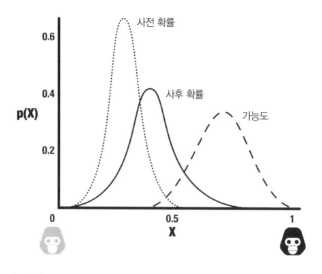

〈그림 9〉 고릴라를 보는 최선의 추측을 가우스 확률 분포로 나타낸 베이즈 추론

은 고릴라일 가능성이 작다는 의미이며, 정밀도가 상대적으로 높은 것은 이 사전 믿음의 신뢰도가 높다는 의미다. 끊어진 파선은 가능도로, 감각 입력에 해당한다. 가능도의 평균은 높지만 정밀도는 낮다. 즉, 저쪽에 진짜 고릴라가 있다면 고릴라라는 감각 데이터를 얻을 수는 있겠지만 그다지 신뢰하지는 않는다는 의미다. 실선은 사후 확률이며, 감각 데이터로 볼 때 저쪽에 있는 것이 고릴라일 확률을 나타낸다. 사후 확률은 언제나 그렇듯 베이즈 규칙을 적용해 얻는다. 가우스 확률 분포에 베이즈 규칙을 적용한다면, 사전 확률인 점선과 가능도인 파선을 곱해 얻은 사후 확률 실선 아래 면적의 합은 정확히 1이다.

사후 확률 곡선의 꼭짓점은 가능도 곡선의 꼭짓점보다 사전 확률 곡선의 꼭짓점과 가깝다는 사실에 주목하자. 두 가우스 분포를 조합한 사후 확률 곡선은 평균과 정밀도에 따라 달라지기 때문이다. '고릴라'를 나타내는 감각 신호는 아직 믿을 수 없으므로 가능도의 정밀도가 비교적 낮아, 사후 확률의 최선의 추측은 사전 확률에서 그다지 멀어지지 않는다. 하지만 다음 순간 고릴라가 조금 더 가까이 다가와 감각 데이터가 좀 더 명확해지면 이전의 사후 확률은 새로운 사전 확률이 되므로, 새로운 사후 확률(새로운 최선의 추측)은 '고릴라' 쪽으로 조금 더 접근한다. 이 과정은 도망가야 하는 순간까지 계속된다.

베이즈 정리는 지각적 추론을 위한 최적성의 표준을 제공한다. 감각 입력이 고릴라든, 빨간 의자든, 커피잔이든, 베이즈 정리는 감각 입력의 가장 가능성이 큰 원인을 알아내려 할 때 뇌가 **무엇을 해야 하는지**에 대한 최적의 시나리오를 제공한다. 하지만 이것은 일부에 불과하다. 베이즈 정리는 신경 메커니즘의 측면에서 뇌가 **어떻게** 이런 최선의 추측이라는 마법을 부리는지는 나타내지 않는다.

이런 질문에 답하려면 지각이 제어된 환각이라는 이론, 그리고 의식의 내용이 단지 지각적 예측으로 형성되는 것이 아니라는 우리의 핵심 주장으로 돌아가야 한다. 의식의 내용은 **바로** 예측 그 자체다.

4장에서는 예측 오류 최소화라는 지속적 과정을 통해 지각이 발생한다는 아이디어를 소개했다. 이 생각에 따르면, 뇌는 감각 신호에 대한 예측을 지속적으로 생성하고 이런 예측을 눈과 귀, 코, 피부 등에 도달하는 감각 신호와 비교한다. 예측 오류는 예측된 감각 신호와 실제 감각 신호의 차이 때문에 발생한다. 지각적 예측은 주로 하향식으로(안에서 바깥으로) 흐르지만, 예측 오류는 상향식으로(바깥에서 안으로) 흐른다. 뇌는 이 예측 오류 신호를 이용해 예측을 갱신해 다음 감각 입력에 대비한다. 감각 예측 오류가 가능한 최소화되거나 '해명'되면, 하향식 예측의 내용을 모두 조합해 지각이 발생한다.

　　제어된 환각이라는 관점은 지각과 뇌 기능에 대한 '예측' 이론들, 특히 **예측 프로세스**와 비슷한 점이 많다. 하지만 가장 중요한 차이가 있다. 예측 프로세스는 뇌가 지각과 인지, 행동을 수행하는 **메커니즘**에 대한 이론이라는 점이다. 반면 제어된 환각이라는 관점은 뇌 메커니즘이 의식적 지각의 **현상학적 속성**을 어떻게 설명하느냐와 관련이 있다. 즉, 예측 프로세스는 뇌가 어떻게 작용하는지에 대한 이론이지만, 제어된 환각은 이 이론을 받아들이고 발전시켜 의식적 경험의 본질을 설명한다. 중요한 점은, 두 가지 모두 예측 오류 최소화라는 과정을 바탕으로 이루어진다는 점이다.

제어된 환각과 베이즈 추론을 연관 짓는 것은 예측 오류 최소화다. 예측 오류 최소화는 뇌가 무엇을 **해야 하는지**에 대한 베이즈 주장을 받아들여 뇌가 실제로 무엇을 **하는지**에 대한 제안으로 바꾼다. 뇌는 언제 어디서든 예측 오류를 최소화해 실제로 베이즈 규칙을 실행한다. 좀 더 정확히 말하자면 뇌가 하는 일은 베이즈 규칙에 **가까워진다.** 지각적 내용이 감각 데이터를 상향식으로 '판독'한 것이라기보다 하향식으로 제어된 환각에 가깝다는 생각은 바로 이 지점에서 나온다.

뇌 예측 오류 최소화의 세 가지 핵심 요소인 생성 모델generative models, 지각 위계perceptual hierarchies, 감각 신호의 '정밀도 가중 precision weighting'을 살펴보자.

생성 모델은 지각할 수 있는 모든 사물을 결정한다. 고릴라를 지각하려면 뇌에는 관련 감각 신호를 생성할 수 있는 생성 모델이 있어야 한다. 고릴라가 실제로 있을 때 나타날 것으로 예상되는 감각 신호다. 생성 모델은 입력되는 감각 데이터와 지각적 예측을 비교해 예측 오류를 생성하고, 뇌가 이 예측 오류를 최소화하면 즉시 예측을 갱신하는 지각적 예측 흐름을 제공한다.

지각적 예측은 넓은 시공간 전반에서 진행되므로 우리는 사물, 사람, 장소로 가득 찬 구조화된 세상을 지각할 수 있다. 고릴라를 본다는 높은 수준의 예측은 팔다리, 눈, 귀, 털에 대한 낮은 수준의 예측을 낳고, 이후 색이나 질감, 경계에 대한 예측으로 더 내려가며, 마지막으로 시야에 따른 밝기 변화에 대한 예상으로 이어진다. 이런 지각 위계는 감각 전반에 걸쳐 작동하며 감각 데이터를 완전히 뛰어넘기도 한다. 갑자기 엄마 목소리가 들리면 나의 시각 피질은 다가오는 사람이 우리 엄마라고 예측을 조정한다. 내가 동물원에 있다는 사실을 안다면 나의 뇌의 지각 영역은 거리를 돌아다닐 때보다는 고릴라를 볼 준비가 더 되어 있을 것이다.

여기서 예측 오류 최소화의 '예측'이 반드시 미래에 대한 예측은 아니라는 점을 명확히 해야 한다. 여기서 예측이란 말은 그저 모델을 사용해 데이터 너머를 본다는 의미다. 통계학에서 예측의 본질은 충분한 데이터가 없는 경우를 대비하는 것이다. 따라서 예측이 미래에 대한 것(미래란 '충분하지 않은 데이터'라고 생각할 수도 있다)이든, 완전히 파악하지 못한 현재 상황에 대한 것이든 중요하지 않다.

예측 오류 최소화의 마지막 핵심 요소는 정밀도 가중이다. 우리는 감각 신호의 상대적 신뢰성에 따라 지각적 추론이 갱신되는 정도가 결정된다는 점을 이미 살펴보았다. 멀리 있는 고릴라를 처음 흘끗 보거나, 더러운 창문을 통해 옆집 잔디를 볼 때는 전달되는 감각 신호의 신뢰성이 낮으므로, 베이즈 최선의 추측은 크게 바뀌지 않는다. 우리는 해당 확률 분포의 정밀도로 신뢰성을 어떻게 파악할 수 있는지도 살펴보았다. 앞서 살펴본 〈그림 9〉에서 알 수 있듯, 추정된 정밀도가 낮은 감각 데이터는 사전 믿음을 갱신하는 데 영향을 덜 준다.

내가 단순히 '정밀도'라 하지 않고 '추정된 정밀도estimated precision'라 말하는 이유는 지각하는 감각 신호의 정밀도가 뇌에 직접 주어지지는 않기 때문이다. 감각 신호의 정밀도는 추론해야 한다. 뇌는 감각 입력에 대한 가장 가능성이 큰 원인을 밝혀내는 것뿐만 아니라, 관련된 감각 입력이 얼마나 믿을 수 있는지도 알아내야 한다. 감각 신호가 실제로 지각적 추론에 미치는 영향을 뇌가 계속해서 조정해야 한다는 의미다. 뇌는 매 순간 감각 신호의 추정된 정밀도를 평가하며 조정한다. '정밀도 가중'은 이런 의미다. 정밀도 가중치가 낮게 평가되면 해당 감각 신호가 최선의 추측을 갱신하는 데 영향을 덜 미친다는 뜻이다. 반대로 정밀도 가중치가 높게 평가되면 해당 감각 신호가 최선의 추측을 갱신하는 데 영향을 더 미친다. 이렇게 정밀도 가중은 지각적 최선의 추측에 도달하는 데 필요한 예측과 예측 오류 사이의 섬세한 안무를 연출하는 데 필수적이다.

복잡해 보이지만 사실 우리는 모두 정밀도 가중이 지각에서 하는 역할을 잘 안다. 감각 신호의 추정된 정밀도를 높인다는 것은 사실 '주의를 기울이는 것'과 같다. 저 멀리 있는 사물이 고릴라인지 아닌지 보려고 할 때처럼, 어떤 사물에 주의를 기울일 때 우리 뇌는 그에 상응하는 감각 신호에 대한 정밀도 가중치를 늘리는 중이며, 이는 추정된 신뢰성을 높이거나 신뢰성 '획득'을 늘리는 것과 마찬가지다. 주의 집중을 이런 관점에서 본다면, 사물이 잘 보이고 그 사물을 똑바로 보고 있는데도 그것을 보지 못하는 경우가 왜 발생하는지 설명이 가능하다. 어떤 감각 데이터에 주의를 기울이고 있다면, 즉 추정된 정밀도를 증가시키고 있다면, 다른 감각 데이터는 지각적 최선의 추측을 갱신하는 데 영향을 덜 줄 것이다.

놀랍게도 감각 데이터에 주의를 기울이지 않으면 지각적 최선의 추측을 갱신하는 데 전혀 영향을 주지 못하는 경우도 있다. 1999년 심리학자 대니얼 시먼스Daniel Simons는 유명한 영상으로 이 현상을 보여주었다. 이 현상을 '무주의맹inattentional blindness'이라 한다. 아직 이 영상을 보지 못했다면 다음 내용을 읽기 전에 한번 찾아보기를 권한다.[2]

이 영상에서는 다음과 같은 일이 일어난다. 실험 참가자는 각각 세 명으로 구성된 두 팀이 나오는 짧은 영상을 본다. 한 팀은 검은색 옷을, 다른 팀은 흰색 옷을 입고 있다. 각 팀은 농구공을 가지고 이리저리 돌아다니며 자기 팀끼리 공을 패스한다. 실험 참가자는 흰색 옷을 입은 팀원들이 공을 몇 번 패스하는지 세야한다. 여섯 명이 공 두 개를 가지고 돌아다니며 패스하는 상황이므로 세심하게 주의를 집중해야 한다.

놀라운 사실은 이 과제를 할 때 실험 참가자 대부분은 검은 고릴라 탈을 쓴 사람이 영상의 오른쪽에서 들어와 고릴라 흉내를 낸 다음 왼쪽으로 나가는 것을 전혀 눈치채지 못했다는 점이나. 참가자들에게 영상을 다시 보여주고 이번에는 고릴라를 찾아달라고 말하면, 즉시 고릴라를 알아보고 아까 본 영상과 이 영상이 같은 것이라는 사실을 믿지 않는다. 흰색 옷을 입은 팀원에게 집중하는 동안에는 검은색 옷을 입은 팀원이나 고릴라로부터 오는 감각 신호는 추정된 정밀도가 낮으므로, 지각적 최선의 추측을 갱신하는 데 거의 또는 전혀 영향을 주지 않은 것이다.

수년 전 샌디에이고에서 내가 가장 좋아하는 서핑 장소로 운전을 해서 가던 어느 날 오후, 내게도 이와 비슷한 일이 일어났다. 최근에 '좌회전 금지' 표지판이 세워진 곳에서 좌회전을 해버린 것이다. 델마르 근처 바다로 내려가는 짧은 샛길이었다. 아마 새 표지판이 설치된 명확한 이유가 없어서였거나, 앞 차들도 방금 좌회전을 했기 때문이거나, 몇 년간 이곳에서 수백 번은 좌회전을 했기 때문이었거나, 억울하게 딱지를 떼여 엄청 화가 났거나 해서, 나는 이 표지판이 '이론적으로'는 보이지만 말 그대로 내게는 정말 보이지 않았다는 진술서를 제출했다. 나는 무주의맹 원칙에 호소해 항변했다. 새 표지판이 있었지만 내 뇌의 정밀도 가중 때문에 나는 그 표지판을 지각하지 못했다. 내가 겪은 이 사건은 캘리포니아 교통법원까지 갔는데, 대법원은 아니었지만 '오늘의 소송'에 이름이 오르기까지 했다. 재판을 위해 깔끔한 파워포인트 자료까지 준비했지만 전혀 도움은 안 됐다.

마술사도 무주의맹을 이용한다. 같은 용어로 자신의 재능을 설명하지는 않겠지만 말이다. 특히 클로즈업 마술을 선보이는 마술사는 관객의 주의를 교묘하게 흐트러뜨려 귀 뒤에 꽂아둔 스페이드 퀸 카드를 눈치채지 못하게 만들고 마치 공기 중에서 홀연히 나온다고 믿게 만든다. 손재주 좋은 소매치기들은 이런 지각생리학의 장난을 이용한다. 나는 소매치기 달인인 아폴로 로빈스Apollo Robbins가 내 동료들의 손목시계나 지갑, 손가방을 손쉽게 가로채는 것을 본 적이 있다. 동료들 대부분은 심지어 지각 전문가였고 무주의맹에 대해 잘 알고 있어서, 로빈스가 무엇을 할지 훤히 알고 있었다는 점을 고려하면 정말 놀라운 솜씨다.

———

우리는 나와 세상의 상호작용을 다음과 같이 생각한다. 첫째, 우리는 세상을 있는 그대로 지각하고, 무엇을 할지 결정한 다음에 행동한다. 즉, **감각하고**, **생각하고**, **행동한다**. 우리는 보통 이렇게 본다. 하지만 사물이 보이는 모습이 실제 사물의 본질을 제대로 알려주지 못한다는 점을 기억하자. 그렇다면 이제 **행동**에 대해 살펴볼 때다.

행동은 지각과 떼려야 뗄 수 없는 관계다. 행동과 지각은 밀접하게 결합되어 서로를 결정하고 규정한다. 모든 행동은 들어오는 감각 데이터를 바꿔 지각을 변화시키고, 모든 지각은 행동을 유도하는 데 도움을 준다. 행동이 없으면 지각도 소용이 없다. 우리는 주변 세상을 지각해 그 속에서 효과적으로 행동하고, 목표를 달성하고, 장기적으로 생존 가능성을 높인다. 우리는 세상을 있는 그대로 지각하지 않고, 우리에게 유용한 방식으로 지각한다.

심지어 행동이 우선일 수도 있다. 뇌가 행동을 유도하기 위해 지각적 최선의 추측에 도달한다고 생각하는 대신, 뇌가 기본적으로 행동을 생성하고 감각 신호를 이용해 지속적으로 이런 행동을 조정해 유기체의 목표를 최대한 달성한다고 생각할 수도 있다. 이런 관점으로 보면 뇌는 본질적으로 역동적이고 능동적인 시스템이며, 환경을 끊임없이 조사하고 그 결과를 관찰하는 역할을 한다.[3]

예측 프로세스에서 행동과 지각은 동전의 양면이다. 행동과 지각은 모두 감각 예측 오류 최소화로 뒷받침된다. 지금까지는 이런 최소화 과정을 지각적 예측 갱신의 관점에서 설명했지만, 그것만이 전부는 아니다. 감각 데이터를 변경하는 행동을 취해 예측 오류를 억제함으로써 새로운 감각 데이터가 기존 예측과 일치하게 만들 수도 있다. 영국 신경과학자인 칼 프리스턴Karl Friston이 만든 용어에 따르면 이처럼 행동을 통해 예측 오류를 최소화하는 과정을 **능동적 추론**active inference이라 한다.

능동적 추론을 이해하는 유용한 방법은 일종의 자기실현 지각적 예측으로 보는 것이다. 능동적 추론은 뇌가 행동을 통해 지각적 예측을 실현할 감각 데이터를 찾는 프로세스다. 눈을 돌리는 등의 간단한 행동으로도 이렇게 할 수 있다. 오늘 아침 나는 평소처럼 어질러진 책상 위에서 내 자동차 키를 찾고 있었다. 시선을 여기저기로 돌릴 때마다 내 시각적 예측(빈 컵, 빈 컵, 클립, 빈 컵…)은 계속 갱신될 뿐만 아니라, 내 시각적 초점은 자동차 키라는 지각적 예측이 실현될 때까지 내 앞에 펼쳐진 장면으로부터 계속 정보를 얻는다.

눈을 돌리든, 다른 방에 들어가든, 복근에 힘을 주든, 신체적 행동은 모두 어떤 식으로든 감각 데이터를 바꾼다. 새로운 직장에 지원하거나, 결혼하기로 하는 등의 높은 수준의 '행동'도 마찬가지로 감각 입력을 바꾸는 신체적 행동으로 이어진다. 모든 행동은 능동적 추론을 통해 감각 예측 오류를 줄일 수 있으며, 따라서 모든 행동은 직접 지각에 참여한다.

예측 프로세스의 모든 측면과 마찬가지로, 능동적 추론은 생성 모델에 의존한다. 구체적으로 살펴보면, 능동적 추론은 행동의 감각적 결과를 예측하는 모델 생성 능력에 의존한다. '내가 저쪽을 보면, 어떤 감각 데이터를 만나게 될까?'라는 형태의 예측이다. 이런 예측을 **조건부**conditional 예측이라고 한다. 무언가를 하면 무슨 일이 **일어날지** 예측하는 것이다. 이런 조건부 예측이 없다면 뇌는 수많은 행동 중에서 어떤 행동이 감각 예측 오류를 가장 많이 줄일지 파악할 방법이 없다. 자동차 키를 찾는 데 가장 도움이 된다고 뇌가 예측하는 행동은 창밖을 보거나 허공에 손을 흔들어대는 것이 아니라 책상 위를 둘러보는 행동이다.

능동적 추론은 기존 지각적 예측을 완수하는 데 도움을 주는 한편 이런 예측을 개선하는 데에도 도움을 준다. 단기적으로 보면 행동은 새로운 감각 데이터를 수집해 더 나은 최선의 추측을 하거나 서로 경쟁하는 지각적 가설 사이에서 결정을 내리기도 한다. 이 장의 처음에 살펴본 사례처럼, 옆집 잔디를 살펴보는 행동을 하면 '밤새 비가 내렸다'와 '실수로 스프링클러를 켜두었다'라는 경쟁 가설을 더 잘 구별해 판단할 수 있다. 내 책상 위 빈 컵을 모두 치우면 자동차 키를 찾는 데 도움이 될 것이다. 각 경우에서 관련된 행동을 선택하는 것은 행동의 결과에 따라 감각 데이터가 어떻게 바뀔지 예측하는 생성 모델에 따라 달라진다.

장기적으로 행동은 **학습**의 기본이다. 학습은 감각 신호의 원인과 세상의 전반적인 인과 구조를 밝혀 뇌의 생성 모델을 개선한다. 잔디가 젖은 이유를 추론하기 위해 옆집 잔디를 살펴볼 때, 나는 잔디가 젖은 이유에 대해서 전반적으로 더 많이 알게 된다. 최선의 경우라면 능동적 추론은 잘 선택된 행동으로 세상의 구조에 대한 유용한 정보를 찾아내고, 이 정보가 개선된 생성 모델에 통합되고, 이 생성 모델이 지각적 추론을 개선해 훨씬 더 유용한 정보를 낳으리라 예측되는 새로운 행동을 지시하는 선순환을 유도한다.

능동적 추론에서 가장 이해하기 어려운 측면은 **행동 자체**가 자기실현 지각적 예측의 한 형태로 여겨진다는 점이다. 이런 관점에서 행동은 단순히 지각에 참여하기만 하지 않는다. 행동이 곧 지각이다. 눈을 돌려 자동차 키를 찾거나 손을 움직여 컵을 정리할 때, 내 몸의 위치와 움직임에 대한 지각적 예측은 스스로 실현되고 있다.

능동적 추론에서 행동은 자기실현 **고유수용적**proprioceptive 예측이다. 고유수용감각은 뼈와 근육 조직 곳곳의 수용체에 흐르는 감각 신호를 받아들여 몸이 어디에 있고 어떻게 움직이는지 추적하는 지각의 한 형태다. 고유수용감각은 항상 존재하므로 우리는 고유수용감각에 대해 깊게 생각하지 않는다. 하지만 눈을 감고도 코를 만질 수 있다는 단순한 사실(지금 해보라!)만 보아도 고유수용감각이 모든 행동에서 중요한 역할을 한다는 사실을 알 수 있다. 능동적 추론의 관점에서, 내 코를 만진다는 것은 내 손가락이 지금 내 코를 만지고 있지 **않다**는 감각적 증거는 억제하고, 손의 움직임과 위치에 대한 고유수용적 예측이 자기실현되도록 허용한다는 의미다. 정밀도 가중은 여기서 다시 한번 중요한 역할을 한다. 고유수용적 예측이 실현되려면 몸이 실제로 어디에 있는지 뇌에 알려주는 예측 오류가 약화되거나 억제되어야 한다. 이는 주의를 기울이는 것과 반대로 몸이 움직일 수 있게 하는 일종의 '의도적 부주의disattention'다.

행동을 이렇게 이해하면 행동과 지각이 동전의 양면임을 알 수 있다. 중심적인 '마음'이 있다는 가정하에 지각은 입력이고 행동은 출력이라고 보는 것이 아니라, 행동과 지각 모두 뇌 기반 예측이라고 보는 것이다. 행동과 지각에 선후 관계는 있지만, 행동과 지각은 모두 지각적 예측과 감각 예측 오류 사이의 섬세한 안부에 기반한 베이즈 최선의 추측 프로세스를 따른다.

마지막으로 뼈로 된 감옥에 봉인된 상상의 뇌로 한번 더 들어가보자. 이제 우리는 뇌가 고립되어 있지 않다는 사실을 안다. 뇌는 몸과 세상에서 쏟아져 나오는 감각 신호 속에서 헤엄치며, 능동적으로 이런 감각의 흐름을 이루는 행동, 즉 자기실현 고유수용적 예측을 계속 지시한다. 들어오는 감각의 세례는 하향식 예측의 연쇄가 맡고, 예측 오류 신호는 상향식으로 흘러 훨씬 더 나은 예측을 하도록 자극하고 새로운 행동을 이끈다. 이 연쇄 프로세스는 뇌가 감각 환경의 원인에 대해 계속 발전하는 최선의 추측을 설정하고 재설정하는 제대로 된 베이즈 추론에 근접해지며, 이에 따라 생생한 지각적 세상, 즉 제어된 환각이 발생한다.

제어된 환각을 이런 방식으로 이해하면 하향식 예측이 단순히 우리 지각을 왜곡하지 않는다는 사실을 충분히 알 수 있다. 하향식 예측은 **바로** 우리가 지각하는 것이다. 색, 모양, 소리가 넘치는 지각 세계는 색, 모양, 소리가 없는 감각 입력의 숨은 원인을 파헤치는 뇌의 최선의 추측 그 이상도 이하도 아니다.

앞으로 계속 살펴보겠지만, 이런 식으로 설명할 수 있는 것은 고양이나 커피잔, 고릴라에 대한 경험만이 아니다, 우리는 지각적 경험의 **모든** 측면을 이렇게 설명할 수 있다.

6장

관람자의 몫

지각적 경험의 심층구조를 살피는 우리의 여정은 20세기 초 오스트리아 빈에서 시작한다. 당시 이 우아한 도시의 카페, 살롱, 아편굴에 머물렀다면 눈에 띄는 인물들과 마주쳤을지도 모른다. 빈학파의 모임에는 쿠르트 괴델Kurt Gödel, 루돌프 카르나프Rudolf Carnap가 참여했고 이따금 루트비히 비트겐슈타인도 모습을 드러냈다. 미술사학자 알로이스 리글Alois Riegl뿐 아니라 구스타프 클림트Gustav Klimt, 오스카어 코코슈카Oskar Kokoschka, 에곤 실레Egon Schiele 등 근대 회화의 선구자들도 있었다. 지크문트 프로이트도 물론 있었다.

당시 빈을 둘러싼 자유로운 지적 분위기 속에서 예술과 과학이라는 두 문화가 신기할 정도로 잘 어우러졌다. 과학은 예술보다 우위에 있지 않았으며, 예술 자체와 예술이 불러일으키는 인간의 반응에도 과학적 설명이 필요하다는 생각이 당연했다. 예술 역시 과학 너머에 있지 않았다. 예술가와 과학자, 그리고 비평가는 이런 풍부함과 다양성 속에서 느껴지는 인간의 경험을 이해하려고 힘을 모았다. 신경과학자 에릭 칸델Eric Kandel이 같은 제목의 책에서 이 시기를 '통찰의 시대the age of insight'라 부른 것도 무리는 아니다.

통찰의 시대에 발생한 가장 영향력 있는 아이디어는 리글이 처음 소개하고, 1909년 빈에서 태어나 이후 20세기 미술사의 주요 인물이 되는 에른스트 곰브리치Ernst Gombrich가 널리 알린 '관람자의 몫beholder's share'이라는 개념이다. 두 사람의 아이디어는 예술 작품을 상상적으로 '완성'하는 과정에서 관찰자observer(관람자beholder)가 수행하는 역할을 강조했다. 관람자의 몫은 예술 작품이나 세상 그 자체에 있는 것이 아니라, 지각하는 사람의 지각적 경험 일부다.

관람자의 몫이라는 개념은 제어된 환각 이론 같은 예측적 지각 이론과 이어진다. 칸델은 다음과 같이 말했다.

"곰브리치는 관람자의 지각에 하향식 추론이 관여한다는 통찰을 통해 '순수한 눈innocent eye'이란 없다고 확신했다. 즉, 모든 시각적 지각은 개념을 분류하고 시각 정보를 해석하는 데 바탕을 두고 있다. 분류하지 못하면 지각할 수도 없다."

관람자의 몫이라는 개념은 특히 클로드 모네Claude Monet, 폴 세잔Paul Cézanne, 카미유 피사로Camille Pissarro 같은 화가들의 작품에서 두드러진다. 파리 오르세 미술관에 걸려 있는 피사로의 1873년 작품 〈하얀 서리Hoarfrost at Ennery〉 같은 인상파 걸작을 보면 다른 세상으로 빠져든다. 이런 작품이 힘을 지닌 이유 중 하나는 관찰자의 시각 체계가 해석 작업을 할 수 있도록 여지를 남겨두기 때문이다. 비평가 루이 르로이Louis Leroy가 "더러운 캔버스 위에 아무렇게나 휘갈긴 것 같다"라고 표현한 피사로의 그림은 매서운 서리가 내린 들판의 지각적 인상을 강하게 불러일으킨다.

인상주의 풍경화는 회화라는 행위에서 화가를 제거하고 지각적 추론의 결과물이 아닌 지각적 추론의 재료가 되는 빛의 변화를 캔버스에 옮겨 곰브리치가 언급한 '순수한 눈'을 회복하려고 한다. 그렇게 하려면 예술가는 시각의 주관적이고 현상학적 측면이 어떻게 나타나는지 정교하게 이해하고 효율적으로 이용해야 한다. 인상주의 풍경화 작품은 모든 감각 입력에서 논리적이고 주관적인 경험으로 향하는 인간의 시각 체계를 역으로 이용하는 시도로 이해할 수 있다. 이때 회화는 예측적 지각, 그리고 이런 프로세스가 유발하는 의식적 경험의 본질에 대한 실험이 된다.

피사로의 회화 같은 그림은 지각 과학을 되받는 메아리나 지각 과학을 내다보는 예감 그 이상이며, 관람자의 몫은 예측 오류 최소화의 미술사적 형태를 넘어선다. 곰브리치와 동료들은 사전 확률, 가능도, 예측 오류 같은 기본 개념들 사이에서 쉽게 잊혀지는 지각의 현상학적·경험적 본질에 대한 깊은 이해를 제공한다.

"인상주의자의 캔버스에서 물감과 붓질이 '갑자기 생명을 얻는다'라고 할 때, 이는 우리가 풍경을 이런 색소에 투사해왔다는 의미다."

여기서 곰브리치는 의식적 지각에 필수적인 것, 즉 예술을 넘어 일반적인 경험의 본질에 적용되는 어떤 것을 포착해낸다. 우리가 세상을 '저 너머의 진실'로 경험할 때, 이 경험은 객관적인 현실을 수동적으로 드러내는 것이 아니라, 뇌에서 세상으로 뻗어나가는 생생하고 현재적인 투사다.

———

지각적 예측이 주관적 경험을 어떻게 뒷받침하는지 밝히려는 시도는 간단한 실험에서 시작한다. 한 가지 실험적 예측에 따르면 우리는 예측한 것을 그렇지 않은 것보다 더 빠르고 쉽게 지각한다. 몇 년 전 나는 당시 박사후연구원이었고 지금은 암스테르담대학교 조교수인 이아르 핀토Yair Pinto와 함께 시각적 경험에 초점을 맞춘 실험을 통해 이 가설을 검증했다.

이아르는 왼쪽과 오른쪽 눈에 각각 다른 이미지를 보여주는 '연속 플래시 억제continous flash suppression'라는 설정을 사용했다. 우리는 실험 참가자의 한쪽 눈에는 집이나 얼굴 같은 그림을, 다른 쪽 눈에는 몬드리안의 그림처럼 색색의 직사각형이 겹쳐진 패턴이 빠르게 바뀌는 영상을 보여주었다. 이때 뇌는 두 이미지를 하나의 장면으로 합치려 하지만 실패하고, 계속 바뀌는 직사각형

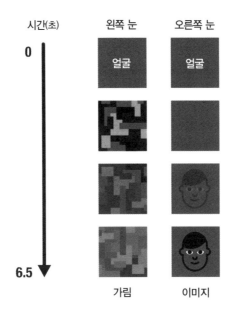

〈그림 10〉 점진적인 명암비 변화를 적용한 연속 플래시 억제[1]

패턴이 지배적인 것이 되어 참가자는 의식적으로 계속 빠르게 바뀌는 직사각형을 보게 된다. 그림을 보는 지각적 인식은 '연속 플래시' 되는 형태 때문에 억제된다. 우리는 〈그림 10〉에서 볼 수 있듯 이 방법을 변형해, 직사각형의 명암비는 높았다가 점점 낮아지고, 집이나 얼굴 사진의 명암비는 반대로 낮았다가 높아지도록 설정했다. 이는 곧 몇 초가 지나면 집이나 얼굴 같은 사진이 의식적으로 보이게 된다는 뜻이다.

지각적 예측이 의식적 지각에 어떤 영향을 미치는지 확인하기 위해, 우리는 각 실험 전에 참가자에게 '집'이나 '얼굴'이라는 단어를 제시해 참가자들에게 암시를 주었다. 하지만 이런 예측은 부분적으로만 유효했다. 참가자에게 '얼굴'이라는 단어로 암시를 준 다음에도, 실험 중 70퍼센트만 얼굴 그림을 주고 나머지 30퍼센트는 집 그림을 보여주었다. '집'이라는 암시를 주었을 때도 마찬가지였다. 우리는 시간이 얼마나 지나야 참가자가 플래시 억제를 벗어나 이미지를 떠올리는지 측정해, 참가자가 집이나 사진 같은 특정 이미지를 예측하지 못했을 때보다 예측했을 때 얼마나 빨리 의식적으로 그 이미지를 보는지 확인했다.

우리가 예상했듯 참가자들은 집을 예측했을 때 더 빠르고 정확하게 집을 보았고, 얼굴을 예측했을 때는 더 빠르고 정확하게 얼굴을 보았다. 속도 차이는 약 10분의 1초로 작았지만, 신뢰할 만한 결과였다. 우리의 실험 결과를 보면, 지각적 예측이 유효하면 실제로 더 빠르고 정확하게 의식적 지각을 할 수 있었다.

우리가 수행한 연구는 지각적 예측이 작동할 때 실제로 어떤 일이 일어나는지 살펴보는 수많은 연구 중 하나다. 네덜란드 네이메헌에 있는 돈더스연구소Donders Institute의 미하 헤일브론Micha Heilbron과 플로리스 드랑헤Floris de Lange 및 동료들은 소위 '단어 우월 효과word superiority effect'를 이용하는 명쾌한 실험을 했다. 'U' 같은 개별 문자는 'AEUVR'처럼 단어가 아닌 문자열 속에 있을 때보다 'HOUSE'처럼 단어를 구성할 때 더 쉽게 식별된다. 드랑헤 연구팀은 실험 참가자들에게 복잡한 배경 영상과 함께 단어 또는 단어가 아닌 문자열을 여럿 보여주었다. 실험 결과는 단어 우월 효과를 확인해주었다. 참가자들은 한 단어가 아닌 문자열 속 문자보다 단어 속 개별 문자를 더 쉽게 식별했다.

이 연구의 새로운 점은 fMRI를 이용해 참가자의 뇌 활동을 분석했다는 독창적인 방법에 있다. '뇌 판독brain reading'이라는 강력한 기술로 데이터를 분석한 결과, 연구자들은 어떤 문자가 단어가 아닌 문자열의 일부일 때보다 단어의 일부일 때 시각 피질에 나타나는 문자의 신경적 특징이 더 '명료해진다'는 사실을 발견했다. 즉, 다른 개별 문자의 신경적 표현보다 더 구별하기 쉽다는 의미다. 제어된 환각이라는 관점과 마찬가지로, 단어의 문맥이 주는 지각적 예측 때문에 시각 프로세스의 초기 단계에서 뇌 활동이 달라져 지각이 늘어났다는 의미다.

하지만 이런 실험에서 밝혀졌듯, 실험실 환경은 여전히 자연 상태의 의식적 경험이 가진 풍성함과 다양성에 미치지 못한다. 실험실을 벗어나 세상으로 나아가려면 다르게 생각해야 한다.

―――――

얼마 전 여름날 나는 생전 처음으로 약간의 LSD를 혀 밑에 넣고 잔디에 누워 무슨 일이 일어나는지 살펴보았다. 상쾌한 바람과 구름 조각이 푸른 하늘에 흩날리는 따스한 날이었다. 30분 정도가 지나자 그 옛날 알베르트 호프만에게 일어났던 일처럼 세상이 이리저리 움직이며 변하기 시작했다. 언덕과 하늘, 구름과 바다가 고동치고 점점 더 생생해지며 너무나 매혹적으로 내 몸을 감싸고 얽혀 들어와 마치 살아 있는 것 같았다. 제대로 된 과학자라면 당연히 그러하듯 나는 내게서 일어나는 일을 기록하려고 애썼다. 하지만 다음 날 노트를 보니 내 시도가 부질없는 일이었다는 게 분명해졌다. 한 가지 기억에 남는 것은 구름이 흘러가면서도 분명한 형태를 띠어, 적어도 부분적으로는 내가 구름을 제어할 수 있는 것처럼 보였다는 점이다. 일단 어떤 구름이 말이나 고양이, 사람 모양으로 보이기 시작하면 나는 그다지 힘들이지 않고도 그 효과를 터무니없이 부풀릴 수 있었다. 수평선을 가로질러 팝스타 실라 블랙Cilla Black이 줄지어 행렬하는 것처럼 보이기도 했다.[2]

LSD가 주는 환각은 뇌가 경험하는 기관이라는 사실을 의심하는 사람의 생각을 완전히 뒤집는다. 그 후에도 며칠이나 나는 지각적 경험을 '통해' 볼 수 있다고 느꼈고, 적어도 부분적으로는 그 지각적 경험 구성 그대로를 경험할 수 있었다. 나는 지각적 메시지는 물론 이 매개물의 메아리를 여전히 경험할 수 있었다.

물론 약을 먹지 않고도 구름에서 얼굴을 볼 수 있다. 적어도 얼굴처럼 보이거나 얼굴을 암시할 가능성이 있는 음영이 하늘에 보이기도 한다. 사물에서 패턴이 보이는 이런 일반적인 현상을 **파레이돌리아**pareidolia('동시에'와 '영상'을 뜻하는 그리스어에서 온 단어)라고 부른다. 사람이나 몇몇 동물에게 얼굴이 중요하다는 사실은 우리 뇌가 얼굴과 관련된 사전 예측에 강하게 사로잡혀 있다는 의미다. 구름, 토스트 조각, 심지어 낡은 세면대에서 얼굴 모양을

〈그림 11〉 세면대에서 보이는 얼굴

본 경험은 누구에게나 있다. 〈그림 11〉처럼 말이다. 그런 경험은 누구나 하기 때문에 우리는 보통 파레이돌리아를 환각이라고 생각하지 않는다. 물론 조현병 환자가 자해하라는 명령이나 자신이 재림예수라는 목소리를 듣는데 다른 사람은 아무도 그런 목소리를 듣지 못한다면, 그때는 상황이 다르다. 우리는 이것을 환각이라 부른다. 내가 LSD를 복용하고서 실라 블랙이 하늘에서 행진하는 모습을 본 것도 역시 환각이다.

우리가 지금 알고 있듯, 아무리 기괴해 보이더라도 이런 현상이 지각적 최선의 추측이라는 일반적인 작업과 전혀 다르다고 여기는 것은 실수다. 우리의 **모든** 경험은 우리가 환각이라 부르든 그렇지 않든, 언제 어디서나 감각 환경에 대한 지각적 예측 투사에 바탕을 둔다. 우리가 '환각'이라 부르는 것은 지각적 사전 확률이 특히 강해서 감각 데이터를 압도해 뇌가 세상에서 벌어지는 일의 원인을 잘못 파악하기 시작할 때 일어난다.

우리는 정상적 지각과 환각의 유사성에 영감을 받아 지각적 최선의 추측이 어떻게 지각적 경험을 발생시키는지 밝힐 새로운 방법을 탐색했고, 실험은 재미있는 단계로 나아갔다.

내 사무실에서 계단으로 두 층을 올라가 구 화학관 깊이 들어가면 우리의 임시 실험실이 나온다. 문에 'VR/AR 실험실'이라고 쓰인 종이가 붙어 있어 이곳의 위치와 목적을 알 수 있다. 여기서 우리는 빠르게 발전하는 가상현실VR, Virtual Reality과 증강현실AR, Augumented Reality 기술을 활용해, 다른 방법으로는 불가능한 방식으로 세상과 자기에 대한 지각을 조사한다. 몇 년 전, 우리는 '환각 기계halluciation machine'를 만들어 지각적 사전 확률이 과도해지도록 자극해 실험적으로 제어 가능한 방법으로 유사 환각 경험을 생성할 수 있는지 알아보기로 했다. 이 프로젝트는 우리 연구소의 선임 박사후연구원이자 상주 VR 전문가인 스즈키 케이스케 Suzuki Keisuke가 주도했다.

우리는 먼저 360도 비디오카메라로 실제 환경의 파노라마 영상을 촬영했다. 매주 화요일 점심 무렵 팝업 푸드마켓이 열리는 대학 캠퍼스 중앙광장에서 학생과 직원들이 돌아다니는 모습을 영상으로 찍었다. 그다음 케이스케가 구글의 '딥 드림deep dream'을 바탕으로 디자인한 알고리즘으로 이 영상을 처리해 시뮬레이션된 환각을 얻었다.

딥 드림 알고리즘은 영상 속 사물을 인식하도록 훈련된 인공 신경망을 역으로 실행하는 것이다. 이 네트워크는 여러 층위의 시뮬레이션 뉴런으로 구성되어 있으며, 이 네트워크 연결은 생물학적 시각 체계의 상향식 경로와 어떤 면에서 유사하게 배열된다. 이런 네트워크에는 상향식 연결만 있으므로, 표준 머신 러닝 방법으로 쉽게 훈련이 가능하다. 우리는 여러 종의 개를 포함해 천 가지 이상의 다른 사물을 영상에서 식별하도록 특정 네트워크를 훈련했다. 이 네트워크는 사람인 내 눈에는 전부 똑같아 보이는 다양한 허스키 종을 구별할 만큼 훌륭하다.

이런 네트워크를 사용하는 표준적 방법은 네트워크에 이미지를 준 다음, 이 이미지에 대해 어떻게 '생각'하는지 묻는 것이다. 딥 드림 알고리즘은 이 과정을 거꾸로 진행해 어떤 사물이 존재한다는 것을 네트워크에 미리 알려주고 이후 이미지를 업데이트한다. 즉, 알고리즘은 지각적 예측을 이미지에 투사한다. 이미지에 관람자의 몫이라는 여분을 더하는 것이다. 우리는 전체 파노라마 영상의 프레임별로 이 프로세스를 적용하고 이미지의 연속성을 위해 종소리나 휘파람 소리 등을 추가해 환각 기계를 만들었다. 눈앞에 직접 영상을 보여주는 헤드 마운티드 디스플레이 head mounted display를 쓰고 딥 드림 알고리즘으로 처리한 영상을 재생하자 몰입감 있게 주변을 보고 경험힐 수 있었다. 환각 기계가 탄생한 것이다.

처음 환각 기계를 사용한 경험은 기대했던 것보다 훨씬 설득

〈그림 12〉 '환각 기계' 영상의 한 장면

력 있었다. 완전히 마약에 취한 몽상 상태나 정신병적 환각(내가
아는 한)은 아니었지만, 그런데도 세상은 상당히 바뀌어 있었다.
실라 블랙은 없었지만 개나 개의 일부가 내 주변 모든 장면 여기
저기서 출몰했다. 원래 영상에 개 사진을 오려 붙인 것과는 완전
히 다른 방식이었다(〈그림 12〉 참고). 환각 기계의 힘은 개가 있다
는 하향식 최선의 추측 효과를 시뮬레이션 하는 능력과, 그렇게
함으로써 우리가 실제 세계의 시각적 장면을 지각하고 해석하는
프로세스를 과장되게 재현한다는 데 있다.

환각 기계를 조금 다른 방식으로 프로그래밍 하면 다른 시뮬
레이션 된 환각 경험을 만들 수 있다. 예를 들어 네트워크의 출력
층위가 아니라 중간 층위 중 하나에서 활동을 조작하면, 사물 전

체가 아니라 사물 일부가 나타나는 환각을 보게 된다. 이 경우 개의 눈이나 귀, 다리 같은 개의 일부가 뒤죽박죽되어 시각 세계 전체를 뒤덮고 있는 장면이 눈앞에 펼쳐진다. 그리고 더 낮은 층위를 조작하면 낮은 수준의 시각 환경 특성인 경계, 선, 질감, 패턴 등이 유난히 생생하고 도드라져 보이는 '기하학적' 환각이 드러난다.

환각 기계는 이른바 '계산적 현상학computational phenomenology'이 실행된 것이다. 즉, 메커니즘과 지각적 경험의 속성 사이를 설명하는 다리를 놓는 데 계산적 모델을 사용하는 것이다. 이런 방식은 예측적 지각의 계산적 구조를 환각의 현상학과 일치시킨다는 데 직접적인 가치가 있다. 이렇게 하면 우리는 특정 환각이 왜 그런 방식으로 나타나는지 이해할 수 있다. 하지만 더 심층적이고 흥미로운 지점은, 환각을 살펴보면 정상적이고 일상적인 지각적 경험도 더 잘 이해할 수 있다는 점이다. 환각 기계는 우리가 환각이라고 부르는 것을 제어되지 않은 지각의 한 형태로 볼 수 있다는 사실을 개인적이고 즉각적이며 생생하고 명확하게 보여준다. 따라서 이제 정상적 지각은 실로 제어된 환각의 한 형태라고 볼 수 있다.

제어된 환각이라는 관점이 사물을 한정해서 설명한다며 걱정할 수도 있다. "내가 탁자를 보는 까닭은 내 뇌가 현재 감각 입력의 원인에 대해 내놓은 최선의 추측이 탁자이기 때문이다."(탁자 대신 얼굴, 고양이, 개, 빨간 의자, 처남, 아보카도, 실라 블랙일 수도 있다.) 하지만 우리는 훨씬 더 나아가 의식의 내용이 여러 시공간 및 양식으로 우리 경험에 나타나는 방식인 지각의 '심층구조deep structure'를 설명하는 것이 가능하다.

우리의 시각 세상이 대부분 사물과 그 사이의 공간으로 이루어져 있다는 사소한 관찰 결과를 생각해보자. 책상 위에 놓인 커피잔을 볼 때 나는 커피잔의 뒤쪽을 직접 볼 수는 없어도 잔의 뒷부분을 지각한다. 사진이나 그림 속 커피잔과 달리 이 잔은 일정한 부피를 지닌 것으로 보인다. 이것이 '사물성objecthood'의 현상성이다. 사물성은 개별 의식적 경험의 속성이 아니라, 시각적 의식의 내용이 드러나는 일반적인 방법의 속성이다.

사물성은 시각적 경험에 편재한 특성이지만 보편적이지는 않다. 맑은 날 고르게 펼쳐진 푸른 하늘을 본다면 하늘이 '저기 있는 사물'이라는 인상은 받지 못할 것이다. 태양을 똑바로 바라본 다음에 시선을 돌리면 시각에 스민 망막 잔상은 하나의 사물로 보이는 것이 아니라 일시적으로 고장난 것처럼 느껴질 것이다. 다른 감각 양식도 비슷하다. 이명 때문에 고생하는 사람에게 들리는 고통스러운 소리는 세상에 실제로 존재하는 사물의 소리처럼 들리지 않는다. 이 증상이 '귀울림'이라고 불리는 이유다.

예술가들은 인간의 지각과 사물성의 연관 관계를 오래전 깨

'이것은 파이프가 아니다.'
〈그림 13〉 르네 마그리트, 〈이미지의 반역〉(1929)

달았다. 르네 마그리트René Magritte의 〈이미지의 반역The Treachery of Images〉(〈그림 13〉)은 사물과 사물 이미지 사이의 차이를 탐구한다. 파블로 피카소Pablo Picasso의 입체파 회화 대부분은 사물성에 대한 인간의 지각이 일인칭 관점에 따라 어떻게 달라지는지 탐구한다. 피카소의 그림은 다양한 방식으로 사물을 해체하고 재배열해 여러 관점에서 동시에 사물을 묘사한다. 피카소의 그림이나 이와 비슷한 그림은 관람자의 몇 관점에서 사물성의 원리를 탐색한다고 볼 수 있다. 피카소의 작품은 특히 관찰자를 끌어당겨 뒤섞인 기능성 사이에서 지각직 사물을 상상하여 장조하게 한다. 철학자 모리스 메를로퐁티Maurice Merleau-Ponty의 말처럼, 화가는 그림을 통해 사물이 스스로 우리 눈에 드러나는 방식을 탐구한다.

인지과학에서 사물성의 현상성은 '감각운동 수반성 이론 sensorimotor contingency theory'을 통해 철저히 탐구되었다. 이 이론에 따르면 우리가 경험하는 것은 행동으로 감각 입력이 어떻게 달라지는지를 '실제로 완전히 이해'했는지에 달려 있다. 우리가 무언가를 지각할 때 그 내용은 감각 신호를 통해 전달되지 않는다. 지각의 내용은 행동과 감각이 어떻게 결합될지에 대한 뇌의 암묵적인 지식에서 나온다. 이런 관점에서 보면 시각을 포함한 우리의 모든 지각적 양식은 유기체가 하는 것이지, 중앙화된 '마음'에 수동적으로 주어지는 정보 같은 것이 아니다.

4장에서 우리는 사물의 표면이 빛을 반사하는 방식을 추론하는, 뇌 기반 예측이라는 측면에서 빨강이라는 경험을 설명했다. 이제 이 설명을 사물성으로 확장해보자. 내 앞에 토마토가 있다면 나는 토마토에 **뒷면이 있다고** 인식한다. (마그리트 그림의 담배 파이프처럼) 토마토 그림을 볼 때나 맑은 하늘을 볼 때, 혹은 태양을 정면으로 본 다음 망막 잔상을 경험할 때는 일어나지 않는 방식이다. 감각운동 수반성 이론에 따르면, 나는 토마토의 뒷면을 직접 볼 수는 없어도 지각적으로 안다. 토마토를 돌리면 입력되는 감각 신호가 어떻게 바뀔지 뇌에 배선된 암묵적 지식으로 알 수 있기 때문이다.

여기에 필요한 배선은 생성 모델에서 나온다. 앞서 살펴보았듯, 생성 모델은 행동의 감각적 결과를 예측할 수 있다. 이런 예측은 특정 행동이 주어질 때 감각 신호에 **어떤 일이 일어날 수 있**

는지, 또는 **어떤 일이 일어났을 수 있는지**에 대한 것이라는 점에서 '조건적conditional'이거나 '사후 가정적counterfactual'이다. 몇 년 전 나는 연구 논문에서 사물성의 현상성이 이런 조건적 또는 사후 가정적 예측의 **풍부함**에 달려 있다고 썼다. 어떻게 보아도 토마토 껍질은 빨갛듯, 다양한 예측을 암호화하는 생성 모델은 강한 사물성의 현상성을 유도한다. 하지만 아무것도 없는 푸른 하늘이나 망막 잔상처럼 거의 또는 전혀 예측을 암호화하지 않는 생성 모델은 사물성을 약하게 유도하거나 거의 유도하지 않는다.

일반적으로 사물성이 결여된 또 다른 상황의 사례로는 '자소-색 공감각grapheme-colour synaesthesia'을 들 수 있다. 공감각이라는 용어는 일종의 '감각의 혼합'을 일컫는다. 자소-색 다양성을 가진 사람은 글자를 볼 때 색을 경험한다. 예를 들어 A라는 문자는 실제 그 문자의 색과 관계없이 빨간색을 띠는 것처럼 보인다. 이런 공감각은 특정 문자가 특정 색으로 보이듯 일관적이고 자동으로 발생하며 의식적인 노력이 필요하지 않다. 하지만 공감각으로 보이는 색과 '실제 세상에 있는 색'은 혼동되지 않는다. 아마 '실제' 색보다 공감각적 색은 감각운동 예측의 풍부함을 모두 담아내지 못하기 때문일 것이다. 공감각적 '빨강'은 보는 사람이 움직이거나 조명이 달라진다고 바뀌지 않기 때문에 사물성의 현상성이 나타나지 않는다.

우리 VR 실험실에서는 이런 생각을 실험해보기로 했다. 최근 수행한 실험에서 우리는 일부러 생소해 보이도록 불쑥 튀어나온

〈그림 14〉 생소해 보이도록 설계된 가상 사물의 사례

혹이나 돌기가 있는 가상 사물(〈그림 14〉 참고)을 여럿 만들었다. 실험 참가자들은 헤드 마운티드 디스플레이를 쓰고 이 사물을 본다. 우리는 이전의 얼굴/집 실험에서 사용된 플래시 억제 방법을 이용해 각 가상 사물이 처음에는 보이지 않다가 결국 참가자들의 의식에 침투하도록 했다. 차이가 있다면 얼굴/집 실험에서는 특정 이미지의 단서를 미리 주거나 주지 않아 예측을 미리 조작했지만, 이번 VR 실험 설정에서는 사물이 참가자의 행동에 따라 반응하는 방식을 변화시켜 **감각운동 예측**의 유효성validity을 조작했다. 참가자가 조이스틱으로 가상 사물을 회전시키면, 우리는 이 사물이 실제 사물처럼 반응하게 하거나, 반대로 무작위로 예상치 못한 방향으로 움직이게 했다. 우리는 감각운동 예측에 반하는 사물보다 정상적으로 행동하는 가상 사물이 의식에 더 빨리 침투할 것이라 예상했고, 그 예상은 정확히 들어맞았다. 사물의 현상성을 측정하는 대신 의식적 지각에 접근하는 속도를 살펴보았다는 점에서 이 실험이 어느 정도 불완전하다는 점은 인정한다. 하

지만 이 실험은 감각운동 예측의 유효성이 구체적이고 측정 가능한 방식으로 의식적 지각에 영향을 미칠 수 있음을 보여준다.

지각에 대한 직관적이지만 잘못된 여러 개념 중 하나는 세상의 사물이 변하면 지각도 똑같이 변할 것이라는 생각이다. 하지만 사물성과 마찬가지로 변화는 지각적 경험의 심층구조가 다른 방식으로 표현된 것이다. 그저 감각 데이터가 변한다고 지각이 변하지는 않는다. 우리는 지각의 여러 측면을 유발하는 최선의 추측이라는 똑같은 원칙을 통해 변화를 지각한다.

여러 실험 결과, 세상의 물리적 변화는 변화를 지각하는 데 필요충분조건은 아니라는 사실이 밝혀졌다. 여러 마리의 뱀으로 가득 찬 174쪽의 이미지(〈그림 15〉)는 실은 전혀 움직이지 않는데도 그림이 움직이는 듯한 지각적 인식이 생긴다는 충격적인 사례를 보여준다. 특히 이미지 주변으로 눈을 이리저리 움직이며 보면 움직임이 명확히 보인다. 시야 가장자리인 주변시로 보면 이미지 자체에는 움직임이 전혀 없는데도 이미지의 세부가 시각 피질에 움직임이 있다고 추론하도록 설득하는 것이다.

반대로 물리적 변화가 일어나는데도 지각은 변하지 않는 '변화맹change blindness'도 있다. 변화맹은 주변 요소 중 일부가 매우 느리게 변하거나, 동시에 일부만 유의미하게 변할 때 발생한다. 이 현상을 가장 잘 보여주는 한 영상에서는 영상의 하단부가 빨간색에서 보라색으로 바뀌지만, 이 변화가 거의 40초에 걸쳐 천천히 일어나기 때문에 사람들 대부분은 색이 바뀌는 부분을 직접 보고

〈그림 15〉 '빙빙 도는 뱀' 착시, 기타오카 아키요시(Kitaoka Akiyoshi)[3]

있는데도 변화를 전혀 눈치채지 못한다.[4] (이 현상은 색 변화를 예상하지 못하는 경우에만 작동한다. 색 변화를 적극적으로 찾는 경우라면 변화를 쉽게 발견한다.) 이런 사례는 앞 장에서 살펴본 것처럼 공놀이 한가운데로 예상치 못하게 지나가는, 고릴라 탈을 쓴 사람을 보지 못하는 무주의맹과 비슷하지만 변화맹은 '변화' 자체를 보지 못한다는 점에서 무주의맹과 다르다.

어떤 사람들은 변화맹이 철학적 딜레마를 드러낸다고 생각한다. 이들은 영상 일부의 색이 변한 다음에도 (이제는 보라색으로 바뀌었는데도) 여전히 빨간색을 보고 있는 것일까? 아니면 이제는 보라색을 경험하는 것일까? 변화를 느끼지 못했다면, 이전에 경험했던 것은 대체 무엇인가? 이에 대한 답을 얻으려면 질문의 전제를 부정하고, **변화를 지각**하는 것과 **지각이 변화**하는 것은 서로 다르다는 사실을 깨달아야 한다. 변화를 경험하는 것은 또 다른 지각적 추론이고, 또 다른 제어된 환각이다.

그리고 변화를 경험하는 것이 지각적 추론이라면, 시간을 경험하는 것도 마찬가지다.

———

시간은 신경과학뿐만 아니라 철학과 물리학에서도 가장 복잡한 주제다. 물리학자는 시간이 무엇이고 (정말 흐른다면) 왜 흐르는지 이해하기 위해 고군분투한다. 신경과학자에게도 시간은 역시 쉽지 않은 문제다. 모든 지각적 경험은 시간 속에서, 시간을 거치며 일어난다. 지금 이 순간의 경험조차 언제나 상대적으로 고정된 과거와 부분적으로 열린 미래로 스민다. 시간은 흐르는 것처럼 보이지만 기어가기도 하고 휙 스쳐 지나가기도 한다.

우리는 매초, 매시간, 매달, 매해를 경험하지만 뇌 속에는 '시간 감지기'가 없다. 시각을 경험하는 광수용체가 망막에 있고, 청각을 경험하는 '보세포'가 귀에 있지만, 시간을 경험하는 전용 감각 체계는 없다. 게다가 시차를 일으키는 생체리듬을 제외하면, 무엇보다 시간 경험을 측정하는 '신경 시계neuronal clock'가 머릿속에 있다는 증거도 없다. 이런 개념은 세상의 속성이 가상의 내부 관찰자를 위해 뇌에서 다시 예시화 된다는, 대니얼 데닛이 이중 변환이라 부르는 것의 대표적인 사례다. 하지만 모든 변화나 지각과 마찬가지로, 시간 경험 역시 제어된 환각이다.

그렇다면 무엇이 시간을 제어하는가? 시간을 경험하는 전용 감각 통로가 없다면, 무엇이 감각 예측 오류에 상응하는 시간 예측 오류를 제공할까? 2015년 우리 연구소에 합류해 시간 지각 연구팀을 이끄는 인지과학자 워릭 로즈붐Warrick Roseboom은 간단하고 우아한 해결책을 제안했다. 그의 생각에 따르면 우리는 내부 시계의 똑딱거림이 아니라 다른 양식의 지각적 내용이 변화하는 비율에 근거해 시간을 추론한다. 워릭은 독창적인 방법을 고안해 이 생각을 실험으로 검증했다.

워릭이 이끄는 팀은 복잡한 도심 거리, 텅 빈 사무실, 우리 대학 근처 들판에서 풀을 뜯는 소 등 다양한 상황에서 여러 길이의 영상 자료를 녹화했다. 그다음 실험 참가자들에게 이 영상들을 보여주고 얼마나 긴지 판단하도록 했다. 참가자들은 모두 특징적인 편향을 보였다. 긴 영상은 실제보다 짧게 평가하고, 짧은 영상은 실제보다 길게 평가했다. 또 참가자들은 각 장면의 상황에 따른 편향을 보여, 분명 객관적으로 길이가 같은 영상인데도 바쁜 장면은 조용한 장면보다 길다고 판단했다.

워릭은 인간의 시각 체계 작동을 모방한 인공 신경망에도 같은 영상을 보여주었다. 이 네트워크는 사실 우리가 환각 기계에서 사용했던 네트워크와 같은 것이었다. 대략 살펴보면, 인공 신경망은 네트워크 내 누적 활동 변화율에 근거해 각 영상의 추정된 길이를 계산했다. 이 추정에는 어떤 '내부 시계inner clock' 같은 것도 관여하지 않았다. 놀랍게도 인공 신경망의 추정치는 영상의 길이와 상황에 대해 인간의 추정치와 비슷한 편향을 보였다. 이 결과는 적어도 원칙적으로는 내부 속도 조절기 따위가 없어도 감각 신호의 변화율에 대한 '최선의 추측'을 바탕으로 시간 지각이 일어난다는 사실을 보여준다.

우리는 최근 뇌 안에서 이 과정의 증거를 찾아 연구를 더 발전시켰다. 박사후과정 연구자인 맥신 셔먼Maxine Sherman이 주도한 연구에서 우리는 fMRI를 이용해 앞의 실험에서 사용한 영상을 보고 길이를 추정하는 참가자의 뇌 활동을 기록했다. 워릭의 이전 연구에서 시각에 대한 계산 모델을 사용해 각 영상의 길이를 예측한 것처럼, 시각 피질 활동을 이용해 각 영상의 길이가 어떻게 보이는지 예측할 수 있을지 알아보려는 것이었다. 맥신의 실험 결과, 가능한 것으로 드러났다. 뇌의 다른 부위가 아닌 시각 체계의 뇌 활동은 주관적으로 본 영상 지속 시간을 깔끔하게 예측해 냈다. 이 결과는 시간 길이에 대한 경험이 신경 시계의 똑딱 소리가 아니라 지각적 최선의 추측으로부터 나온다는 강력한 증거다.

'내부 시계'를 밝히려던 다른 실험들은 그렇지 못했다. 지금까지 내가 가장 좋아하는 사례는 크레인 점프다. 신경과학자 데이비드 이글먼David Eagleman은 자동차 사고 직전처럼 매우 극적인 순간에는 주관적인 시간이 느려진다는 상식을 실험했다. 이글먼은 이런 상황에서 내부 시계가 더 빨리 작동해, 즉 주어진 시간 동안 더 많은 째깍거림이 발생해 지각된 시간이 길어진 탓에 주관적 시간이 느려진다고 생각했다. 시계가 빨라진다는 것은 짧은 시간을 지각하는 능력이 향상된다는 의미이기 때문에, 이는 다시 지각 속도가 '빨라지는' 결과로 이어진다는 것이다.

이런 생각을 실험하기 위해 이글먼과 그의 연구팀은 정상적인 상태에서는 읽을 수 없을 정도로 빠르게 깜박이는 일련의 숫자를 보여주는 특별한 디지털시계를 고안했다. 그다음 그는 아드레날린 솟는 무서운 크레인 점프를 여러 번 시도할 수 있는 몇몇 용감한 참가자에게 이 째깍거리는 디지털시계를 보면서 공중으로 뛰어내리게 했다. 만약 내부 시계가 정말로 빨라지고 있다면, 참가자들은 (이글먼의 주장대로라면) 크레인에서 뛰어내리는 동안 흐릿한 시계를 읽을 수 있어야 한다. 하지만 참가자들은 그렇게 하지 못했고, 이글먼은 내부 시계가 있다는 증거를 얻지 못했다. 물론 증거가 없다고 내부 시계가 없다는 증거는 아니지만…… 놀라운 실험이기는 하지 않은가!

———

지각적 경험의 심층구조를 밝히는 연구의 최전선에는 '현실' 자체에 대한 지각을 조사하는 프로젝트가 있다. 우리 연구소의 재능 있는 박사 과정 학생인 알베르토 마리올라Alberto Mariola는 '대체 현실substitutional reality'이라는 새로운 실험 방법을 이용해 이 프로젝트를 주도했다. 아무리 몰입감이 뛰어나도 현재의 VR 환경은 언제나 현실과 구별된다. 환각 기계 실험 참가자들은 아무리 기분 좋은 일이 일어나더라도 자신이 경험하는 것이 현실은 아니라는 사실을 항상 알고 있다. 대체 현실은 이런 한계를 극복하고자 한다. 주변 환경을 실제처럼 경험하고, 현실은 아니지만 현실이라 믿게 만드는 시스템을 구현하는 것이 목표다.

구상은 간단하다. 환각 기계처럼 파노라마 영상을 사전에 녹화하지만, 이 프로젝트에서는 실험을 진행하는 바로 그 VR/AR 실험실 안을 찍는다. 연구실에 도착한 참가자는 방 한가운데 의자에 앉아 전면부에 카메라가 달린 헤드 마운티드 디스플레이를 쓴다. 참가자는 디스플레이에 장착된 카메라를 통해 방을 둘러보게 된다. 어느 순간 우리는 카메라를 전환해 실제 장면이 아닌 미리 녹화된 영상을 보여준다. 그러면 놀랍게도 참가자 대부분은 자신이 보는 영상이 이제는 '실제'가 아닌데도 실제라고 느낀다.

이 설정을 이용하면 사람들이 주변 환경을 실제라고 경험하는 상황을 실험할 수 있고, 무엇보다 의식적 경험의 보편적인 양상을 무너뜨리는 데 무엇이 필요한지 검증이 가능하다. 이런 현상은 밍밋 잔싱뿐만 아니라, 세상과 자기의 헌실에 내한 경험을 전반적으로 상실하는 이인증depersonalisation이나 비현실감 장애derealisation 등 심신 쇠약 장애에서도 일어날 수 있고, 실제로 일어난다.

무엇이 지각적 경험을 '실제'로 보이게 하는지 연구하려면 코페르니쿠스 혁명에 대한 비트겐슈타인의 통찰로 돌아가야 한다. 사물이 **실제로 어떠한지** 이해해도, 즉 지구가 태양을 돈다는 사실을 이해해도, 제어된 환각이라는 지각에는 사물이 여러 면에서 지금까지 그러했던 것처럼 그대로 **보일 것**이다. 방 한구석에 있는 빨간 의자를 본다 해도 빨강redness(그리고 주관적인 '의자성chairness')은 최선의 추측을 하는 뇌의 정교한 구성이라기보다 실제로 여전히 (진실로) 존재하는, 마음과 관련 없는 현실성의 속성**으로 보일** 것이다.

그 옛날 18세기 데이비드 흄David Hume은 우리가 세상을 경험하는 또 다른 보편적인 특징인 인과성casuality에 대해 비슷한 관찰 결과를 내놓았다. 흄은 물리적 인과성을 우리 감각으로 감지될 준비가 된 세상의 객관적 특징으로 보지 않았다. 그 대신 거의 동시에 연쇄적으로 일어나는 사물에 대한 반복적인 지각에 근거해 인과성을 세상으로 '투사'한다고 주장했다. 우리는 세상에서 '인과성'을 직접 관찰하지도 않고, 그럴 수도 없다. 사건은 세상에서 일어나지만, 우리가 인과성이라고 경험하는 것은 실은 지각적 추론이다. 우리의 모든 지각이 관람자의 몫을 행사해 감각 환경에 뇌의 구조화된 예측을 투사하는 것과 마찬가지다. 흄이 지적했듯, 마음은 세상으로 뻗어나가 '내적 감성에서 빌려온 색으로' 자연물을 '도금하고 윤색하는' 놀라운 성향을 지녔다. 색깔만 그런 것은 아니다. 형태나 냄새, 의자성, 변화, 지속 시간, 인과성 등 우리가 지각하는 세상의 모든 면은 흄이 말한 투사, 즉 제어된 환각의 양상이다.

우리는 왜 우리의 지각 구조를 객관적인 실제로 경험하는가? 제어된 환각이라는 관점에서 지각의 목적은 움직임과 행동을 이끌어 유기체의 생존 가능성을 높이는 것이다. 우리는 세상을 **있는 그대로**가 아니라 우리에게 **유용한 것**으로 지각한다. 따라서 빨강, 의자성, 실라 블랙성Cilla Black-ness, 인과성 같은 현상학적 특성은 바깥에 있는 환경의 객관적이고 진실한 속성처럼 **보인다**고 생각하는 편이 타당하다. 무언가가 실제로 존재한다고 인식하면 세상에서 일어나는 일에 더 효과적이고 빠르게 대응할 수 있다. 세상에 대한 우리의 지각적 경험에 내재한 외부성out-there-ness은 밀려오는 감각의 흐름을 예측해 행동을 성공적으로 안내하는 생성 모델이 갖춰야 할 필수적인 특징이다.

달리 말하면, 지각적 속성이 하향식 생성 모델에 의존하더라도 우리는 모델을 그저 모델 **자체로** 경험하지 않는다. 우리는 생성 모델을 **이용해**, 생성 모델을 **통해** 지각하며, 그렇게 함으로써 단순한 메커니즘에서 구조화된 세상이 발생한다.

───────

이 책의 첫머리에서 나는 실재적 문제 접근법을 따르면 왜, 그리고 어떻게 물리적 메커니즘이 의식적 경험을 낳고 이에 상응하거나 일치하는지 묻는 어려운 문제를 해결할 수 있을 것이라 약속했다. 진전이 있었을까?

그렇다고 할 수 있다. 우리는 뇌가 감각 입력의 숨겨진 원인을 추론해야 한다는 원칙에서 출발했다. 우리는 우리의 내적 우주가 현실의 객관적 속성처럼 보이는 커피잔, 색, 인과성 같은 것들로 어떻게, 왜 채워지는지 새롭게 이해하게 되었다. 여기서 **무엇처럼 보인다는 것**seeming-to-be 자체는 지각적 추론의 속성이다. 이 '실제처럼 보임seeming to be real'이라는 속성은 의식적 경험과 물리적 세계가 어떻게 연관되는지 밝히는 이원론적 직관, 즉 어려운 문제라는 생각을 부추긴다. 우리의 지각은 '실재한다는 것being real'이라는 현상학적 속성을 지니므로, 사실 지각적 경험이 마음과 무관하게 존재하는 사물과 직접 상응할 필요도 없고 그렇지도 않다는 사실을 이해하기는 매우 어렵다. 의자는 마음과 무관하게 존재하지만 **의자성**chairness은 그렇지 않다.

일단 이 사실을 알면 어려운 문제를 덜 어려운 문제로, 아니면 전혀 문제가 아니라고 인식할 수 있다. 거꾸로 말하면 우리의 지각적 경험의 내용이 실제로 세상에 존재한다고 해석하면 의식의 어려운 문제는 훨씬 어려워진다. 일반적인 의식적 지각의 현상성은 자연스럽게 이런 생각을 불러일으킨다.

한 세기 전의 생명 연구와 마찬가지로, 의식적 경험의 여러 측면을 구별하고 근본 메커니즘의 관점에서 의식적 경험을 설명하게 되면서 의식의 '특별한 비법'을 찾아야 할 필요성은 점점 사라지고 있다. 어려운 문제를 해소하는 것은 문제를 완전히 해결하거나 강하게 반박하는 것과 다르다. 그것은 오히려 의식을 마법 같은 신비로 숭배하거나 형이상학적으로 실체가 없는 중요치 않은 문제로 치부하는 것보다는 훨씬 나은, 진보적인 최선책이다. 그리고 세상의 경험만이 지각을 구성하는 것이 아니라는 사실을 깨달을 때, 어려운 문제를 해소하려는 우리의 임무는 속도를 낸다.

이제 지각을 하는 것은 누구인지, 혹은 무엇인지 질문할 차례다.

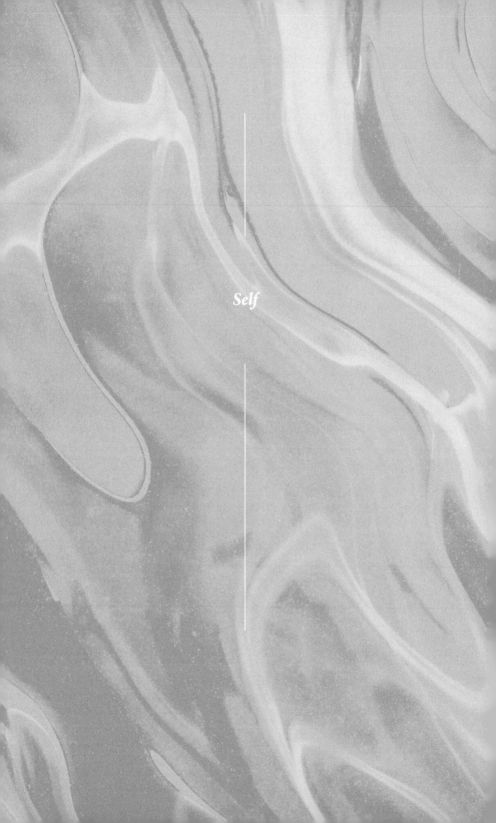

Self

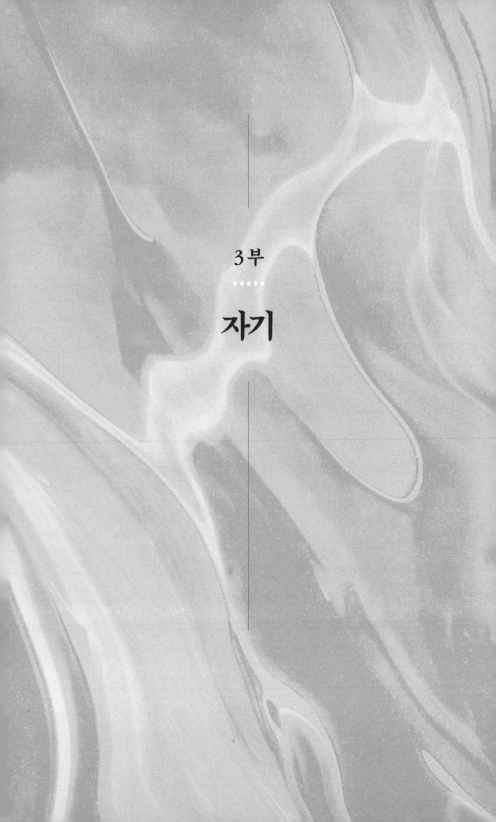

3부
· · · · ·

자기

7장

섬망

2014년 여름, 어머니는 옥스퍼드 존 래드클리프 병원 외과 응급실에서 식물인간 상태에 빠졌다. 진단되지 않은 뇌 질환이었다. 원인은 완전히 밝혀지지 않았다. 어머니는 대장암으로 입원했기 때문에 신경학적 문제는 예상치 못했다. 브리즈번에서 학회에 참석하고 있던 나는 최악의 상황을 걱정하며 서둘러 돌아왔다. 어머니는 회복했지만 어머니가 천천히 해체되던 기억은 내게 남아 있다. 어머니 당신은 다행히도 거의 기억하지 못한다.

그로부터 4년이 지난 2018년 여름, 우리는 기록적인 폭염과 월드컵 경기의 열기 한복판에 있었다. 이번에는 식물인간 상태가 아니다. 대신 여든세 살인 어머니는 내기 보기에 '병원성 섬망 hospital-induced delirium'으로 고통 받고 있었다. 어머니 자신과 세상에 대한 감각이 분리되는 다른 질병이었다. 2주 전 어머니는 장에 심한 통증을 느껴 래드클리프 병원에 급히 입원한 터였다. 이틀간 입원하며 수술하지 않고도 장 문제를 해결할 수 있을지 지켜보던 중, 어머니는 극심한 환각과 망상을 일으켰고, 나는 어머니와 함께 있으려고 브라이튼에서 차를 몰고 왔다.

섬망delirium은 16세기, 빗나가고 혼란스럽다는 뜻의 라틴어 **델리라레**delirare에서 유래했다. 사전에서는 섬망을 '불안, 환상, 부조화로 특정되는 급성 정신 장애 상태'라고 정의한다. 만성 퇴행성 질환인 치매와 달리 섬망은 보통 일시적이다. 점차 심해지거나 사그라들며 몇 주 동안 지속되기도 한다. 섬망이라는 단어는 빅토리아 시대 정신병원을 떠올리게 한다. 그래서 21세기 영국 병원에서 이 말을 진단명으로 사용하는 것을 들었을 때 나는 놀랐다. 하지만 정신의학이 아직 얼마나 멀리 나아가지 못했는지 떠올리게 해주는 사례라고 생각한다면 그다지 놀랍지 않기도 하다.

어머니의 상태는 섬망의 사전적 정의에 꼭 들어맞았다. 병동에서 어머니를 만났을 때, 어머니는 의자에 웅크리고 앉아 웃지도 않고 부스스한 모습에 퀭한 눈을 하고 있었다. 어머니는 벽을 기어오르는 사람들을 보았다고 말했지만 자신이 어디에 있는지, 왜 여기에 있는지는 기억하지 못했다. 현실이나 자신이 누구인지에 대한 기억이 사라지고 있었다.

가장 끔찍한 날은 금요일에 찾아왔다. 어머니는 아무도 믿지 않고, 자신이 거대하고 잔인한 실험의 피해자라고 확신했다. 그리고 (어머니의 편집증 속에서 흔히 지시자로 등장하는) 나를 포함한 우리가 악의적이고 이해할 수 없는 목적으로 자신에게 약을 먹여 의도적으로 환각을 유도하고 있다고 주장했다. 평소에는 매력적이고 상냥한 어머니이지만, 그날은 병원에서 내보내달라고 간호사들에게 소리치며 계속 탈출하려고 했고, 의사들에게 미친 과학자 아들을 내보내라고 악을 썼다. 이건 우리 어머니가 아니다. 어머니를 닮았지만, 우리 어머니는 아니다.

병원성 섬망을 유발하는 위험 요인에는 간질, 감염, 큰 수술(또는 큰 수술이 필요한 상태), 발열, 탈수, 음식 및 수면 부족, 약물 부작용, 그리고 (중요한 요인으로) 생경한 장소 등이 있다. 모든 것이 어머니에게 적용된다. 장소의 생경함은 왜 이 특정 섬망이 '병원성' 인지 설명해준다.

외과 응급실보다 현실 세상과 더 분리된 곳은 거의 없다. 끊임없이 삑삑대는 소리와 번쩍이는 불빛에서 바깥 세계의 흔적을 찾기는 힘들다. 운이 좋다면 창문 밖을 흘끗 볼 수 있지만, 온 세상이 병상과 의자, 복도로 축소된다. 다양한 고통과 혼란을 겪는 같은 처지인 사람들, 비슷하지만 뭔가 다른 간호사들, 의사와 상담사의 행렬이 끝없이 이어진다. 매일매일 똑같다. 섬망은 의학적 응급 상황이지만 보통 진단되거나 치료되지 않는다. 환자는 신체 질병 때문에 입원했으므로 **그 질병이** 치료의 목적이지, 치료 과정에서 발병하는 마음이나 뇌의 문제는 치료의 목적이 아니다.

급성 치료를 받는 노인 환자의 최대 3분의 1이 병원성 섬망을 겪고, 수술을 받는 환자들 중 병원성 섬망을 보이는 비중은 더욱 높다. 보통 시간이 지나면 사라지지만 인지능력 저하, 향후 몇 개월간 사망 확률 증가, 이후 섬망이나 치매 발병 위험 증가 등 장기적으로 심각한 결과가 나타날 수 있다. 나는 어머니 집으로 간다. 내가 자란 바로 그 집에서 어머니에게 삶에 대한 방향감각과 부표가 되어줄 익숙한 물건을 가져오려는 것이다. 사진이 든 액자, 안경, 카디건, 내가 어릴 때 좋아했던 오래된 사자 인형 같은 것들이다.

섬망이 무작위적인 경우는 흔치 않다. 어머니가 보이는 섬망의 특정 세부는 논리가 틀어져 있다. 어머니는 자신이 내가 주도하고 모두가 '가담한' 비겁한 실험의 피해자라고 믿고, 그렇게 **알고** 있다. 나는 **분명** 사람들을 대상으로 실험을 하기는 하지만, 병원에 오면 어머니를 안심시키는 동시에 의학 기록을 뒤적이며 의사나 상담사에게 신생물딸림뇌염 같은 끔찍한 말을 중얼거리는, 아들과 의사를 넘나드는 이상한 정체성을 얻게 된다. 뇌는 항상 최선의 추측을 해서 결론을 내리려고 한다.

어머니의 행동 변화에는 약간 미묘한 부분이 있다. 어머니가 말하는 문장은 유창하지 않고 각각의 단어가 분절되어 있다. "안경, 없어, 몰라, 어디, 있는지." 이 상태는 1차 섬망이 사라진 후에도 며칠 동안 계속된다. 심해지기도 하고 나아지기도 한다. 오늘 저녁에는 한 걸음 후퇴했고, 어머니를 곧 집으로 모시고 가겠다는 희망은 사라졌다.

내 삶은 바깥에서 보면 비현실적으로 보이기 시작한다. 나는 어머니의 유일한 가족이니, 여기에 있어야 한다. 아침과 저녁은 병원에서 보내고 오후에는 운이 좋으면 밀린 일을 하거나 산책을 하고, 템스 강에서 수영하기도 한다. 오후에는 거위, 백조, 소, 야생마가 있는 넓은 포트메도우 초원으로 향한다. 다층적이고 복잡한 옥스퍼드의 세상에서는 불가능한 장소다. 폭염이 몇 주째 계속되어 보통은 진흙투성이었을 들판이 아프리카 사바나처럼 보인다. 오늘 아침에 말을 피해 달릴 때는 철교를 건너 도시로 돌아올 때처럼 심장이 쿵쿵거렸다.

어머니가 병원에 입원한 지 14일째이고, 내가 이곳을 지킨 지 12일째다. 극심한 혼란은 지나갔지만 여전히 어머니는 달라져 있고 상태도 왔다 갔다 한다. 하지만 지금은 내가 어머니를 대상으로 실험을 하고 있고, 어머니가 나를 내쫓으려 했다고 말하면 어머니는 깜짝 놀란다. 나는 어머니의 손을 잡고 괜찮아질 거라고 말하며, 다시 어머니 자기 자신으로 완전히 돌아오기를 바란다.

'자기'란 **정녕** 무엇일까? 내게서 떠났다가 돌아올 수 있는 것일까?

자기 역시 보이는 그대로는 아닌 것 같다.

8장
자기 예측

자기, 즉 당신 자신은 지각할 수 있는 '어떤 것thing'으로 생각될 수 있다. 하지만 그렇지 않다. 자기는 아주 특별한 종류의 지각, 통제된 환각의 일종이다. 과학자나 누군가의 아들이라는 개인적 정체성에서부터 몸을 가졌다는 경험, 단순히 몸이 '된다'라는 경험에 이르기까지, 자아의 여러 요소는 생존을 위해 진화가 고안한 베이즈 최선의 추측이다.

자기를 살펴보는 미래로의 여행을 잠깐 떠나보자. 약 100년 후 어느 날, 사람을 그대로 복제할 수 있는 원격 이동 장치가 발명된다. 영화 〈스타 트렉Star Trek〉에 나오는 기계들처럼, 이 기계는 사람을 분자 배열 수준까지 정밀하게 스캔하고 이 정보를 이용해 그 사람의 또 다른 버전을 화성 같은 먼 곳에 전달한다.

초반에는 약간 우려했던 사람들도 이 효율적인 이동 수단에 빠르게 익숙해졌다. 심지어 복제 인간이 생성되면 원본을 즉시 증발해 사라지게 만드는 필수 기능도 당연해졌다. 같은 사람이 무한정 늘어나는 것을 막기 위한 기능이다. 공간 여행자 에바의 관점에서 보면 실질적인 문제는 전혀 없었다. 조작자의 확인을 받은 다음, 어떤 장소 X(예를 들어 런던)에서 사라지고 순식간에 다른 장소 Y(예를 들어 화성)에서 다시 나타났다고 느끼면 그만이다.

어느 날 문제가 발생한다. 런던의 증발 장치가 오작동해 런던에 있는 에바는 아무 일도 일어나지 않았고 계속 전달 장치 안에 남아 있다고 느낀다. 약간 불편하기는 하다. 조작자가 기계를 재부팅하고 다시 원격 전달을 시도할 수도 있고 다음 날까지 그냥 둘 수도 있다. 그런데 갑자기 기술자가 총을 들고 방으로 들어온다. 그는 규정에 따라 이렇게 말한다. "걱정하지 마세요. 당신은 정상적으로 안전하게 화성으로 전달되었고 저흰 규정을 따를 뿐이에요. 그리고 음…… 여길 보면 당신이 동의서에 서명했잖아요……" 기술자는 천천히 총을 들고, 에바는 이 원격 이동이라는 말도 안 되는 장치가 결코 그렇게 간단하지 않다는, 전에 없던 감정을 느낀다.

'원격 이동 역설tele-transportation paradox'이라는 이 사고실험은 **자기가 된다**to be a self는 것이란 어떤 것인지 고찰할 때 갖게 되는 선입견을 일부 느러낸다.

원격 이동 역설이 제기하는 철학적 문제는 두 가지다. 일반적인 의식 문제는 복제 인간이 의식적 경험을 하는지, 즉 내면의 우주는 없지만 완벽하게 똑같이 기능한다고 확신할 수 있을지의 문제다. 이 문제는 그다지 흥미롭지 않다. 복제 인간이 분자 하나하나까지 똑같이 정교하게 복제되면 원본과 완전히 똑같은 의식을 가진다는 사실을 의심할 이유가 없다. 복제 인간이 완전히 똑같지 않다면, 종류만 다른 철학적 좀비 논쟁으로 돌아가게 된다. 그렇게 할 필요는 없다.

더 흥미로운 문제는 개인의 정체성 문제다. 화성의 에바(에바2)와 아직 런던에 있는 에바(에바 1)는 **같은 사람**인가? 그렇다고 치자. 에바 1이 실제로 런던에서 화성으로 순간 이동했다면 에바 2는 에바 1과 모든 면에서 똑같이 느낄 것이다. 이런 개인의 정체성에서 중요한 것은 신체적 연속성이 아니라 심리적 연속성이다.[1] 하지만 에바 1이 증발하지 않았다면, **어느 것이 진짜 에바인가?**

이상하게 들리겠지만, **둘 다** 진짜 에바라는 것이 정답이다.

———

우리는 직관적으로 자기의 경험을 세상의 경험과 다르다고 여긴다. **당신이 된다**being you라는 경험이 지각의 집합이라기보다 사물의 진정한 속성(이 경우에는 **진짜 자기**an actual self)을 드러낸다는 직관을 버리기는 어렵다. 진짜 자기라는 존재가 있다고 가정하면 자기란 둘, 셋 또는 여럿이 아니라 딱 하나라는 직관적인 결론으로 이어진다.

자아는 어떻게든 분리될 수 없고 불변하며, 초월적이고 **고유**sui-generis하다는 생각은 비물질적인 영혼이 있다는 데카르트적 이상을 반영하며, 이런 생각은 특히 서구 사회에서 여전히 깊은 심리적 공감대를 형성하고 있다. 하지만 이런 생각은 철학자나 종교 지도자, 최근에는 환각제 연구자나 의료인, 신경과학자의 끊임없는 의심의 눈초리를 받고 있다.

칸트는 《순수이성비판Critique of Pure Reason》에서 자기라는 개념을 '단순 실체simple substance'로 보는 것은 잘못이라 주장했고, 흄은 자기를 '지각의 묶음bundle of perception'이라 말했다. 최근에는 독일 철학자 토머스 메칭거Thomas Metzinger가 《아무도 아닌Being No One》이라는 멋진 책에서 단일한 자아를 완전히 해체했다. 불교에서는 오래전부터 영원한 자기 같은 것은 없다며 명상을 통해 완전한 무아의 의식 상태에 도달하려고 애썼다. 남미에서 시작해 세계 곳곳에서 열리는 아야와스카 의식에서는 신비한 의례와 디메틸트립타민이라는 약물로 사람들을 흥분시켜 자아감을 벗겨낸다.

신경학에서는 올리버 색스Oliver Sacks 등이 뇌 질환이나 뇌 손상을 겪은 환자의 자기 분리 양상을 연대기적으로 기록했으며, 3장에서 살펴본 분할 뇌 환자의 사례는 하나의 자기가 둘로 분리될 수도 있음을 보여주었다. 가상 이상한 사례는 신체적으로 결합되었을 뿐만 아니라 뇌 구조 일부도 공유하는 머리 붙은 두개유합 샴쌍둥이craniopagus twins의 사례다. 한쪽이 오렌지 주스를 마시는 것을 다른 쪽에서 느낄 수 있다면 개인적 자기란 무슨 의미일까?

당신이 된다는 것은 생각만큼 간단하지 않다.

———

원격 이동 시설로 돌아가보자. 에바 1은 기술자의 살인 의도를 간신히 피해 새로운 상황을 받아들이고 있지만, 에바 2는 다행히도 지구에서 펼쳐지는 극적인 사건은 전혀 모른다.

비록 복제 시점에서는 에바 1과 에바 2가 객관적으로나 주관적으로나 똑같았지만, 그들의 정체성은 이미 달라지기 시작했다. 일란성 쌍둥이가 각자 인생 여정을 떠나는 것처럼, 두 에바가 겪는 과정은 불가피하게 점점 더 달라진다. 에바 1이 에바 2 바로 옆에 서 있어도 감각 입력의 작은 차이가 미묘한 행동 차이로 이어질 것이고, 그것을 알아채기도 전에 에바 1과 에바 2는 서로 다른 것을 경험하고, 다른 기억을 갖고, 다른 사람이 된다.

방식은 다르지만 개인의 이런 복잡한 정체성은 우리에게도 발생한다. 우리 어머니의 정체성은 섬망을 겪으며 극적으로 바뀌었고, 어머니 당신은 이제 회복되었다고 생각하지만 적어도 내게는 마치 두 에바처럼 예전과 다르기도 하고 전과 다름 없기도 하다. 에바 1과 에바 2의 관계는 지금의 나와 10년 전의 나, 또는 10년 후의 나와의 관계와도 비슷하다.

당신은 누구인지, 나는 누구인지, 주관적으로나 객관적으로나

'아닐 세스'인 나는 과연 누구인지라는 문제는 생각만큼 간단하지 않다. 우선 개인의 정체성, 즉 내 눈 뒤에 있는 '나I'라는 감각은 '자기가 된다'라는 것이 의식에 드러나는 방법의 한 가지 측면일 뿐이다.

이제 자기의 요소를 다음과 같이 세분화해보자.

———

우선 신체와 직접 관련된, 체화된 자아embodied selfhood라는 경험이 있다. 여기에는 우연히 우리 몸의 일부가 된 사물과 동일시하는 느낌도 포함된다. 자신의 몸에 대해 느끼는 소유감은 다른 사물에는 적용되지 않는다. 정서와 기분은 경계나 각성 상태처럼 체화된 자아의 측면이기도 하다. 그리고 이런 경험을 바탕으로 우리는 명확하게 정의할 수 있는 공간적 범위나 구체적인 내용 없이도 **신체가 된다**being a body라는, 즉 살아 있는 체화된 유기체라는 깊고 형태 없는 느낌을 발견할 수 있다. 나중에 이 자아의 기반을 다시 살펴볼 것이다. 지금으로서는 '살아 있다는 느낌feeling of being alive'이라고 생각해도 충분하다.

신체에서 한 걸음 떨어져서 보면 세상을 특정 시점으로 인지하는 일인칭 시점의 경험이 있다. 일인칭 시점은 흔히 눈 사이에서 이마 약간 안쪽으로 들어간 머릿속에 있다고 여겨지는, 지각적 경험이 나오는 주관적 근원이다. 이런 **원근법적 자기**perspectival

〈그림 16〉 에른스트 마흐, 〈자화상〉(1886)

self는 오스트리아 물리학자 에른스트 마흐Ernst Mach의 자화상 〈왼쪽 눈으로 본 모습View from the Left Eye〉에서 가장 잘 나타난다.

무언가를 하려는 의지의 경험(의도)과 어떤 일을 일으키는 원인이 되는 경험(행위자)은 마찬가지로 자아의 중심이다. 이것이 **의지적 자기**volitional self다. 우리가 흔히 '자유의지free will'라고 부르는 것은 자아의 이런 측면이다. 대체로 사람들은 자기 되기being-aself라는 측면을 담고 있는 '자유의지'라는 개념만은 절대 과학에 양보하려 하지 않는다.

모든 자기 되기 방법은 개인의 이름, 역사 및 미래와 연관된 개인의 정체성이라는 개념에 선행한다. 원격 이동 역설에서 살펴본 것처럼, 개인의 정체성이 존재하려면 먼저 개인의 역사, 자전적 기억의 실마리, 기억된 과거와 투사된 미래가 있어야 한다.

이런 개인적 정체성이 드러나는 것을 **서사적 자기**narrative self 라 한다. 서사적 자기가 등장하면 단순한 실망이 아닌 후회 같은 정교한 정서를 경험하는 능력이 생긴다. (우리 인간은 '예측된 후회 anticipatory regret'도 겪는다. 즉, 지금 하려는 일이 결국은 잘못될 것이라는 사실을 알아도 나는 결국 이 일을 할 것이고, 그 결과 나나 다른 사람이 고통받을 것이라는 확신이다.) 여기서 우리는 다양한 수준의 자아가 어떻게 분화하고 상호작용하는지 알 수 있다. 개인의 정체성 출현은 주어진 정서적 상태의 범위에 따라 변화하고 정의된다.

사회적 자기social self는 나를 지각하는 타인을 내가 어떻게 지각할 것인지와 관련이 있다. 사회적 자기는 사회적 네트워크 안에 내재한 내 존재로부터 나오는 나의 일부다. 자폐증 같은 질환을 겪는 상황이라면 다르겠지만, 보통 사회적 자기는 어린 시절부터 점차 나타나, 평생에 걸쳐 진화한다. 사회적 자아는 죄책감이나 수치심과 같은 나쁜 느낌부터 자부심이나 사랑, 소속감처럼 좋은 느낌이 들게 하는 새로운 방법 등 다양한 정서적 가능성을 일으킨다.

정상적인 환경에서 이런 자아의 다양한 요소는 하나로 결합해 **당신이 된다**being you라는 중요한 통일된 경험을 이룬다. 이런 경험의 통일된 특성은 우리가 빨간 의자를 볼 때 색깔과 모양을 결합해 지각하는 것만큼 자연스러우므로 당연하게 받아들여진다.

하지만 그것은 실수다. 빨강을 경험한다고 바깥세상에 '빨강'이라는 것이 존재한다는 뜻이 아니듯, 통일된 자아를 경험한다고 '진짜 자기'라는 것이 존재한다는 의미는 아니다. 통일된 자아가 된다는 경험은 금세 풀려버릴 수 있다. 치매나 심한 기억 상실증을 겪으면 서사적 자기에 바탕을 둔 개인의 정체성 감각이 완전히 약해지거나 사라질 수 있으며, 병원성이든 아니든 섬망을 겪을 때는 정체성 감각이 뒤틀리고 왜곡된다. 자신의 행동과 연관된 감각이 줄어드는 조현병이나 외계인 손 증후군alien hand syndrome, 주변과의 상호작용을 아예 중단하는 무운동 함구증akinetic mutism 상태에서는 의지적 자기가 빗나가버린다. 유체 이탈out-of-body 등의 해리성 장애는 원근법적 자기에 영향을 미치며, 더는 존재하지 않는 사지가 계속 있다고 느끼며 심지어 고통을 느끼는 환지통phantom limb syndrome이나 사지 일부가 다른 사람의 것이라고 느끼는 신체 망상 분열증somatoparaphrenia은 신체 소유권에 영향을 미친다. 신체 망상 분열증의 극단적 형태인 신체 무결성 장애xenomelia를 겪는 환자는 팔다리를 절단하고 싶은 강렬한 욕구를 느껴, 극단적인 치료법의 하나로 이 욕구를 실제로 실현하기도 한다.

자기는 눈이라는 창문 뒤에서 세상을 내다보며 조종사가 비행기를 조종하듯 신체를 제어하는 불변의 존재가 아니다. **내가 된다**being me, 또는 **당신이 된다**being you라는 경험은 지각 그 자체, 더 정확히 말하면 우리 몸의 생존에 초점을 맞추어 신경적으로 암호화된 예측이 촘촘히 얽힌 집합이다. 우리 자신이 되는 데에 필요한 것은 이것뿐이다.

———

세상에 있는 특정한 사물 중 하나를 당신의 몸과 동일시하는 경험을 해보자. 이런 경험이 변할 수 있으며 불안정하게 구성되었다는 사실은 신체 망상 분열증이나 환지통을 겪지 않아도 간단한 실험적 조건을 통해 밝힐 수 있다. 가장 잘 알려진 사례는 20여 년 전 처음 실행되었고 지금은 체화 연구의 초석이 된 '고무손 착각rubber hand illusion' 실험이다.

고무손 착각 실험은 직접 해볼 수 있을 만큼 쉽다. 자발적인 참가자, 가림막이 될 판지, 붓 두 개, 고무손만 있으면 된다. 실험 설정은 〈그림 17〉과 같다. 참가자는 자신의 진짜 손을 가림판 바깥쪽에 보이지 않게 놓는다. 참가자 앞에는 일반적으로 손이 놓이는 위치에 자연스러운 방향으로 고무손을 놓는다. 그다음 실험자는 붓으로 실험 참가자의 진짜 손과 고무손을 위아래로 부드럽게 쓸어내린다. 진짜 손과 고무손을 동시에 쓸면 참가자는 고무손이

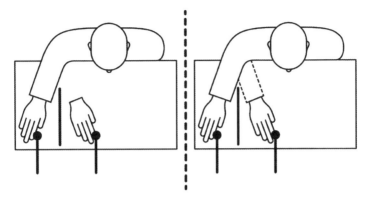

〈그림 17〉 고무손 착각 실험. 고무손과 진짜 손을 동시에 붓으로 쓸면(왼쪽), 신체 소유 경험이 옮겨가 고무손이 몸의 일부인 것처럼 느껴지기 시작한다(오른쪽).

자신의 신체 일부가 아니라는 사실을 아는데도 마치 신체 일부가 된 것 같은 묘한 느낌을 갖게 된다. 하지만 동시에 쓸지 않으면 착각이 일어나지 않고 참가자는 고무손을 자신의 몸에 대한 경험에 동화시키지 않는다.

어떤 이들에게는 가짜 손이 완벽히는 아니지만 어느 정도 신체의 일부가 된 것 같은 몹시 기이한 느낌을 준다. 앞선 설명으로 이런 현상을 적절히 설명할 수 있다. 하지만 실제 경험은 사람에 따라 매우 다르다. 이 차이를 살펴보려면 칼이나 망치로 고무손을 갑자기 공격해보면 된다. 착각이 작동한다면 분명 놀라운 반응이 나온다.

고무손 착각은 신체 소유라는 경험이 독특한 제어된 환각의 일종이라는 생각과 일치한다. 고무손과 진짜 손을 붓으로 동시에 쓰다듬으면, 붓으로 고무손을 쓰다듬는 것을 **보는 것**(보이지는 않지만)과 진짜 손을 쓰다듬는 **느낌**이 결합해 충분한 감각적 증거가 만들어져, 고무손이 신체의 일부라는 지각적 최선의 추측에 도달한다. 이런 상황은 동시적인 상황에서만 일어나고, 비동시적인 상황에서는 발생하지 않는다. 감각 신호와 동시에 오는 사전 예측이 고무손이라는 공통 근원에서 온 것처럼 느껴져야 하기 때문이다.

신체 부위만 다르게 경험할 수 있는 것은 아니다. 일인칭 시점의 근원인 몸 전체도 영향을 받는다.

2007년, 권위 있는 학술지 《사이언스》에는 두 개의 논문이 거의 동시에 실렸다. 두 논문 모두 가상현실이라는 새로운 방법을 사용해 '유사 유체 이탈out-of-body-like' 경험을 만드는 방법을 설명했다. 이들은 고무손 착각을 몸 전체로 확장했다. 스위스 로잔의 올라프 블랑케Olaf Blanke 연구진의 실험에 따르면, 실험 참가자는 머리에 헤드 마운티드 디스플레이를 쓰고 2미터 거리에서 자신의 뒷모습을 가상현실로 나타내는 영상을 본다(〈그림 18〉 참고). 참가자는 자신의 가상 뒷모습을 붓으로 쓰는 모습을 보며 동시적 또는 비동시적으로 자신의 (실제) 몸이 붓으로 쓸어낸다고 느낀다. 가상의 몸과 진짜 몸을 동시에 붓으로 쓸었을 때는 참가자 대부분이 가상의 몸이 어느 정두 '자신의' 몸이라고 느꼈다고 보고했다. 자신의 몸이 있다고 느껴지는 쪽으로 걸어가라고 하면 참가자는 가상의 몸이 있는 쪽으로 걸어갔다.

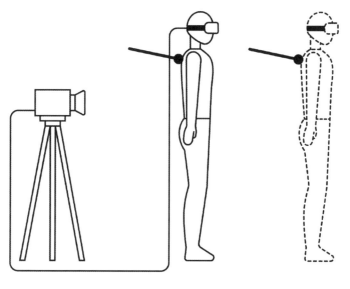

〈그림 18〉 '전신 착각' 만들기

    고무손 착각 실험이 매 순간 달라지는 신체 소유권을 암시하는 것처럼, 블랑케의 '전신 착각' 실험은 몸 전체의 주관적 소유권과 일인칭 시점의 위치도 그때그때 조작할 수 있음을 보여준다. 이런 실험은 '무엇이 내 몸인가'에 대한 경험이 '나는 어디에 있는가'라는 경험과 어느 정도 분리될 수 있다는 흥미로운 증거를 제시한다.

    유체 이탈 경험OBE, Out-of-Body Experiences이 일어날 때 일인칭 관점이 물리적 신체를 벗어난다는 생각은 오랜 역사와 문화에 깊이 새겨져 있다. 유체 이탈 경험 또는 유사 유체 이탈 경험은 외상성

임사 체험을 할 때나 수술실에서, 또는 간질 발작이 일어날 때 나타난다고 보고되며, 이런 경험은 자기의 비물질적 본질에 대한 믿음에 불을 지폈다. 만약 우리 자신을 바깥에서 볼 수 있다면, 의식의 기초는 뇌와 분리될 수 있을까?

하지만 일인칭 관점을 지각적 추론의 또 다른 형태로 본다면 그런 이원론적 이야기까지 끌어올 필요는 없다. 올라프 블랑케나 다른 연구자들이 수행한 가상현실 실험뿐만 아니라 1940년대 캐나다 신경학자 와일더 펜필드Wilder Penfield가 수행한 중요한 뇌 자극 연구들도 이런 관점을 뒷받침한다.

펜필드의 환자 중에는 G. A.라고 알려진 여성 환자가 있었다. 우뇌 측두엽 일부인 상측두회에 전기 자극을 가하자 그는 자연스럽게 이렇게 주장했다. "제가 여기에 없는 듯한 이상한 느낌이 들어요……. 반은 여기 있는데 반은 다른 데 있는 것 같아요……." 블랑케는 펜필드의 실험과 비슷하게 환자의 뇌 측두엽과 두정엽이 이어지는 영역인 모이랑을 자극했다. "침대에 누워 있는 나를 내려다보는데, 다리만 보여요." 환자가 펜필드의 환자와 비슷한 경험을 나타내자 블랑케는 유체 이탈 경험에 처음으로 관심을 가졌다.

두 경우 모두 전정 입력(전정계는 균형 감각을 다룬다)과 다중 감각 동합에 관여하는 뇌 영역에 비정상적인 활동이 일어난다는 점이 비슷하다. 이런 시스템의 정상적 활동을 방해하면 뇌는 자아의 다른 측면이 그대로여도 일인칭 관점이 어디에 있는지에 대해 독특한 '최선의 추측'을 하게 된다.

간질 발작에서도 유체 이탈과 비슷한 경험이 일어나는데, 이 경험도 같은 프로세스가 방해받을 때 일어난다. 이런 경험은 보통 주변 환경을 다른 관점으로 보는 **자기 상시 환각** autoscopic hallucinations과 자신을 다른 관점으로 보는 **자기 환시 환각** heautoscopic hallucinations(도플 갱어 환각)으로 나뉜다. 이런 경험에 대한 기록이 수백 년 전부터 수없이 많다는 사실은 일인칭 관점이 유연하다는 증거다.[2]

유체 이탈 경험 같은 일은 초자연적이고 이상해 보이지만 우리는 이런 보고를 진지하게 받아들여야 한다. 그런 보고를 하는 사람들은 실제로 그 현상을 경험했을 수 있다. 하지만 유체 이탈 경험이 수천 년 전부터 있었어도, 무형의 자기나 불변의 영혼이 실제로 물리적 신체를 떠났다는 의미는 아니다. 유체 이탈 경험에 대한 보고로 알 수 있는 점은 일인칭 관점이 우리가 직접 주관적으로 접근할 수 있는 것보다 더 복잡하고 일시적이며 불안정하게 결합해 있다는 사실이다.

———

가상 세계에서는 일인칭 관점을 바꾸는 기능을 이용해 흥미로운 응용 프로그램이 만들어지고 있는데, 그중 다수는 스웨덴 연구자 헨리크 에르손Henrik Ehrsson이 2008년 설명한 '신체 교환body swap'이라는 재미있는 이름의 착각에서 나왔다. 신체 교환 설정에서는 두 사람이 각각 카메라가 부착된 헤드 마운티드 디스플레이를 머리에 쓴다. 두 사람의 헤드셋 사이에 카메라 영상을 교환하면 두 사람은 다른 사람의 관점에서 자신을 볼 수 있다. 두 사람이 악수하면 이 효과가 제대로 나타나기 시작된다. 다른 사람과 악수하는 동작을 보면서 동시에 느끼면 다중 감각 자극이 생기고, 여기에 하향식 예측이 결합하면 각자는 이제 상대방의 몸에 들어가 자기 자신과 악수하는 것처럼 느끼게 된다. 비록 가상이지만 이 경험으로 당신은 다른 사람이 될 수 있다.

나는 2018년 겨울 미국 캘리포니아주 오하이에서 열린 한 작은 모임에서 가상 신체 교환을 직접 해보았다. 유엔 평화 중재자이자 가상현실 연구자인 다니쉬 마수드Daanish Masood도 그곳에 있었다. 마수드는 몇 년 동안 바르셀로나의 신경과학자 멜 슬레이터Mel Slater가 설립한 비어나더랩BeAnotherLab과 긴밀히 협력해왔다. 비어나더랩은 신체 교환 기술을 새로운 '공감 생성empathy generation' 기기에 적용하는 것을 목표로 삼고 있다. 타인의 가상 신체 안에서 세상을 지각하면 타인의 상황에 대한 공감이 자연스럽게 형성된다는 것이 이들의 아이디어다.

다니쉬는 연구진을 오하이로 데려와 자신이 개발한 시스템인 타인 되기 기계The Machine to Be Another를 시연했다. 이들은 기본적인 신체 교환 원리에 교묘한 연출을 약간 추가해 더욱 강력한 효과를 만들었다. 두 명의 참가자가 헤드셋을 착용하고 먼저 자신의 무릎을 내려다보면, 참가자들은 자신의 몸 대신 상대방의 몸을 보게 된다. 그다음 세부 지시에 따라 일련의 움직임을 두 사람이 동시에 한다. 두 사람이 충분히 새 몸과 비슷하게 움직이면 새로운 몸은 지시를 잘 따르는 것처럼 보일 것이고, 타인이 된다는 경험이 강화된다. 어느 정도 시간이 지나면 참가자는 거울을 들고 거울 속 타인의 이미지를 마치 자신의 이미지처럼 보게 된다. 마지막에 두 사람을 가르는 커튼을 치우면 서로의 몸 안에서 자신을 보고 상대방에게 다가가 포옹한다.

내가 타인 되기 기계를 시험해볼 차례가 되었을 때, 나는 꽤 부유해 보이는 70대 여성과 내 관점을 교환했다. 그 경험은 의외로 설득력이 있었다. 나는 아래를 내려다보고 나의(상대 여성의) 손의 힘을 풀다가 내가(상대 여성이) 반짝이는 운동화를 신고 있는 것을 보고 놀랐던 기억이 난다. 거울 보기와 마지막 포옹 경험이 특히 강렬했는데, 내가 다른 사람의 몸에 들어갔다고 느끼는 경험 때문인지, 아니면 다른 사람의 관점에서 나를 본다는 경험 때문인지 확신이 서지 않았다. 나중에 저녁 식사 때가 되어서야 상대방에게도 멋없는 신발을 신은 혼혈 영국 신경과학자의 일인칭 관점으로 갑자기 들어가는 것이 얼마나 이상한 일이었을까 하는 생각이 들었다.

나는 이처럼 친숙하고 당연하게 여겨지는 자아의 측면(주관적인 신체 소유권과 일인칭 관점)이 가짜 손과 붓 또는 가상현실이나 증강현실 같은 새로운 기술로 쉽게 조작될 수 있다는 점이 몹시 흥미롭다. 하지만 이런 조작에도 한계가 있다. 앞서 언급했듯 고무손 착각 같은 전형적인 경험에서는 가짜 손이 자신의 신체 일부가 된다고 느끼지만, 가짜 손이 내 신체의 일부가 아니라는 사실을 우리는 분명히 안다. 그리고 이런 '전형적인' 경험도 사람마다 상당히 다르며, 전혀 느끼지 못하는 사람도 많다. 전신 착각이나 신체 교환 착각도 마찬가지일 가능성이 크다.

신체 소유권에 대한 실험적 조작은 4장에서 살펴보았던 애덜슨 체스판 같은 고전적인 시각적 착시와는 상당히 다르다. 애덜슨 체스판에서는 지각적으로 두 격자의 회색 명도가 다르다고 확신하기 때문에 명도가 같다는 사실이 밝혀지면 깜짝 놀란다. 이런 놀라움은 시각적 착시에서는 흔하지만 신체 소유권 착각에서는 거의 일어나지 않는다. 내가 지금까지 겪었던 가장 설득력 있는 신체 착각은 오하이에서 실험해보았던 신체 교환이었다. 하지만 그렇다고 해서 이제 내가 다른 사람이 되었다거나, 다른 곳에 있다고 믿은 적은 한 번도 없다.

이런 신체 소유권 착각의 주관적인 약점은 고무손 착각에서 최면 피암시성hypnotic suggestibility의 역할을 조사한 나의 최근 연구에서 드러났다. 심리학자 피터 러쉬Peter Lush와 졸탄 디엔즈Zoltán Dienes가 주도한 이 연구의 바탕이 되는 추론은 다음과 같다. 참가자는 실험의 설정 때문에 자신이 무엇을 경험하게 될지 암묵적으로 강하게 기대하게 되고, 이런 기대 때문에 일부 참가자는 실제로 신체 소유권 경험이 달라지는 경험을 하게 된다는 것이다. 우리는 표준 척도로 피최면성hypnotisability을 측정해, 착각의 강도에서 나타나는 개인별 차이는 그 사람이 주변 영향을 받는 정도와 관련이 있다는 사실을 발견해 이 가설을 뒷받침했다. 피최면성이 높은, 즉 최면에 잘 걸리는 사람은 진짜 손과 고무손을 동시에 붓으로 쓸었을 때 강한 신체 소유권을 느꼈다고 보고했지만, 피최면성이 낮은 사람은 신체 소유권을 전혀 느끼지 않았다.

한편 이런 발견은 신체 소유권이 제어된 환각이라고 보는 관점과 잘 들어맞는다. 최면 암시는 참가자가 의식하지는 못하지만 실제로 가진 강력한 하향식 예측이라고 생각할 수 있다. 하지만 다르게 생각하면 고무손 착각이 대체로 암시 효과 때문에 일어난다고도 볼 수 있으므로, 환각 체화에 대한 실험 연구에 큰 문제를 제기한다. 환각 체화 연구에서는 보통 피암시성의 개인차를 고려하지 않는데, 이렇게 하면 관련 메커니즘에 대해 구체적으로 말하기 어려워진다. 고무손 착각, 유체 이탈 경험, 신체 교환 착각, 또는 암시적이든 명시적이든 특정 신체 경험을 기대하도록 만드는 여러 상황에서 이런 문제가 발생한다.

주관적이고 가벼운 신체 소유권 착각은 신체 망상 분열증, 신체 무결성 장애, 환지통 같은 임상 상태 또는 발작이나 직접적인 뇌 자극으로 일어난 생생한 유체 이탈 경험 같은 강력한 변화 경험과는 뚜렷한 대조를 보인다. 이런 강력한 변화를 겪는 사람은 자신의 특이한 경험을 매우 확신한다는 점에서, 이런 변화는 고전적인 시각적 착시와 훨씬 가깝다. 같은 이유로 이런 극적인 왜곡은 체화와 지각이라는 경험이 사실 뇌가 구성한 것이라는 주장을 강력하게 뒷받침한다.

———

　개인의 정체성 문제, 그리고 '서사적 자기'와 '사회적 자기'의 출현으로 넘어가보자. 원격 이동 역설에서 살펴보았듯 순간, 하루, 한 주, 한 달, 나아가 일생 전체에 거쳐 총체적 실체를 연속적으로 경험하는 것은 바로 이 수준에서다. 이 수준에서는 자기를 이름, 과거의 기억, 미래의 계획과 연관시킬 수 있다. 또한 우리가 자기를 갖고 있음을, 우리가 진정으로 **자기 인식**self-aware 할 수 있음을 깨닫게 된다.

　이런 높은 수준의 자아는 체화된 자기와 완전히 분리될 수 있다. 유아는 물론 인간 이외의 여러 동물도 개인의 정체성을 나타내는 감각이 없거나 이런 감각을 상실해도 체화된 자기를 경험한다. 성인 인간은 보통 모든 형태의 자아를 통합되고 통일된 방식으로 경험하지만, 자기의 서사적·사회적 측면이 줄어들거나 사라지면 그 영향은 치명적이다.

클라이브 웨어링Clive Wearing은 르네상스 작곡가 올랑드 드 라수스Orlande de Lassus의 작품집을 편집하고 런던에서 합창단 지휘자로 활동하며 1980년대 초 BBC 라디오3의 음악 프로그램을 대대적으로 개편해 유명하진 영국 음악학자다. 전성기였던 1985년 3월, 웨어링은 치명적인 뇌 감염인 헤르페스 뇌염으로 대뇌 양반구의 해마에 심한 손상을 입고 기억상실증을 얻었다.[3]

웨어링은 오래된 기억을 떠올리는 데 문제가 있고(역행 기억상실증retro-grade amnesia), 특히 새로운 기억(순행 기억상실증anterograde amnesia)을 쌓는 데 큰 어려움을 겪는다. 놀랍게도 그는 7초에서 30초 사이에 영원히 존재하는 것으로 보인다. 현재 그는 80대이지만, 마치 약 20초마다 한 번씩은 혼수상태나 마취에서 깨어나는 것처럼 자신의 삶을 작은 각성의 연속으로 경험하는 것 같다. 웨어링의 서사적 자기는 완전히 파괴되었다.

웨어링이 잃어버린 기억은 삽화적·자전적 기억이다. 이는 시공간에서 일어난(삽화적) 사건에 대한 기억이며, 무엇보다 자신과 관련된(자전적) 사건에 대한 기억이다. 그의 일기를 읽어보면 충격적이다. '첫 번째' 각성에 대한 설명이 반복되고, 바로 몇 분 전에 쓴 문장을 밑줄로 죽 긋거나 분노에 차서 지우기도 한다.

오전 8:31 나는 이제 정말, 완전히 깨어났다.
오전 9:06 나는 이제 완전히, 놀랄 만큼 확실히 깨어났다.

오전 9:34 나는 더할 나위 없이, 진짜로 깨어났다.

웨어링의 일기, 그리고 그의 아내 데버라가 《영원히 오늘Forever Today》이라는 책에 기록한 웨어링과의 대화를 보면, 뇌 손상이 그의 정체성 감각을 공격한 증거를 엿볼 수 있다. 시간에 따른 자기 서사를 엮지 못한다는 것은, 웨어링이 30년 넘도록 자신이 된다는 것은 무엇인가라는 질문으로 계속 도돌이표처럼 되돌아갔다는 의미다. 또한 세상과 자기에 대한 지각의 흐름을 조직하는 안정된 '내'가 없는 덧없는 존재라는 의미다. 웨어링은 과거와 미래를 잃은 채 기억상실증의 심연에서 현재에 고립된 상황이 너무 혼란스러운 나머지 자신이 살아 있는지, 살아 있었는지조차 의심한다. 데버라 웨어링은 다음과 같이 썼다.

"클라이브의 마음속에는 이전에 깨어 있었다는 증거가 전혀 없기 때문에, 그는 무의식에서 갓 깨어난 듯한 인상을 계속 받았고…… '나는 아무것도 못 보고, 못 듣고, 못 만지고, 아무 냄새도 못 맡았어. 죽어 있는 거나 마찬가지야'라고 말하곤 했다."

한편 웨어링에게도 자기 감각의 다른 측면은 온전히 남아 있다. 그는 신체 소유권 경험을 갖고 일인칭 관점의 주인이 되거나, 자발적인 행동을 하는 데는 문제가 없다. 병에 걸리기 불과 1년 전 결혼한 아내에 내한 사랑은 때로 아내를 만난 기억조차 잃어도 줄어들지 않고 있다. 웨어링이 피아노를 치거나 노래를 부르거나 지휘할 때 그에게서 자유롭게 흘러나오는 음악은 그를 다시 온전하게 보이게 한다.

사랑과 음악의 순간은 웨어링의 상황을 바꾸고 구원한다. 올리버 색스는 《뉴요커New Yorker》에 기고한 매우 생생한 글에서 웨어링의 상황을 이렇게 묘사했다.

"웨어링에게는 더는 내면의 서사가 없다. 그는 다른 사람들이 말하는 삶을 영위하고 있지 않다. 하지만 그가 피아노를 치거나 아내 데버라와 함께 있는 모습을 보면, 그 순간에는 그가 웨어링 자신이며 완전히 살아 있다는 것을 느낄 수 있다."

이런 은혜로운 순간이 있지만 웨어링의 상황은 의심할 여지없이 비극적이다. 서사적 자기가 파괴된다는 것은 단순한 기억 결핍 이상이다. 자기를 연속적으로 지각하지 못하고, 그 때문에 우리 대부분에게는 극히 당연한 개인의 정체성이라는 근본적인 느낌이 사라진다. 기억은 자아의 모든 것이자 궁극적인 전부가 아니다. 하지만 웨어링의 이야기, 또는 치매나 알츠하이머라는 암흑에 빠진 친구나 가족을 통해 알고 있듯, 자기 지각self-perception의 지속성과 연속성을 위해서는 기억이 꼭 필요하다.

―――――

정체성 감각을 회복하기 위해 웨어링 부부가 보여준 사랑의 힘은 우리를 '사회적 자기'로 이끈다.

다른 동물처럼 인간도 사회적 동물이다. 모든 사회적 상황과

태도에 있어 다른 사람의 마음 상태를 지각하는 것은 사회적 생물에게 중요한 능력이다. 때로 '마음 이론theory of mind'이라 불리는 이 능력은 흔히 인간에게는 다소 천천히 발전한다고 여겨지지만, 삶 전체에서 우리 대부분에게 중요한 역할을 한다.

때로 상대방이나 친구, 동료가 나를 어떻게 생각할지 걱정할 때, 우리는 사회적 자기를 정확히 자각한다. 하지만 우리가 사회적 상호작용에 대해 곰곰이 생각하지 않을 때도, 타인의 의도, 신념, 욕망을 지각하는 능력은 배경에서 항상 작용해 행동을 유도하고 정서를 형성한다.

심리학, 사회학, 그리고 최근에는 사회신경과학이라는 새로운 분야를 아우르는 여러 분야에서 사회적 지각과 마음 이론에 대한 방대한 문헌이 나오고 있다. 이 문헌 대부분은 사회적 상호작용을 유도한다는 측면에서 사회적 지각과 마음 이론의 중요성을 검토한다. 하지만 나는 눈을 안으로 돌려, 나를 지각하는 타인을 내가 어떻게 지각하느냐에 따라 **내가 된다**being me라는 경험이 실질적으로 어떻게 달라지는지 생각해보려 한다.

사회적 지각(타인의 정신 상태에 대한 지각)은 그저 다른 사람이 무엇을 생각하거나 생각하지 않는지 명시적으로 추론하거나 '생각해보는' 것과 다르다. 사회적 지각은 대부분 자연스럽고 직접적이다. 우리는 고양이, 커피잔, 의자, 심지어 우리 몸에 대한 지각만큼 쉽고 자연스럽게 타인의 신념, 정서, 의도에 대한 지각을 형성한다. 내가 와인을 한 잔 더 따랐을 때 친구가 빈 잔을 가까이 가져온다면, 친구의 의도가 무엇인지 이성적으로 알아낼 필요가 없다. 친구도 와인을 더 마시고 싶어 하고, 친구의 잔을 먼저 채워줬어야 한다는 사실을 나는 금세 지각한다. 반드시 정확한 것은 아니지만, 나는 이런 정신 상태를 와인잔 자체만큼 쉽게 지각한다.

어떻게 이런 일이 일어날까? 내 생각에 답은 역시 뇌가 예측 기계이고, 지각을 감각 신호의 원인을 추론하는 프로세스라고 여기는 데 있다고 생각한다.

비사회적 및 사회적 지각은 모두 뇌가 감각 입력의 원인에 대한 최선의 추측을 만드는 데서 비롯된다. (환각이 아니라면) 우리는 와인잔과 자동차를 혼동하지 않지만, 모두 알다시피 다른 사람의 마음속에 있는 것을 지각할 때는 잘못 짚는 경우가 있다. 사회적 지각에 내재한 모호함의 원인 중 하나는 관련된 원인이 상당히 깊이 숨겨져 있다는 점이다. 와인잔에 대한 지각을 끌어내는 빛의 파장은 유리 자체에서 비교적 직접적으로 발생하지만, 다른 사람의 정신 상태와 관련된 감각 신호는 표정, 몸짓, 언어 행동 같은 여러 중간 단계를 통과해야 하며, 각 단계를 거칠 때마다 추론이 목표에서 빗나갈 기회가 늘어난다.

시각적 지각과 마찬가지로 사회적 지각도 상황과 예측에 따라 달라진다. 우리는 감각 데이터(능동적 추론의 대인 관계 형태)를 바꾸고 예측을 갱신해 '사회적 예측 오류'를 최소화할 수 있다. 사회적 지각에 대한 능동적 추론은 우리가 예측하거나 원하는 대로 다른 사람의 정신 상태를 바꾸려는 행동이다. 우리는 나의 기쁨을 표현하기 위해서만이 아니라 동료의 기분을 바꿔주려고 미소 짓기도 한다. 우리는 생각을 다른 사람의 마음에 집어넣기 위해 말을 한다.

사회적 지각에 대한 이런 생각은 다음과 같이 사회적 자기와 연결된다. 다른 사람의 정신 상태를 추론하는 능력에는 모든 지각적 추론과 마찬가지로 생성 모델이 필요하다. 이미 살펴보았듯 생성 모델은 특정 지각적 가설에 해당하는 감각 신호를 생성할 수 있다. 사회적 지각에서 이 지각적 가설은 다른 사람의 정신 상태에 대한 가설이다. 즉, 높은 수준의 호혜reciprocity다. 당신의 정신 상태에 대한 내 최선의 모델에는 나의 정신 상태에 대한 당신의 모델도 포함된다. 다시 말해, 당신이 내 마음속 내용을 어떻게 지각하는지 이해하려고 노력할 때에만 나는 당신의 마음을 이해할 수 있다. 우리는 타인의 마음에 반사된 자기를 지각한다. 이것이 바로 사회적 자기다. 사회에 포함된 예측적 지각은 인간으로서 자기가 되기 위한 전반적인 경험의 중요한 부분이다.

사회적 자기를 이렇게 해석하면 자기 인식self-awareness(서사적·사회적 측면을 모두 포함하는 자아의 높은 단계)에 반드시 사회적 맥락이 필요하다는 흥미로운 의미가 드러난다. 만약 우리가 다른 마음들이 없는 세상에 존재한다면, 즉 **연관된** 마음이 전혀 없다면, 뇌가 다른 사람의 정신 상태를 예측할 필요도 없을 것이고, 따라서 자신의 경험과 행동이 자기에게 속한다고 추론할 필요도 전혀

없다. "인간은 누구도 섬이 아니다"라는 영국 시인 존 던John Donne
의 17세기 잠언은 문자 그대로 사실이다.

————

당신은 어제와 같은 사람인가? 더 좋은 질문으로 바꿔보자. 당
신은 어제와 같은 방식으로 자신을 경험하는가? 아마도 하룻밤
사이에 큰일이 일어나지 않았다면 그렇다고 대답할 것이다. 지난
주, 지난달, 지난해, 10년 전, 당신이 네 살이었을 때, 아니면 94세
가 되었을 때도 당신은 같은 사람인가? 그렇게 **보일** 것인가?

놀랍지만 의식적 자아에서 흔히 간과되는 측면은 우리가 보통
시간이 지나도 연속적이고 통일된 자기를 경험한다는 점이다. 이
것을 **자기의 주관적 안정성**subjective stability of the self이라고 한다. 자
전적 기억의 연속성뿐만 아니라, 생물학적 몸이든 개인의 정체성
이든 자기 자신이 매 순간 지속된다는 더 깊은 경험을 통해서도
주관적 안정성이 유지된다.

자기 관련 경험은 바깥 세계에 대한 지각적 경험보다 훨씬 안
정적이다. 세상에 대한 지각은 항상 변화하며, 사물과 장면은 사
건의 연속적인 흐름을 이루며 오고 간다. 하지만 자기 관련 경험
은 훨씬 덜 변한다. 우리 대부분은 사진이라는 충분한 증거를 통
해 시간이 지나며 자신이 변한다는 사실을 **알지만**, 그렇게 많이
변하지 않아 보인다. 정신병이나 신경 질환을 겪지 않는 한, 자기

가 된다는 경험은 끊임없이 변화하는 세상에서 변하지 않는 중심처럼 **보인다**. 19세기 심리학의 선구자 윌리엄 제임스William James는 다음과 같이 설명했다.

"사물에 대한 지각은 다른 관점에서 지각할 수도 있고 심지어 더는 지각되지 않을 수도 있지만, 우리는 '언제나 같은 몸이라는 느낌'을 경험한다."

이제 더 살펴볼 것이 없다고 생각할지도 모른다. 신체나 자기 관련 지각의 대상은 우리가 지각하는 세상 바깥의 대상보다 훨씬 덜 변한다. 나는 여기저기로 옮겨갈 수 있지만, 내 몸과 행동, 일인칭 시점은 항상 나와 함께한다. 그러므로 자기가 세상보다 덜 변하는 것처럼 느껴진다는 사실은 놀랍지 않다. 하지만 이보다 더 중요한 사실이 있다.

6장에서 살펴본 것처럼 변화의 경험은 그 자체로 지각적 추론이다. 지각은 바뀔 수 있지만, 그렇다고 우리가 지각이 변화한다는 사실을 지각한다는 뜻은 아니다. (세상에서) 서서히 변하는 것이 그 변화에 상응하는 경험을 일으키지 않는 '변화맹' 사례를 떠올려보자. 자기 지각에도 같은 원칙이 적용된다. 우리는 항상 다른 사람이 되고 있다. 자기 지각은 끊임없이 변한다. 지금의 당신은 이 장을 읽기 시작했을 때와는 약간 달라져 있다. 하지만 우리는 이런 변화를 지각하지 않는다.

변화하는 자기를 보지 못하는 주관적인 맹목은 자기가 직관의 집합이 아니라 불변하는 실체라는 잘못된 직관을 조장한다. 하지만 진화가 자아 경험을 그렇게 설계한 것은 이런 이유 때문이 아니다. 나는 서서히 변하는 몸과 뇌를 보지 못하는 변화맹을 넘어 자기의 주관적인 안정성이 있다고 믿는다. 우리는 과장되고 극단적인 형태의 자기 변화 맹목self-change-blindness을 가지고 산다. 그이유를 이해하려면 우리가 일인칭으로 자기를 지각하는 이유를 먼저 이해해야 한다.

우리는 자신을 알기 위해 자기를 지각하는 것이 아니라, 자신을 제어하기 위해 자기를 지각한다.

9장

동물기계 되기

우리는 사물을 있는 그대로 보지 않고,
우리가 존재하는 방식대로 본다.

— 아나이스 닌Anaïs Nin

자기 지각은 세상이나 여기, 몸속에 있는 것을 발견하는 게 아니다. 자기 지각은 생리적 제어와 조절, 즉 생존을 유지하는 것과 관련이 있다. 왜 그런지, 그리고 자기 지각이 우리의 의식적 경험 **모두**에 어떤 의미를 지니는지 이해하려면, 생명과 마음의 연관성에 대한 아주 오래된 논쟁으로 돌아가야 한다.

모든 물길과 생명체가 이루는 중세 기독교적 계층인 존재의 대사슬Great Chain of Being 맨 꼭대기에는 신이 있다. 신 바로 아래에는 천사들, 그다음에는 사회적 편의에 따라 다양하게 구분된 인간, 그다음에는 나머지 동물, 식물, 마지막으로 광물이 있다. 모든 것은 대사슬에서 정해진 위치에 있고, 그 위치에 따라 정해진 힘과 능력을 지닌다.

대사슬 안에서 우리 인간은 신과 천사가 사는 영적인 영역과 동물, 식물, 광물로 이루어진 물리적 영역 사이에 어정쩡하게 끼어 균형을 이룬다. 우리는 불멸의 영혼을 가지고 있고 이성, 사랑, 상상력이 있지만 물리적 신체에 얽매인 탓에 고통, 배고픔, 성욕 같은 신체적 욕망에 취약하다.

수 세기 동안 특히 유럽에서는 **스칼라 나투라**Scala Naturae라 불리는 고정된 틀인 존재의 대사슬로 인간을 이해했다. 인간은 존재의 대사슬 관점에 따라 자연 속에서 인간의 위치를 파악했고 자신의 가치를 다른 인간과 비교해 이해했다. 예를 들어 왕은 대사슬에서 농민보다 높은 위치에 있었다. 17세기가 되자 르네 데카르트는 **스칼라**scala의 여러 단계를 폐기하고 우주를 **사유하는 실체**res cogitans(마음)와 **연장된 실체**res extensa(물질)라는 두 가지 존재 양식으로 나누었다.

자연의 큰 그림을 전면적으로 단순화하자 새로운 문제가 여럿 생겼다. 이를테면 마음과 물질이라는 두 영역이 어떻게 상호작용할 수 있는지에 대한 형이상학적 문제가 있었다. 이후 이 질문은 의식 연구에 좋은 방향으로든 나쁜 방향으로든, 사실 전반적으로는 더 나쁜 방향으로 틀을 씌웠다. 정치와 종교적 권위가 기대는 세분된 질서에도 문제가 생겼다. 동물에게 **사유하는 실체**의 요소, 즉 마음의 징후가 있다면 왜 동물은 인간처럼 영적 영역을 갈망하지 않을까? 게다가 데카르트가 지지하는 주장처럼, 영혼을 지적으로 탐구하려는 모든 시도는 강력한 가톨릭교회의 심기를 건드릴 것이 분명했다.

데카르트는 자신의 책《성찰*Meditations*》의 세 번째 성찰과 다섯 번째 성찰에서 자비로운 신의 존재를 증명하려 할 때도 언제나 신중하게 교회를 대했다. 흔히 데카르트는 인간 이외의 동물에는 의식이 전혀 없다고 주장했다고 여겨지지만, 아마 그렇지 않았을 것이다.[1] 동물에 대한 데카르트의 핵심 주장은 동물에게는 영혼 및 영혼에 따라오는 이성적, 영적, 의식적 속성이 전혀 없다는 것이다. 역사학자 월리스 서그Wallace Shugg는 이 문제에 대한 자신의 관점을 이렇게 요약했다.

"인간과 동물의 몸은…… 그저 호흡, 소화, 지각, 그리고 각 기관의 배열을 통해 움직이는 기계일 뿐이다. 하지만 오직 인간만이 각 상황에 맞게 신체 움직임을 직접 지시할 수 있다. 오직 인간만이 진정한 말을 통해 이성이 있다는 증거를 제시한다. 신체의 움직임을 지시하거나 감각을 지각할 마음이 없는 동물은 그저 시계처럼 생각이 없고 무감각한 기계임이 틀림없다."

이런 관점에서 보면 살과 피로 이루어졌다는 생물의 속성, 즉 유기체의 본질은 마음, 의식, 영혼(이런 것이 있다면)의 존재와는 명백히 아무 관련이 없다. 동물은 **동물기계**bêtes-machines(영어로 beast machines)다. 데카르트의 관점에서 마음과 생명은 **사유하는 실체**와 **연장된 실체**처럼 명확히 구분된다.

데카르트는 인간의 특수성을 강화해 마음을 이런 관점에서 볼 때 발생할 수 있는 여러 잠정적인 피해자를 달랠 수 있었다. 하지만 이제 위험한 문이 열렸다. 동물이 동물기계라면, 그리고 분명 같은 살과 피, 연골, 뼈로 만들어진 것으로 보이는 인간 역시 동물의 일종이라면, 마음과 이성이라는 능력은 분명 기계적이고 생리적인 용어로 설명할 수 있지 않을까?

18세기 중반 프랑스 철학자인 쥘리앵 오프루아 드 라메트리 Julien Offray de La Mettrie는 이런 시각으로 사물을 보았다. 라메트리는 데카르트의 동물기계론을 인간으로 확장해 인간 역시 **인간기계**l'homme machine(영어로 man machine)라고 주장하며, 영혼에 부여된 특별한 비물질적 지위를 부정하는 동시에 신의 존재에 의문을 품었다. 라메트리는 종교적 권위를 유지하기 위해 자신의 주장을 굽히는 사람이 아니었다. 그래서 라메트리의 삶은 데카르트의 삶보다 훨씬 힘들어졌다. 1748년 라메트리는 제2의 고향인 네덜란드를 떠나 베를린으로 이주해야 했고, 그곳에서 프로이센의 프리드리히대왕을 모셨다. 그리고 3년 뒤, 파테를 너무 많이 먹고 사망했다.

데카르트적 관점에서는 마음과 생명이 독립적이지만, 라메트리의 관점에서는 마음을 생명의 한 속성으로 볼 수 있으므로 마음과 생명은 깊은 연관이 있다. 오늘날에도 근본적인 메커니즘 및 이론적 측면에서 마음과 생명이 연속적인지에 대한 논쟁이 분분하다.

마음과 생명에 대한 논쟁에서 나는 라메트리의 견해에 공감하지만, '마음'이라는 일반적인 용어보다 의식에 초점을 맞추려 한다. 이렇게 하면 의식과 자기에 대한 나의 '동물기계 이론'의 핵심에 다가갈 수 있다. **우리 주변 세상과 그 안에 있는 우리 자신에 대한 의식적 경험은 살아 있는 신체와 함께, 신체를 통해, 그리고 신체 때문에 일어난다.** 우리의 동물적 구조는 자기와 세상에 대한 의식적 지각과 양립하지 않는다. 살아 있는 생물의 본성에 비추어 보지 않고는 의식적 경험의 본질과 기원을 이해할 수 없다.

———

과거의 기억과 미래에 대한 계획이 겹겹이 표현된 자아 아래에는, 개인적 정체성이라는 분명한 감각에 앞서고 일인칭 관점이나 신체 소유권에 대한 경험의 발생에도 선행하는 '나' 아래에는 자아의 더 깊은 층위가 있다. 이 기반 층은 세상 속 사물로서의 신체보다는 신체 내부와 밀접한 연관이 있으며, (심리학자들이 소위 '정동적affective' 경험이라 부르는) 정서와 기분에서부터 기본적이고 무형이지만 항상 존재하는, 살아 있는 유기체에 체화된 단순한 '존재being'라는 감각에 이르기까지 다양하다.

이 깊은 층위를 정서와 기분부터 탐색해보자. 정서와 기분이라는 의식의 내용은 체화된 자기가 된다는 경험의 중심이며, 다른 지각과 마찬가지로 감각 신호의 원인에 대한 베이즈 최선의 추측이다. 정동적 경험은 연관된 원인이 세상 바깥이 아니라 몸 안에서 발견된다는 점이 특징이다.

지각이라는 개념을 생각할 때 우리는 흔히 바깥세상을 감지하는 다양한 방식, 특히 시각, 청각, 미각, 촉각, 후각 등 익숙한 양식을 떠올린다. 세상에서 오는 다양한 감각과 지각을 통틀어 **외수용 감각**exteroception이라고 한다. 반대로 신체 내부에서 오는 지각은 **내수용 감각**interoception이라 한다. '신체 내부의 생리적 상태에 대한 감각'이라는 뜻이다.[2] 내수용 감각 신호는 보통 신체 내부 기관(내장)에서 중추신경계로 전달되며, 기관의 상태와 신체 전반의 기능에 대한 정보를 전달한다. 내수용 감각 신호는 심장 박동, 혈압, 낮은 수준의 혈액 화학, 위장의 장력 정도, 호흡 상태 등을 보고한다. 내수용 감각 신호는 뇌 깊은 곳에 있는 뇌간 및 시상과 복잡한 신경망을 통해 내수용 감각 처리에 특화된 피질인 섬피질insular cortex에 도달한다.[3] 내수용 감각 신호는 어떤 식으로든 신체의 생리적 조절이 얼마나 잘 이루어지는지 반영한다는 점이 특징이다. 즉, 내수용 감각 신호는 몸이 생존하도록 만드는 일을 뇌가 얼마나 제대로 하고 있는지 살핀다.

내수용 감각 신호는 오래전부터 정서나 기분과 연관되었다.

1884년 윌리엄 제임스와 칼 랑게Carl Lange는 각각 정서가 고대 철학자들이 말한 것처럼 '영원하고 신성한 초자연적인 실체'도 아니고, 근래에 다윈이 주장한 것처럼 진화를 거치며 뇌 회로에 연결되지도 않는다고 주장했다. 대신 이들은 정서가 신체 상태의 변화를 지각한다고 주장했다. 우리는 슬퍼서 우는 것이 아니라, 운다는 신체적 상태를 지각하기 때문에 슬픈 것이라는 뜻이다. 이런 관점에서 보면 두려움이라는 정서는 유기체가 환경의 위험을 인지해서 촉발된 모든 신체 반응을 (내수용적으로) 지각해서 생성된다. 제임스의 관점에서 신체적 변화를 지각하는 것은 **바로** 정서다. "우리는 슬퍼서 울고, 화가 나서 내려치고, 두려워서 떠는 것이 아니라 울기 때문에 슬프고, 내려치기 때문에 화가 나고, 떨기 때문에 두려움을 느낀다."

제임스의 이론은 당시 강한 저항에 부딪혔다. 정서가 신체적 반응을 일으키고 그 반대는 아니라는, 사물이 보이는 방식how-things-seem에 대한 보편적이고 직관적인 개념을 뒤집기 때문이다. 제임스의 이론은 회색 곰을 만났을 때 느끼는 두려움이란 심장이 뛰고, 아드레날린이 분비되고, 발이 빨라지는 행동 때문에 유발된 것이라는 주장**처럼 보인다.** 하지만 우리는 사물이 어떻게 보이는지가 사물이 실제로 그러함을 나타내지 않는다는 회의적인 태도를 배웠다. 따라서 이런 이유로 제임스의 견해를 무시하는 것은 타당하지 않다.

더 실질적으로 우려되는 것은 우리가 경험하는 정서를 모두 설명하기에는 각 신체 상태가 명확히 구분되지 않는다는 점이다. 이런 우려가 여전히 논쟁을 일으키는 가운데, 이에 대한 강력한 대응으로 1960년대 정서의 '평가 이론appraisal theory'이 대두되었다. 평가 이론에 따르면 정서는 그저 신체 상태의 변화를 읽어내는 것을 넘어선다. 정서는 생리적 변화가 일어나는 맥락을 높은 수준에서 인지적으로 평가하고 검토하는 것과 연관된다.

평가 이론은 특정 정서가 나타날 때 그 정서에 특화된 신체 상태가 필요하지는 않다고 주장하며 정서 범위의 문제를 해결한다. 노곤함과 따분함처럼 비슷한 정서는 동일한 신체 상태 때문에 일어날 수 있다. 같은 신체 상태를 서로 다르게 인지해 해석하면 별개의 정서가 일어난다. 물론 모든 정서에는 뚜렷이 구분되는 체화된 특징이 있고, 이런 독특하고 미세한 세부를 감지하기는 힘들다는 점도 사실이며, 나 역시 그렇게 생각한다.

내가 가장 좋아하는 평가 이론 실험은 도널드 더튼Donald Dutton과 아서 아론Arthur Aron이 1974년 실시한 독창적인 연구다. 이 연구에서는 노스밴쿠버의 캐필라노 강을 가로지르는 두 다리 중 하나를 건너는 남성 행인에게 여성 면담자가 다가가게 했다. 다리 중 하나는 140미터 길이에 난간이 낮은 흔들리는 현수교로, 얕은 급류 위 높은 곳에 불안정하게 놓여 있었다. 다른 다리는 단단한 삼나무로 된 짧고 튼튼한 다리로, 강 상류에 있고 겨우 3미터 높이밖에 되지 않았다. 여성 면담자는 각각의 다리를 건너는 남성 행인들에게 다가가 설문지를 작성해달라고 하고 전화번호도 알려주면서 더 질문이 있다면 전화하라고 말했다.

연구자들은 불안한 다리를 건너는 남성이 자신의 위태로운 상태에서 유발된 생리적 흥분을 두려움이나 불안이 아닌 성적 끌림으로 오인할지 궁금했다. 만약 그렇다면 이 남성은 실험이 끝난 후 여성 면담자에게 전화를 걸거나 데이트를 신청할 가능성이 클 것이다.

실제로 그런 일이 일어났다. 불안한 다리를 건너던 남성들은 튼튼한 다리를 건너던 남성들보다 여성 면담자에게 전화를 더 많이 걸었다. 더튼과 아론은 이를 '각성의 오귀인課歸因, misattribution of arousal'이라 불렀다. 고차원 인지 시스템은 흔들리는 다리 때문에 증가한 생리적 흥분을 성적 반응으로 오인했다. (설문지를 받은 사람이 이성애자라고 가정하고) 이런 평가 이론 해석을 지지하는 다른 결과로, 남성 면담자가 설문지를 주었을 경우에는 어떤 다리를 건너는지에 따라 나중에 전화를 건 횟수에 차이가 없었다.[4]

40년도 더 된 이 연구는 오늘날의 기준에서 보면 필연적으로 방법론적 약점이 있다. 오늘날의 기준도 여전히 불완전하기는 하지만 이전보다는 더 엄격하기 때문이다. 윤리적으로 문제가 있다는 점은 말할 것도 없다. 하지만 이 연구는 높은 수준의 인지 프로세스가 생리적 변화를 어떻게 평가하는지에 따라 정서적 경험이 달라진다는 관점을 생생하게 보여준다.

평가 이론은 '인지적'인 것과 그렇지 않은 것을 명확히 구별할 수 있다고 가정한다는 한계가 있다. 평가 이론에 따르면 낮은 수준의 '비인지적' 지각 시스템이 몸의 생리적 상태를 '읽어내는' 반면, 높은 수준의 인지적 시스템은 상황에 민감한 추론 같은 더 추상적인 프로세스를 통해 생리적 상태를 '평가'한다. 예를 들어 신체의 특정 상태를 먼저 지각하고, 그다음 '다가오는 곰 때문이다'라고 평가해야 두려움이 발생한다는 주장이다. 하지만 평가 이론 연구자들에게는 좋지 않은 소식이지만, 뇌는 '인지적' 영역과 '비인지적' 영역으로 깔끔하게 구분되지 않는다.

서식스대학교에서 우리 연구팀이 활동을 시작한 2010년 무렵, 나는 이 문제를 곰곰이 생각하기 시작했다. 나는 이 주제와 관련해 세계적 전문가인 휴고 크리츨리Hugo Critchley로부터 내수용 감각에 대해 많은 것을 배웠다. 그러고 나자 예측적 지각 원리를 적용하고 정서와 기분, 그리고 일반적인 정동적 경험을 제어된 환각의 독특한 형태로 다루면 평가 이론의 한계를 극복할 수 있겠다는 생각이 떠올랐다.

나는 이 생각을 **내수용 추론**interoceptive inference이라 불렀다. 뇌가 세상 밖에 있는 시각 같은 외수용 감각 신호의 원인에 직접 접근할 수 없는 것처럼, 몸 안에 있는 내수용 감각 신호의 원인에도 직접 접근할 수 없다는 생각이다. 감각 신호의 모든 원인은 몸 밖에 있든 안에 있든 영원히, 항상 감각의 베일에 가려져 있다. 따라서 내수용 감각은 외수용 지각과 마찬가지로 베이즈 최선의 추측 과정으로 이해가 가능하다. '빨강'이 사물의 표면에서 빛을 반사하는 방법에 대한 뇌 기반 예측의 주관적 측면인 것처럼, 정서와 기분은 내수용 신호의 원인에 대한 예측의 주관적인 측면이다. 정서와 기분은 내부에서 나온 제어된 환각이다.[5]

내수용 예측은 시각적 예측과 마찬가지로 시공간의 여러 층위에서 작동하며, 내수용 신호의 원인에 대해 유동적이고 상황에 민감하며 다층적인 최선의 추측을 뒷받침한다. 이런 방식으로 내수용 추론은 비인지와 인지를 명확히 구분하지 않고도 정서 범위의 문제를 해결한다. 따라서 내수용 추론은 평가 이론보다 더 단순하다고 볼 수 있다. 내수용 추론은 둘(비인지적 지각과 인지적 평가)이 아닌 단 하나의 과정(베이즈 최선의 추측)으로 이루어져, 기본적인 뇌의 해부학에 따라 더 수월하게 지도화될 수 있기 때문이다.

내수용 추론은 실험적으로 검증하기 어렵다. 내수용 신호는 시각 같은 외수용적 양식보다 조작하기가 더 어렵다는 점이 한 가지 이유다. 하지만 한 가지 가능성 있는 실험적 접근법이 있다. 뇌가 심장박동에 반응하는 것이 내수용 예측 오류의 신호일 가능성을 탐색하는 것이다.

독일 신경과학자 프레데리크 페츠너Frederike Petzschner는 최근 내수용 추론으로 주의력에 따라 조절되는 '심박 유발 전위heartbeat evoked potentials'라는 반응을 예측할 수 있다는 사실을 밝혔다. 이에 대해서는 더 많은 연구가 필요하다.

또 다른 간접적 증거는 이전 장에서 살펴본 것과 비슷한 신체 소유권 실험이다. 2013년 스즈키 케이스케가 주도한 실험에서는 심박과 맞추지 않고 플래시를 번쩍일 때보다 심박에 맞춰 플래시를 번쩍일 때, 가상현실 '고무손'에 대한 신체 소유권을 더 많이 경험한다는 사실을 밝혔다. 이는 신체 소유권이 내수용 감각과 외수용 감각 신호의 통합에 달려 있음을 시사한다. 이 '심장-시각 동기화cardio-visual synchrony' 방법은 제인 애스펠Jane Aspell과 그 동료들이 가상의 전신 모습을 보는 '전신 착각' 설정에서 사용하기도 했다. 이들 역시 심박과 맞게 플래시를 번쩍이면 사람들이 자신의 가상 모습에 더 동기화된다는 사실을 발견했다. 이런 연구 결과도 내수용 추론을 시사하지만 더 많은 연구가 필요하다. 이런 실험은 신체 소유권 실험에서 매우 중요하다고 알려진, 최면 암시에서 나타나는 개인차를 고려하지 않았기 때문이다. 이런 개인차는 자신의 심박을 얼마나 의식하는지와도 연관되는데, 이는 무척 측정하기 어려운 특성이기도 하다.

동물기계 이론의 관점에서 내수용 추론의 가장 중요한 의미는 정동적 경험이 단지 내수용 추론을 통해 만들어지는 것이 아니라 내수용 추론으로 구성된다는 점에 있다. 정서와 기분은 모든 지각과 마찬가지로 바깥에서 오는 것이 아니라 안에서 비롯된다. 두려움, 불안, 기쁨, 후회 등 모든 정서적 경험은 몸의 상태 및 그 원인에 대한 하향식 지각적 최선의 추측에서 나온다. 이런 사실을 인지하는 것은 체화된 자기가 된다는 경험이 어떻게 피와 살로 된 물질성과 연관되는지 이해하는 첫 번째 핵심 단계다.

다음 단계로 넘어가기 전에, '내부로부터' 신체를 지각하는 것이 **무엇을 위한 것인지** 질문해야 한다. 바깥 세계에 대한 지각은 행동을 유도하는 데 분명 유용하지만, 왜 우리 내부의 생리적 상태가 처음부터 우리의 의식적 삶에 구축되어 들어와야 했을까? 이 질문에 답하려면 다시 역사를 되짚어보아야 하지만, 이번에는 20세기 중반으로 돌아가 이제껏 무시되었던 컴퓨터 과학, 인공지능, 공학, 그리고 **사이버네틱스**cybernetics로 알려진 생물학의 결합을 살펴보자.

──────

컴퓨터 시대가 도래한 1950년대, 새롭게 출현한 사이버네틱스와 인공지능은 둘 다 유망하고 여러 면에서 서로 뗄 수 없는 분야였다. 사이버네틱스는 그리스어로 '키잡이'나 '운영자'를 뜻하는 **카이버네테스**kybernetes에서 유래한 단어다. 사이버네틱스라는 단어를 제안한 사람 중 한 명인 수학자 노버트 위너Norbert Wiener는 이 단어를 '동물이나 기계의 제어와 의사소통을 과학적으로 연구하는 학문'이라 설명했다. 사이버네틱스는 분명하게 제어를 강조하며, 유도 미사일처럼 출력에서 입력에 이르는 폐쇄 루프 피드백closed-loop feedback 시스템에 주로 응용된다. 사이버네틱스의 주요 특징 중 하나는 미사일이 목표물을 격추하는 것처럼 어떤 '목적'이나 '목표'를 가진 것처럼 보인다는 점이다.

기계가 '목적'을 가질 수 있다는 사고방식은 무생물과 생물 사이에 새로운 다리를 놓았다. 이전에는 생물 시스템만이 목표를 가지고 내면의 목적에 따라 행동한다는 견해가 지배적이었다.[6] 하지만 사이버네틱스는 기계와 동물의 긴밀한 연결을 강조한다. 부분적으로 이런 점 때문에, 사이버네틱스는 체스 컴퓨터처럼 탈신체화되고 추상적인 오프라인 추론을 강조하는 AI 접근법과는 구별된다. AI 접근법이 여러 기준에서 뉴스 헤드라인과 자금 지원 기관을 지배하는 사이, 사이버네틱스는 점점 시야 밖으로 밀려났다. 하지만 비교적 불명확한 상황에서도 사이버네틱스는 여러 귀중한 통찰을 전해주었으며, 그 중요성은 오늘날에야 알려졌다.

1970년 윌리엄 로스 애슈비William Ross Ashby와 로저 코넌트Roger Conant가 발표한 논문은 사이버네틱스에 대한 통찰을 준다. 이들이 설명한 '좋은 제어기 정리Good Regulator Theorem'라는 개념은 논문의 제목에 다음과 같이 잘 요약되어 있다.

"좋은 제어기라면 그 시스템의 모델이 되어야 한다."

중앙난방 시스템이나 에어컨 시스템을 떠올려보자. 이 시스템은 집 안 온도를 19도로 유지하도록 설계되었다고 가정해보자. 대부분의 중앙난방 시스템은 간단한 피드백 제어로 작동한다. 온도가 너무 낮으면 스위치를 켜고, 온도가 높아지면 스위치를 끈다. 이런 간단한 시스템을 '시스템 A'라 한다.

이제 더 발전된 시스템인 '시스템 B'를 생각해보자. 시스템 B는 난방을 켜거나 끌 때 집 안의 온도가 어떻게 바뀔지 **예측할** 수 있다. 이 시스템은 방의 크기, 라디에이터의 위치, 벽의 재질 같은 집의 특성이나 바깥 날씨를 바탕으로 예측을 한다. 그다음, 예측에 따라 보일러 출력을 조정한다.

이런 뛰어난 능력 덕분에 시스템 B는 시스템 A보다 집 안 온도를 더 일정하게 유지할 수 있다. 특히 집 구조가 복잡하거나 날씨가 변화무쌍할 때는 더 효율적이다. 시스템 B는 시스템 동작에 따라 집 안 온도가 어떻게 반응할지 예측할 수 있는 집 **모델**을 갖고 있어 시스템 A보다 훨씬 성능이 좋다. 최고급 사양의 시스템 B라면 날씨가 추워지는 등 온도 관련 문제가 닥치기 전에 미리 예측하고 보일러 출력을 조절해 집 안 온도가 일시적으로 떨어지는 현상도 방지할 수 있을 것이다. 코넌트와 애슈비가 지적했듯, **"좋은 제어기라면 그 시스템의 모델이 되어야 한다".**[7]

이 예시를 조금 더 살펴보자. 시스템 B에 실내 온도를 간접적으로만 읽어낼 수 있는 불완전한 '잡음 많은' 센서가 장착되어 있다고 가정해보자. 이는 센서가 집의 실제 온도를 직접 '읽어낼' 수 없다는 의미다. 대신 이 시스템은 감각 데이터와 사전 예측에 기반해 온도를 추론해야 한다. 시스템 B는 이제 센서의 판독값이 집 안의 실제 온도라는 숨겨진 원인과 어떤 관련이 있는지, 그리고 이 원인이 보일러나 라디에이터의 출력을 조정하는 등 여러 동작에 따라 어떻게 달라질지 설명하는 모델을 갖추어야 한다.

이제 조절에 관한 생각과 예측적 지각에 대한 지식을 연결할 수 있다. 시스템 B는 센서에서 판독한 실내 온도를 추론해 작동한다. 우리 뇌가 세상(과 몸)의 상태 및 시간에 따른 변화를 추론하기 위해 감각 신호의 원인에 대한 최선의 추측을 하는 것과 마찬가지다. 하지만 시스템 B의 목표는 '저기에 무엇이 있는지'(이 사례에서는 실내 온도) 알아내는 것이 아니다. 목표는 바로 추론해 낸 숨겨진 원인을 **조절**하고, 편안한 온도, 이상적으로는 고정된 온도로 실내 온도를 유지할 **행동**을 취하는 것이다. 이런 맥락에서 지각은 저기에 무엇이 있는지 파악하는 것이 아니라 실은 제어와 조절이다.

따라서 시스템 B가 구현한 제어 중심 지각은 예측을 갱신하는 프로세스라기보다, 행동을 통해 감각 예측 오류를 최소화하는 프로세스인 **능동적 추론**active inference의 한 형태다. 5장에서 살펴본 것처럼, 능동적 추론은 감각 신호의 원인이 서로 다른 행동에 어떻게 반응할지 예측하는 생성 모델, 그리고 지각적 예측이 자기실현될 수 있도록 하는 하향식 예측과 상향식 예측 오류의 균형 조절에 따라 달라진다. 이를 통해 지각적 예측은 자기실현된다.

능동적 추론은 예측적 지각이 세상과 신체 특징에 대한 추론 및 이런 특징의 제어와 맞물릴 수 있다는 사실을 보여준다. 즉, 능동적 추론은 사물을 발견하거나 제어하는 것이다. 사이버네틱스는 어떤 시스템에서는 제어가 우선이라는 사실을 밝힌다. 좋은 제어기 정리 관점에서 보면, 시스템을 적절히 조절하는 데 무엇이 필요한지에 대한 기본적인 요구에서 예측적 지각과 능동적 추론의 모든 도구가 나온다.

정서와 기분을 왜 지각해야 하는지 묻는 질문에 답하려면 사이버네틱스에서 온 **필수 변수**essntial variable라는 개념이 하나 더 필요하다. 필수 변수도 로스 애슈비가 소개한 개념으로 체온, 혈당 수치, 산소량 등의 생리적 양을 의미한다. 유기체가 생존하려면 필수 변수는 엄격히 제한된 한도 내에서 유지되어야 한다. 중앙 난방 시스템으로 본다면 '필수 변수'는 원하는 실내 온도다.

이 조각들을 더해보면, 이제 정서와 기분을 **신체의 필수 변수를 조절하는 제어 중심 지각**으로 이해할 수 있다. 이것이 정서와 기분의 **목적**이다. 곰이 다가올 때 경험하는 두려움은 내 몸, 더 구체적으로는 '곰이 다가오는 상황에 놓인 내 몸'에 대한 제어 중심 지각이다. 이런 두려움이 발생하면 몸의 필수 변수를 제대로 조절해 가장 잘 예측된 행동을 준비하는 것이 가능해진다. 이런 행동은 도망가기처럼 신체의 외적 움직임일 수도, 심박수 상승이나 혈관 확장처럼 내적 '내수용 작용'일 수도 있다.

정서와 기분을 이런 관점에서 지각하면 피와 살로 된 몸이라는 본성과 더욱 밀접하게 연관 지을 수 있다. 이런 자기 지각은 그저 외적 및 내적으로 신체의 상태를 나타내는 것이 아니라, 우리가 생존이라는 면에서 얼마나 잘하고 있는지, 앞으로 얼마나 잘할 수 있을지와 밀접하게 인과적으로 연관된다.

이렇게 구별해보면 결정적으로 정서와 기분에 특징적인 현상성이 나타나는 이유도 발견할 수 있다. 두려움, 질투, 기쁨, 자부심의 경험은 각기 매우 다르지만, 시각적 또는 청각적 경험보다는 서로 더 비슷하다. 왜 그럴까? 지각적 경험의 본질은 예측의 대상(책상 위의 커피잔이나 쿵쿵거리는 심장)뿐만이 아니라 생성되는 예측의 유형에 따라서도 달라지기 때문이다. 사물을 발견하기 위한 예측의 현상성은 사물을 제어하기 위한 예측의 현상성과는 매우 다르다.

책상 위에 놓인 커피잔을 볼 때 나는 나와 별개로 존재하는 3차원적 사물을 강하게 지각한다. 이것이 6장에서 살펴본 '사물성'의 현상성이다. 이 개념을 소개할 때 나는 컵의 뒷면을 알아내기 위해 컵을 돌리는 등의 행동으로 시각 신호가 어떻게 바뀔지 뇌가 조건적 예측을 할 때 시각적 경험에서 사물성이 생긴다고 주장했다. 이 경우 지각적 예측은 저기에 무엇이 있는지 밝히는 데 맞춰져 있으며, 컵을 돌리는 것 같은 행동은 감각 신호의 숨겨진 원인을 더 많이 드러낼 것으로 예상된다.

이제 좀 더 능동적인 예를 생각해보자. 크리켓 공을 잡아보자. 공을 잡는 최고의 방법은 공이 어디에 떨어질지 알아내서 최대한 빨리 그쪽으로 달려가는 것이라고 생각할 터다. 하지만 '저쪽에 무슨 일이 있을지 알아내는 것'은 사실 좋은 전략이 아니며, 선수들이 이용하는 방법도 아니다. 대신 공이 특정 방식으로 '똑같이 보이도록', 특히 공을 올려다보는 시선 각도는 계속 증가하지만 공이 움직이는 속도는 꾸준히 감소해 보이도록 몸을 움직여서 가야 한다. 심리학자들이 '광학 가속도 상쇄optic acceleration cancellation'라 부르는 이 전략을 따르면 확실히 공을 잡을 수 있다.[8]

이 사례를 보면 다시 제어를 떠올리게 된다. 우리의 행동 및 감각 결과에 대한 뇌의 예측은 공이 **실제로 어디에 있는지**를 밝히는 것이 아니라, 지각적으로 어떻게 **보이는지**를 제어하는 데 맞춰져 있다. 따라서 우리의 지각적 경험은 공중에 뜬 공의 정확한 위치를 파악하는 것이 아니라 공을 향해 달려갈 때 '잡을 수 있는 정도'를 파악한다. 이 상황에서 지각은 **제어된**controlled 환각인 동시에 **제어하는**controlling 환각이다.

이런 생각에는 상당한 역사적 계보가 있다. 1970년대 심리학자 제임스 깁슨James Gibson은 우리가 '행동 유도성affordances'의 관점에서 세상을 지각한다고 주장했다. 행동 유도성은 사물의 '있는 그대로의 모습'을 행동 독립적으로 표현한 것이라기보다, 열릴 문이나 잡힐 공처럼 **어떤 행동을 위한 기회**opportunity for action로 보는 것이다. 마찬가지로 1970년대에 제안되었지만 깁슨의 이론보다는 덜 알려진 윌리엄 파워스William Powers의 '지각 제어 이론perceptual control theory'은 제어에 더 초점을 맞춘다. 지각 제어 이론에 따르면 우리는 특정 방식으로 행동하기 위해 사물을 지각하는 것이 아니다. 대신 크리켓 공을 잡는 것처럼, 특정 방식으로 사물을 지각하기 위해 행동한다. 이런 초기 이론은 개념적으로 궤도에 올랐고, 5장에서 살펴본 뇌의 '행동 우선' 관점에 부합한다. 하지만 지각을 세어된 환각 노는 제어하는 환각이라는 관점에서 보는 구체적인 예측 메커니즘은 부족했다. 또한 이런 이론은 신체 내부보다 외부 세상에 대한 지각에 초점을 맞췄다.

불안에는 뒷모습이 없고, 슬픔에는 옆모습이 없으며, 행복은 직사각형이 아니다. 정동적 경험을 구축하는 '내부로부터'의 신체 지각은 다양한 신체 내부 장기의 위치나 모양, 이를테면 비장은 여기에, 신장은 저기에 있다는 경험을 주지 않는다. 이런 지각에는 책상 위 커피잔을 볼 때처럼 사물성의 현상성도 없고, 크리켓 공을 잡을 때처럼 공간적 틀에서의 움직임도 없다.

정서와 기분을 뒷받침하는 제어 중심 지각은 모두 신체의 필수 변수를 있어야 할 자리에 제대로 맞추기 위해 행동의 결과를 예측한다. 우리가 정서를 사물처럼 경험하지 않고 전체적인 상황이 제대로인지 혹은 그렇게 되어갈지 경험하는 것은 이런 이유 때문이다. 내가 병원에서 어머니의 침대 옆에 앉아 있든, 곰에게서 벗어나기 위해 안간힘을 쓰고 있든, 내 정서적 경험의 형태와 질은 쓸쓸하든, 희망적이든, 당황스럽든, 침착하든 그 자체 그대로다. 뇌는 서로 다른 행동이 현재나 미래의 생리적 상태에 어떤 영향을 미칠지 조건적으로 예측하기 때문이다.

———

정서와 기분의 아래, 자기의 가장 깊은 곳에는 그저 **살아 있는 유기체가 된다**는, 인지적으로 깊이 묻힌, 불완전하며, 설명하기 어려운 경험이 있다. 자아의 경험은 그저 '존재한다'라는, 구조화되지 않은 느낌에서 나온다. 이 지점이 우리의 동물기계 이론이 도달하는 핵심이다. 우리 주변 세상과 그 안에 있는 우리 자신에 대한 의식적 경험은 살아 있는 **우리 몸에서, 몸을 통해,** 그리고 **몸 때문에** 일어난다. 여기서부터 지각과 자아에 대한 내 주장이 시작한다. 처음부터 차근차근 따져보자.

유기체의 일차적인 목표는 계속 생존하는 것이다. 이 목표는 단호히 진화가 부여한 필수 사항이므로 정의상 사실이다. 살아 있는 모든 유기체는 위험과 기회 앞에서 생리적 통합성을 유지하기 위해 노력한다. 이것이 뇌가 존재하는 이유다. 진화가 유기체에 뇌를 준 이유는 시를 쓰거나 십자말풀이를 하거나 신경과학을 연구하라고 그런 것이 아니다. 진화적으로 말하면 뇌는 이성적 사고나 언어적 의사소통, 심지어 세상을 지각하기 '위해' 존재하지 않는다. 모든 유기체가 뇌나 신경계를 갖는 가장 근본적인 이유는 생존할 수 있는 좁은 범위 안에서 생리적 필수 변수가 유지되도록 만들어 **계속 생존**하기 위해서다.

이런 필수 변수들이 효과적으로 조절되어 유기체의 생명 상태와 미래에 대한 전망을 결정하며 내수용적 신호를 유발한다. 모든 물리적 속성과 마찬가지로 이런 필수 변수는 감각의 베일 뒤에 숨겨져 있다. 바깥세상과 마찬가지로 뇌는 신체의 생리적 상태에 직접 접근할 수 없으므로, 베이즈 최선의 추측을 통해 추론해야 한다.

모든 예측적 인식과 마찬가지로 이 최선의 추측은 예측 오류 최소화라는 뇌 기반 프로세스를 통해 이루어진다. 내수용 감각의 맥락에서 이 프로세스를 내수용 추론이라 한다. 시각이나 청각 같은 **모든** 지각 양식에서 내수용 추론은 제어된 환각의 일종이다.

　세상에 대한 지각적 추론은 흔히 사물을 발견하는 것이 목표이지만, 내수용 추론은 일차적으로 사물을 제어하는 것을 목표로 한다. 즉, 내수용 추론의 목표는 생리적 조절이다. (예측 오류가 실제로 일어나더라도) 예측 자체를 갱신하기보다 하향식 예측을 충족하려는 행동으로 예측 오류를 최소화한다는 점에서, 내수용 추론은 능동적 추론의 한 예다. 이런 조절 작용에는 음식에 손을 뻗는 행동 같은 외부 작용이나 위장의 반사작용, 일시적인 혈압 변화 같은 내부 작용이 포함된다.

　이런 예측적 제어는 미래의 신체 상태에 대한 예측 또는 이 예측과 여러 행동과의 상관성에 비추어 **예상되는** 반응을 낸다. 이런 예측적 제어는 생존에 매우 중요하다. 예를 들어 혈액의 산도가 범위를 벗어나서야 적절한 반응이 나온다면 몸에는 매우 좋지 않은 결과를 가져올 것이다. 다시 말하지만 관련된 행동은 내적일 수도, 외적일 수도, 둘 다일 수도 있다. 곰에게 잡아먹히기 전에 도망가는 행동은 외적 예측적 제어의 사례다. 재빨리 도망치기 위해 일시적으로 혈압이 상승하거나 장시간 일을 한 뒤 잠시 책상에서 일어나는 행동은 내적 예측적 제어에 해당한다.

　생리학에는 이런 과정을 설명하는 유용한 용어가 있다. 바로 **이상성**(**알로스타시스**allostasis)이다. 이상성은 변화를 통해 안정성을 얻는 과정으로, 단순히 평형상태를 추구하는 경향을 의미하는, 우리에게 좀 더 친숙한 용어인 **항상성**homeostasis과는 다른 개념이다. 내수용 추론은 신체의 생리적 조건을 이상성에 따라 조절하는 것이라고 생각할 수 있다.

시각적 감각 신호에 대한 예측이 시각적 경험을 뒷받침하듯, 미래나 지금 여기에 대한 내수용 예측도 정서와 기분을 뒷받침한다. 이런 정동적 경험에는 특징적인 현상성이 있다. 정동적 경험은 제어 중심적이고 신체와 연관된 지각적 예측의 본질에 의존하기 때문이다. 이런 정동적 경험은 제어된 환각이자 제어하는 환각이다.

정서와 기분이 생리적 조절에 단단히 뿌리내리고 있지만, 적어도 부분적으로는 자기를 넘어 신체 바깥에 있는 사물이나 상황과 관련된 것이 대부분이다. 내가 두려움을 느낄 때 나는 보통 **어떤 것**을 두려워한다. 하지만 자아 경험의 가장 깊은 수준, 즉 '그저 존재한다'라는 불완전한 느낌에는 이런 외적 대상이 전혀 없다. 이것이 의식적 자아의 가장 기저 상태다. 신체 자체가 가진 현재와 미래의 생리적 조건에 대한, 형태도, 모양도 없고 제어 중심적인 지각적 예측 말이다. '**당신이 된다는 것**being you'이 시작되는 부분, 생명과 마음, 그리고 우리의 동물기계적 본질과 의식적 자기 사이의 심오한 연결 고리를 바로 이 지점에서 찾을 수 있다.

동물기계 이론의 마지막이자 중요한 단계는 이 출발점에서 모든 것이 시작한다는 사실을 깨닫는 것이다. 데카르트의 동물기계는 생명과 마음이 무관하다고 보지만, 인간은 그렇지 않으므로 우리는 데카르트의 동물기계가 아니다. 사실 정반대다. 자기 및 세계에 대한 **모든** 지각과 경험은 생존이라는 근본적인 생물학적 동력을 바탕으로 항상 진화하고 발전하며 작동하는, 살과 피로 된 예측 기계에서 나오는, 안쪽에서 바깥을 향해 제어되고 제어하는 환각이다.

우리는 처음부터 끝까지 의식적인 동물기계다.

―――

8장의 끝부분에서 나는 세상에 대한 지각은 나타났다 사라지지만, 자아 경험은 여러 시간대에 걸쳐 안정적이고 지속적이라고 언급했다. 이제 우리는 이런 주관적인 안정성이 동물기계 이론에서 자연히 발생한다는 사실을 안다.

신체의 생리적 상태를 효과적으로 조절하려면 내수용 신호에 대한 사전 확률의 정밀도를 높여야 하므로, 이들은 자기실현적이어야 한다. 능동적 추론의 이런 핵심적 측면 덕분에 내수용적 최선의 추측은 이런 사전 확률, 즉 원하는(예측한) 생리적 생존 가능 영역에 들어갈 수 있다. 예를 들어 체온이 시간이 지나도 일정하게 유지될 것으로 예측되고, 능동적 추론에 따르면 실제로도 그러한 것은 이런 이유 때문이다. 따라서 신체적 자기의 경험이 상대적으로 변하지 않는 것은 생리적 조절이라는 목적을 위해 안정적인 신체 상태를 예상하는 정밀한 사전 확률(즉, 강력한 예측)을 가져야 하기 때문이다. 다시 말하면 우리가 살아 있는 한 뇌는 살아 있다고 예상하는 사전 믿음을 절대 갱신하지 않는다.[9]

게다가 '변화' 자체도 일종의 지각적 추론이므로, 생리적 필수 변수를 제대로 유지하기 위해 뇌는 신체 상태의 변화를 지각하는 사전 예측을 약화할 수도 있다. 앞선 장에서도 살펴본 '자기 변화 맹목'은 이런 현상의 한 형태다. 자기 변화 맹목이라는 관점에서 보면 우리는 실제로 생리적 상태가 변해도 그 변화를 지각하지 못할 수도 있다.

이런 생각을 종합해보면 우리는 시간이 지나도 우리 자신을 안정적이라 지각한다. 생리적 상태가 특정 범위로 제한된다는 자기실현적 사전 예측 때문이기도 하고, 생리적 상태는 변하지 않는다는 자기실현적 사전 예측 때문이기도 하다. 즉, 효과적인 생리적 조절은 신체의 내적 상태가 실제보다 더 안정적이고 덜 변한다고 시스템이 **잘못** 지각할 때 이루어진다.

흥미롭게도 이런 주장은 생리적 통합성이 지속된다는 기저 상태를 넘어 고차원적 자아라는 영역으로 확장될 수도 있다. 우리 자신을 끊임없이 변하는 존재로 지각(할 것이라고 예측)하지 않는다면, 우리는 자아의 모든 단계에서 생리적·심리적 정체성을 더 잘 유지할 수 있을 것이다. 우리는 시간이 지나도 자기가 모든 면에서 안정적이라고 지각한다. 우리는 자기를 알기 위해서가 아니라, 자기를 제어하기 위해서 지각하기 때문이다.

우리 대부분은 이런 주관적인 안정성을 보완하면서 대체로 자기가 '실제'로 존재한다고 지각한다. 분명한 사실처럼 보이지만, 6장에서 논했던 것처럼 세상의 사물을 '실제로 존재하는 것'으로 경험한다고 객관적 현실에 지각적으로 직접 접근할 수는 없으며, 이런 현상은 설명해야 할 현상학적 특성에 불과하다는 사실을 명심해야 한다. 이런 점에서 지각적 최선의 추측이 유기체에 유용하려면, 우리는 지각적 최선의 추측을 실제 그대로의 뇌 기반 구조가 아니라 **세상 바깥에 실제로 존재하는 것**처럼 경험해야 한다.

자기에 대해서도 같은 추론이 가능하다. 구석에 있는 의자가 **정말로** 빨갛고, 내가 이 문장을 쓰기 시작한 후로 **정말로** 1분이 지났듯, 지각적 예측 기계는 직접 내면을 향했을 때 모든 것의 중심에 '나'라는 안정된 정수가 **정말로** 존재하는 것처럼 보이게 만든다.

그리고 세상에 대한 우리 지각이 때로 실제로 존재한다는 현상성을 잃을 수 있는 것처럼, 자기도 마찬가지로 이런 현실감을 잃을 수 있다. 자기라는 경험된 현실과 주관적 안정성은 질병에 걸리면 증가하거나 감소할 수 있고, 이인증 같은 정신 질병 상태에서는 극도로 줄어들거나 아예 사라질 수도 있다. 자기 비현실성self-unreality의 가장 극단적인 사례는 1880년 프랑스 신경학자인 질 코타르Jules Cotard가 처음 설명한 희귀한 망상delusion에서 찾아볼 수 있다. 코타르가 설명한 망상 속에서는 체화된 자아가 너무 많이 사라져 아예 존재하지 않거나 죽었다고 믿게 된다. 물론 자아를 비현실로 **경험**한다고 자아의 정수가 갑자기 사라져버렸다는 뜻은 아니다. 그저 신체 조절의 가장 깊은 층위에서 제어 중심적 지각이 크게 잘못되었다는 의미다.

———

나는 동물기계 이론을 펼치며 생명에 의식이 필요하다거나 살과 피, 내장 혹은 생물학적 뉴런에 특별한 무언가가 있어, 이런 물질로 이루어진 생명체만이 의식적 경험을 할 수 있다고 주장하지 않았다. 이런 주장은 사실일 수도, 아닐 수도 있다. 적어도 내가 주장한 어떤 말도 이런 주장을 강력하게 뒷받침하지는 않으며, 그럴 의도도 없다. 내 주장은 **바로** 우리의 의식적 경험이 왜 그런 식인지, 자기에 대한 경험은 어떤 것인지, 이런 경험이 세상에 대한 경험과 어떤 관련이 있는지 이해하려면 우리는 생물의 생리학적 측면에서 모든 지각의 깊은 기원을 제대로 이해해야 한다는 것이다.

의식의 물질적 기초에 대해 생각하려면 다시 한번 의식의 어려운 문제로 돌아가야 한다. 동물기계 이론은 이 명백한 미스터리를 더욱 빨리 해체한다. 제어된 환각이라는 관점을 자아의 가장 깊은 층위까지 확장하고, **실제로 존재하는 대상으로서의 자기** the-self-as-really-existing에 대한 경험을 지각적 추론의 또 다른 측면으로 이해하면, 암묵적으로 어려운 문제에 근거를 둔 직관은 더욱 약화된다. 특히 의식적 자아가 어떻게든 자연과 별개라는, 즉 의식적 자아는 물질적 바깥 세계를 내다보고 비물질적인 내적 관찰자가 실재한다는 직관은 어려운 문제에 가까우며, 사물이 어떻게 **보이는지**와 사물이 실제로 **그러한지** 사이에 더 큰 혼란을 만들 뿐이다.

수 세기 전, 데카르트와 라메트리가 생명과 마음의 관계를 논할 때 문제가 된 것은 어려운 문제가 아니라 '영혼'의 유무였다. 그리고 어쩌면 놀랍게도, 동물기계 이론에도 이와 비슷한 영혼 이야기가 있다. 영혼은 형태 없는 본질도, 합리성을 짜낸 정신적 정수도 아니다. 자아를 신체 및 지속적인 생명의 리듬과 긴밀하게 얽힌 것으로 보는 동물기계적 관점에서 보면, 우리는 마음과 물질을, 이성과 비이성을 분리한 데카르트 이전으로 돌아가 계산적 마음computational mind이라는 자만에서 해방된다. 이런 관점에서 우리가 '영혼'이라 부르는 것은 마음과 생명 사이의 깊은 연속성에 대한 지각적 표현이다. 우리가 체화된 자아, 즉 '그저 존재한다 just being'는 불완전한 느낌이 **실제로 존재한다**고 받아들일 때 갖게 되는 경험이다. 이런 관점을 영혼의 메아리라 불러도 좋을 것 같다. 힌두교의 아트만Ātman(절대 변치 않는 가장 내밀하고 초월적인 자아 – 옮긴이주)처럼, 우리 인간 내면의 정수를 생각이 아닌 호흡이라고 여겼던 오래된 생각이나 개념을 부활시키기 때문이다.

우리는 인지하는 컴퓨터가 아니라, 느끼는 기계다.

10장
물속의 물고기

2007년 9월, 나는 브라이턴에서 바르셀로나로 가는 길이었다. 여름학교에서 '뇌, 인지, 기술'에 대한 강연을 하기 위해서였다. 아름다운 도시를 여행하게 되어 기뻤지만, 아쉽게도 당면한 일 때문에 영국의 저명한 신경과학자인 칼 프리스턴이 '자유에너지 원리 FEP, Free Energy Principle'와 신경과학적 적용에 대해 강의하는 3시간짜리 마스터 클래스에는 너무 늦게 도착했다. (프리스턴은 5장에서 능동적 추론에 대한 개념을 살펴볼 때 이미 만난 바 있다.) 프리스턴의 아이디어는 수학적으로 심오하고 복잡하기는 하지만 아직 초기 단계인 내 예측적 지각과 자기에 대한 생각을 담아낼 수 있을 것으로 기대되어, 그의 세미나를 꼭 듣고 싶었다.

강의는 놓쳤지만 그 자리에 가면 무슨 강의를 했는지 알 수 있을 것 같았다. 하지만 그날 저녁 늦게 루프톱 바에 도착했을 때

만난 사람들은 모두 당혹스러운 표정이었다. 프리스턴은 혼란에 빠진 사람들을 뒤로한 채 강의 직후 런던으로 떠났다. 세 시간 동안 수학과 신경해부학에 대한 그의 상세한 강의를 들은 사람들 대부분은 처음보다 훨씬 혼란에 빠졌다.

프리스턴의 주장이 너무 방대하다는 것이 문제 중 하나였다. 자유에너지 원리에 대해 가장 먼저 떠오르는 생각은 너무나 거대한 생각이라는 점이다. 자유에너지 원리는 생물학, 물리학, 통계학, 신경과학, 공학, 머신 러닝 등의 개념, 통찰, 방법을 아우른다. 게다가 자유에너지 원리는 뇌에만 한정되지 않는다. 프리스턴의 자유에너지 원리는 박테리아의 자기 조직화에서부터 뇌와 신경계의 상세한 세부, 동물의 전반적인 형태와 신체 계획에 이르는 살아 있는 생명체의 **모든** 특성을 설명하며, 심지어 진화 자체의 광범위한 위업까지 다룬다. 자유에너지 원리는 생물학이 아직 제안하지 못한 '모든 것의 이론theory of everything'에 가깝다. 나를 포함한 많은 사람이 당황한 것도 당연하다.

그간의 10년을 재빨리 되감기해보자. 2017년 나는 동료인 크리스 버클리Chris Buckley, 사이먼 맥그리거Simon McGregor, 김창섭과 함께 〈신경과학에서의 자유에너지 원리The free energy principle in neuroscience〉라는 검토 논문을 《저널 오브 매스매티컬 사이컬러지 Journal of Mathematical Psychology》에 발표했다. 예상보다 9년 더 걸렸지만 인내심을 갖고 완성해 다행이라 여긴다.

기쁘게 **생각**하지만, 많은 어려움을 겪고도 여전히 기묘한 불가사의가 남아 있다. 인터넷에는 프리스턴의 개념을 이해하기 위해 고군분투하는 글이 정기적으로 올라온다. 스콧 알렉산더Scott Alexander의 '신이시여, 프리스턴의 자유에너지 원리를 이해하도록 우리를 도우소서God help us, let's try to understand Friston on free energy'라는 블로그도 있다. 심지어 트위터의 팔크리스턴@FarlKriston이라는 패러디 계정은 이런 명언을 남기기도 했다. "내가 어떻게 생각하든 나는 나야. 그렇지 않다면 왜 내가 나라고 생각하겠어?"

자유에너지 원리는 분명 난해하지만 생명과 마음의 깊은 통일성을 우아하고 단순하게 표현하며, 의식에 대한 동물기계 이론을 몇 가지 중요한 방법으로 채워준다는 면에서 가치가 있다.

그리고 계속 살펴보겠지만, 핵심을 제대로 요약해보면 자유에너지 원리는 사실 이해하기 그리 어렵지 않다.

———

신비로운 '자유에너지'라는 개념은 잠시 접어두고, 유기체, 또는 그 무엇이든 존재한다는 것이 실은 무슨 의미인지 살펴보자.

어떤 것이 존재한다는 것은 그것과 나머지 모든 것 사이에 차이, 즉 경계가 있어야 한다는 뜻이다. 경계가 없다면 아무것도 없다.

또한 이 경계는 시간이 지나도 유지되어야 한다. 존재하는 것은 시간이 지나도 정체성을 유지하기 때문이다. 물잔에 잉크 한 방울을 떨어뜨리면 물이 잉크 색이 되고 고유성을 잃는다. 하지만 기름 한 방울을 떨어뜨리면 기름은 물 표면으로 퍼지지만 물과 완전히 분리된다. 기름방울은 물에 고르게 퍼지지 않고 계속 존재한다. 하지만 시간이 지나면 바위가 침식되어 결국 먼지가 되듯, 기름 역시 고유성을 잃는다. 기름방울이나 바위 같은 것들은 일정 기간, 혹은 아주 오랜 시간 고유성을 유지하므로 의심할 여지없이 존재한다고 볼 수 있다. 하지만 기름방울도 바위도 경계를 **능동적으로** 유지하지는 않으므로, 이것들이 존재한다고 볼 수 있는 동안에도 천천히 흩어진다.

생명계는 다르다. 앞에서 살펴본 기름이나 잉크 방울과 달리, 생명계는 이동하거나 성장할 때 시간이 지나도 능동적으로 경계를 유지한다. 생명계는 능동적으로 환경과 자신을 분리해 유지된다. 이것은 생명계가 살아 있도록 만드는 핵심적 특징이다. 자유 에너지 원리의 출발점은 생명계가 존재하려면 자신의 내적 상태가 흩어지지 않도록 능동적으로 저항해야 한다는 데 있다. 형체를 구분할 수 없이 퍼져버리면 더는 살아 있다고 볼 수 없다.[1]

생명에 대해 이렇게 생각하면 **엔트로피** 개념으로 돌아가게 된다. 2장에서 우리는 무질서, 다양성, 불확실성의 척도로 엔트로피를 만나보았다. 잉크 방울이 물 전체에 퍼진 것처럼 시스템의 상태가 무질서해질수록 엔트로피도 높아진다. 당신이나 나, 심지어 박테리아도 퍼져버렸을 때보다 살아 있을 때의 내적 상태가 덜 무질서하다. 살아 있다는 것은 **엔트로피가 낮은** 상태라는 의미다.

여기에 문제가 있다. 물리학에서 열역학 제2법칙에 따르면 고립된 물리적 시스템의 엔트로피는 시간에 따라 증가한다. 고립된 모든 물리적 시스템은 시간이 지나면서 무질서해지고 구성 성분이 분산된다. 생명계처럼 조직화된 물질은 본질적으로 불안정하고 불가능하며, 장기적으로 필멸할 수밖에 없다는 의미다. 하지만 어쨌든 바위나 잉크 방울과 달리 생명계는 일시적으로 열역학 제2법칙을 벗어나 불가능한 위태로운 상태를 유지한다. 생명계는 환경과 이루는 균형을 벗어나 존재하며, 이것은 애초에 이들이 '존재'한다는 의미다.

자유에너지 원리에 따르면, 생명계가 열역학 제2법칙을 벗어나려면 생명계가 **있으리라 예측되는 상태에 있어야** 한다. 베이즈 모델에 따라 나는 여기서 '예측expect'이라는 말을 심리적 의미가 아닌 통계적 의미로 사용했다. 너무 간단해서 하찮을 정도의 아이디어다. 물속의 물고기는 통계적으로 물고기가 있으리라 예측된 상태에 있다. 보통 물고기는 대부분 물속에 있기 때문이다. 물고기가 죽어 퍼져버리지 않는 한, 통계적으로 물고기가 물 밖에 있다고는 예측하기는 어렵다. 내 체온이 약 37도라는, 통계적으로 예측된 상태는 내가 죽어서 퍼져버리지 않고 계속 생존하는 상태와 일치한다.

체온이나 심박수(앞 장에서 살펴본 생리적 '필수 변수'), 단백질 결합체의 구조나 단세포 박테리아 내의 에너지 흐름 등 모든 생명계에서 '살아 있다'라는 상태는 생명계가 계속 반복적으로 놓이는 특정 상태를 능동적으로 취한다는 의미다. 이런 상태는 통계적으로 예측된, 생명계를 살아 있게 만드는 낮은 엔트로피의 상태다. 즉, 해당 생명체에서 예측된 상태의 일종이다.[2]

중요한 것은 생명계가 고립되고 닫힌 시스템이 아니라는 점이다. 생명계는 자원, 영양소, 정보를 얻으며 환경과 열린 상호작용을 계속한다. 생명계는 이런 개방성의 이점을 활용해 엔트로피를 최소화하고 열역학 제2법칙을 피해가며 통계적으로 예측된 상태를 얻으려 하는 에너지 갈망 행동을 보인다.

유기체의 관점에서 중요한 엔트로피는 유기체를 환경과 상호작용하게 하는 **감각** 상태의 엔트로피다. 박테리아처럼 아주 간단한 생명계를 상상해보자. 박테리아가 생존하려면 특정 영양소가 필요하므로, 박테리아는 주변 환경에서 이 영양소의 농도를 감지한다. 이 단순한 유기체는 고농도의 영양소를 감지하려고 **예측**하고, 움직이며 예측된 감각 신호를 능동적으로 찾으며 자신을 살아 있다고 정의하는 상태를 스스로 유지한다. 즉, 고농도 영양소를 감지하는 것은 박테리아가 능동적으로 추구하는, 통계적으로 예측된 상태다.

자유에너지 원리에 따르면 이런 현상은 모든 상황에 적용된다. 박테리아뿐만 아니라 **모든** 유기체는 궁극적으로 점점 감각 엔트로피를 최소화해, 통계적으로 예상되는 생존이라는 상태를 유지해 살아 있다.

여기서 자유에너지 원리의 핵심을 살펴보자. 자유에너지 원리는 생명계가 실제로 어떻게 감각 엔트로피를 최소화하는지에 대한 문제를 해결한다. 양을 최소화하려면 우선 시스템이 양을 측정할 수 있어야 한다. 이때 감각 엔트로피를 직접 감지하거나 측정할 수 없다는 문제가 발생한다. 그저 감각 자체에만 근거해서는 시스템이 스스로 이 감각이 의외인지 아닌지 '알 수' 없다. (여기서 비유를 해보자. 숫자 6이 의외인가? 맥락을 모르면 대답할 수 없다.) 유기체가 직접 감지해 행동을 유도**할 수 있는** 빛의 양이나 주변 영양소의 농도 등과 감각 엔트로피가 다른 이유다.

마침내 자유에너지 이야기가 들어온다. 19세기 열역학 이론에서 온 이름 때문에 겁먹지는 말자.[3] 우리의 목적상 자유에너지를 감각 엔트로피의 근사치로 생각할 수 있다. 결정적으로 자유에너지는 유기체가 측정할 수 있는 양이며, 따라서 유기체가 최소화할 수 있다.

자유에너지 원리에 따르면 유기체는 자유에너지라는 측정 가능한 양을 능동적으로 최소화해 존재를 유지하기 위한 낮은 엔트로피 상태를 유지한다. 하지만 유기체의 관점에서 자유에너지는 무엇일까? 수학적 마술을 부려보면 자유에너지는 기본적으로 감각적 **예측 오류**와 같다. 유기체가 예측 프로세스나 능동적 추론 같은 체계를 통해 감각적 예측 오류를 최소화할 때, 유기체는 이론적으로 더 심오한 자유에너지 양을 최소화한다.

이런 연관성이 지니는 한 가지 의미는 이전 장에서 살펴본 것처럼, 생명계가 환경 모델(좀 더 구체적으로는 감각 신호의 원인에 대한 모델) 자체이자 그 모델을 갖는 것은 자유에너지 원리 덕분이라는 점이다. 5장에서 살펴본 것처럼 예측 프로세스에서 예측 오류를 결정하는 예측값을 주려면 모델이 필요하다. 자유에너지 원리에 따르면 시스템에서 감각이 (통계적으로) 의외인지 판단하려면 모델을 갖거나 모델 자체가 되어야 하기 때문이다. (숫자 6이 주사위를 굴려서 나온 숫자라는 사실을 안다면, 이 숫자가 의외인지 아닌지 정확히 판단할 수 있다.)

자유에너지 원리와 예측 프로세스 사이의 이런 깊은 연관성은 매력적이다. 직관적으로 보아도, 능동적 추론을 통해 예측 오류를 최소화하면, 생명계는 자신이 놓이리라고 예측하거나 예상한 상태에 자연스럽게 놓인다. 이렇게 볼 때 예측적 지각과 제어된 (또는 제어하는) 환각이라는 개념은 생물학 전체를 설명하려는 프리스턴의 야심 찬 시도와 매끄럽게 일치한다.

이를 종합해보면 생명계는 자신의 세상과 신체를 능동적으로 모델링해, 매 순간 심장박동이 뛰거나 매년 생일을 맞는 것처럼 시스템이 살아있다고 볼 수 있는 특정 상태로 계속 되돌아온다. 프리스턴에 따르면 자유에너지 원리는 자신이 살아있다는 감각 증거를 최대화하기 위해 감각 정보를 수집하고 모델링하는 유기체에 대한 원리다. 아니면 이렇게 말할 수도 있겠다.

"나는 나 자신을 예측한다. 고로 나는 나다."

자유에너지(감각적 예측 오류)를 최소화한다고 해서 생명계가 어둡고 조용한 방에 틀어박혀 벽만 바라보고 있다는 의미는 **아니다.** 이렇게 하면 바깥 환경에서 오는 감각 입력을 상당히 잘 예측할 수 있으므로 이상적인 전략이라고 생각할 수도 있다. 하지만 그런 전략은 이상적인 상태와는 거리가 멀다. 어두운 방에 너무 오래 있으면 배가 고파질 것이므로, 시간이 지남에 따라 혈당 수치처럼 다른 상태를 알리는 감각 입력 신호가 예측치를 벗어나기 시작한다. 감각 엔트로피가 커지기 시작하면 생명계는 점점 존재하지 않는 상태가 될 것이다. 살아 있는 유기체 같은 복잡한 시스템에서 하나가 유지되려면 다른 것은 변해야 한다. 침대에서 몸을 일으켜 아침 식사를 만들려면 움직여야 하고, 그렇게 할 때 쓰러지지 않으려면 혈압이 올라가야 한다. 이것이 앞 장에서 살펴본 예측적 제어(이상성)라는 예상 형태다. 장기적으로 감각적 예측 오류를 최소화하려면 어두운 방에서 벗어나거나 조명을 켜야 한다.

자유에너지 원리에 대한 공통적인 우려는 실험 데이터로 자유에너지 원리가 틀렸다고 입증할 수 없으므로 반증할 수도 없다는 점이다. 이는 사실이지만 이런 걱정은 자유에너지 원리에만 해당하지도 않고 특별한 문제도 아니다. 자유에너지 원리를 생각하는 가장 좋은 방법은 가설 검증으로 평가할 수 있는 구체적인 이론이라기보다는 수학철학의 일부로 보는 것이다. 내 농료 제이컵 호위Jakob Hohwy가 말했듯 자유에너지 원리는 '존재를 가능하게 만드는 조건은 무엇인가'라는 질문을 다룬다. 이마누엘 칸트가 제기한 '지각을 가능하게 만드는 조건은 무엇인가'라는 질문과 근본적으로 같은 제1원리(보편적이고 필연적인 가정이나 제안, 공리 - 옮긴이주)적 방식이다. 자유에너지 원리의 역할은 실험적으로 **반증할 수 있는**, 더 구체적인 이론의 해석을 촉진하고 자극하는 것이다. 예를 들어, 지각 과정에서 뇌가 감각적 예측 오류를 사용하지 않는 것으로 드러나면 예측 프로세스 이론은 틀렸다고 입증될 수 있다. 결국 우리는 자유에너지 원리를 경험적으로 진실인지 아닌지가 아니라 얼마나 유용한지에 따라 판단한다.[4]

자유에너지 원리의 주요 단계를 요약해보자. 유기체가 살아 있으려면 유기체가 있을 것이라 '예측하는'(낮은 엔트로피) 상태에 들어가도록 행동해야 한다. 먹이를 찾아 산호초 위를 헤엄치는 물고기는 계속 생존할 수 있는 예측된 감각적 상태에 들어가기 위해 능동적으로 행동한다. 일반적으로 생명계는 이런 상태의 엔트로피에 대한 측정 가능한 근사치, 즉 자유에너지를 최소화해 예측된 감각적 상태를 찾는다. 자유에너지를 최소화하려면 유기체가 (신체를 포함한) 환경에 대한 모델을 갖거나 이 모델 자체가 되어야 한다. 자유에너지를 최소화하는 유기체는 이 모델을 이용해 예측을 갱신하고 행동해 예측된 감각 신호와 실제 감각 신호의 차이를 줄인다. 실제로 이치에 맞는 수학적 가정을 하면 자유에너지는 예측 오류와 정확히 일치한다. 따라서 자유에너지 원리를 통해 보면 예측 프로세스와 제어된 환각, 능동적 추론과 제어 중심적 지각, 그리고 동물기계 이론의 총체도 전체적으로 살아 있다는 것, 존재한다는 것의 의미란 무엇인지에 대한 근본적인 제약에서 나온다고 이해가 가능하다.

———

자유에너지 원리 이야기가 너무 빠르게 서술되어서 다소 혼란스럽겠지만, 앞 장에서 설명한 제어된 환각과 동물기계를 이해하기 위해 자유에너지 원리를 이해하거나 받아들일 필요는 없다.[5] 우리가 '살아남으려는 동력'에 근거한 예측적 지각이라는 메커니즘을 통해 세상과 자아를 경험한다는 이론은 그 자체로도 성립한다. 하지만 자유에너지 원리는 적어도 다음과 같은 세 가지 중요한 면에서 우리의 동물기계 이론을 강화한다는 점에서 가치가 있다.

첫째, 자유에너지 원리는 물리학의 기초, 특히 살아 있다는 것의 의미와 관련된 물리학이라는 측면에서 동물기계 이론을 뒷받침한다. 동물기계 이론의 '살아남으려는 동력'은 자유에너지 원리를 통해 통계적으로 예측되는 상태를 유지하고 열역학 제2법칙에 저항하는 데 근본적인 필수 요건으로 부상한다. 어떤 이론이 이렇게 일반화되고 뒷받침된다면 더욱 설득력 있고, 통합적이고, 강력해질 수 있다.

둘째, 자유에너지 원리는 동물기계 이론을 뒤집으면서 오히려 확고하게 한다. 앞 장에서 우리는 뼈로 된 두개골에서 바깥 세계를 추론하고, 신체 내부로 향하는 생각의 실마리를 뒤쫓는 도전을 시작했다. 이를 위해 먼저 자아라는 경험을 지각적 최선의 추측으로 보고, 마지막으로 이런 경험 가장 깊숙이 있는 경험을 신체 자체에 대한 제어 중심 지각으로 보았다. 자유에너지 원리로 보면 그 반대다. 우리는 '사물이 존재한다'라는 단순한 명제에서 시작해 신체와 세상으로 나아간다. 상당히 다른 두 출발점에서 시작해 같은 결론에 도달하면 근본적인 생각의 논리가 튼튼해지고, 자유에너지와 예측 오류처럼 모호했던 두 개념의 유사성이 명확해진다.

셋째, 자유에너지 원리는 풍부한 수학적 도구 상자를 준다. 앞선 장에서 살펴본 아이디어를 더욱 발전시킬 새로운 기회를 제공하는 도구 상자다. 한 가지 사례를 살펴보자. 자유에너지 원리의 수학을 좀 더 자세히 풀어보면, 생존을 위해 진정으로 해야 할 일은 지금 여기만이 아니라 **미래의** 자유에너지를 최소화하는 것임을 알 수 있다. 장기적 예측 오류를 최소화한다는 것은 어떤 행동을 하면 **앞으로** 무슨 일이 일어날지에 대한 불확실성을 줄일 새로운 감각을 **지금** 찾아야 한다는 의미다. 나는 어두운 방에 혼자 틀어박혀 만족하지 않고, 호기심을 갖고 감각을 추구하는 행위자가 된다. 자유에너지 원리의 수학은 감각의 탐색과 이용 사이의 섬세한 균형을 정량화하는 데 도움이 된다. 그리고 이는 우리가 지각하는 데 영향을 준다. 우리가 지각하는 것은 언제 어디서든 뇌의 예측에서 만들어지기 때문이다. 우리는 이런 통찰로 더 나은 실험을 하고, 이런 실험에 무게를 실을 수 있도록 더 튼튼한 설명의 다리를 놓을 수 있으며, 이런 설명적 다리는 마음이 메커니즘에서 나오는 방법에 대한 만족스러운 설명에 한발 다가갈 수 있게 해준다.

자유에너지 원리는 '모든 것의 이론'으로 알려졌지만, 의식에 대한 이론은 아니다. 자유에너지 원리와 의식의 관계는 뇌에 대한 예측적 베이즈 이론과 의식의 관계와 같다. 두 이론은 실재적 문제라는 관점에서 본다면 둘 다 의식과학**을 설명하는** 이론이지만, 어려운 문제라는 관점에서 본다면 의식**에 대한** 이론은 아니다. 자유에너지 원리는 메커니즘 측면에서 현상성을 설명할 새로운 통찰과 도구를 준다. 그 대가로 제어된 환각과 동물기계라는 관점은 자유에너지 원리의 엄격한 수학을 의식과 새롭게 연결한다. 의식에 대해 아무것도 말하지 못한다면 모든 것의 이론이라고 할 수 있겠는가?

———

자유에너지 원리를 처음 접하고 여러 해가 지난 후, 나는 칼 프리스턴과 스무 명 정도의 다른 신경과학자, 철학자, 물리학자들과 함께 아테네에서 페리로 한 시간 거리에 있는 아이기나 섬에 모여 며칠을 보냈다. 어머니가 섬망을 겪은 지 얼마 지나지 않은 2018년 9월이었다. 나는 10여 년 전 9월 바르셀로나를 방문했던 때처럼 과학을 탐구하며 보낼 늦여름 햇살을 고대했다. 앞서 3장에서 다뤘던, 역시 야심 찬 의식 이론인 통합 정보 이론을 자유에너지 원리와 관련해 논의할 계획이었다. 하지만 우리를 맞이한 것은 따뜻한 햇볕과 푸른 하늘 대신 흔치 않은 '지중해성 폭풍'이었다. 탁자와 의자가 파도에 휩쓸리고 평온한 지중해를 향해 거친 파도가 맹렬히 휘몰아쳤다.

회의장 별관 문이 세찬 돌풍에 꽝 닫히고 창문에 나뭇가지가 내리치는 동안, 나는 문득 매우 야심 차고 수학적으로 상세하지만 이제껏 전혀 교류가 없던 두 이론으로 의식을 논한다는 것이 얼마나 이례적인 일인지 떠올렸다. 상호작용이 부족해 실망스러워 보일 수 있지만, 나는 두 이론에 뛰어들기에 매력적인 상황이라고 생각했다.

폭풍은 온종일 몰아쳤다. 아이디어가 떠오르기는 했지만 우리는 대체로 반쯤 어두운 상태로 떠돌고 있다는 느낌이 들었다. 자유에너지 원리와 통합 정보 이론은 둘 다 위대한 이론이지만, 각기 다른 방식으로 위대하다. 자유에너지 원리는 '사물이 존재한다'라는 단순한 명제에서 출발해 신경과학과 생물학 전반을 끌어내지만, 의식을 끌어내지는 않는다. 통합 정보 이론은 '의식이 존재한다'라는 단순한 명제에서 출발해 어려운 문제를 직접 공격한다. 두 이론이 종종 서로 스쳐 간다는 사실은 놀랍지 않다.

2년이 지난 지금 이 책을 마무리하는 동안에도 두 이론은 여전히 다른 세계에 살고 있다. 하지만 두 이론의 실험적 예측을 비교하기 위한 조심스러운 시도가 적어도 몇 가지 진행 중이다. 다행히 나도 참여할 수 있었던 이런 실험에 대한 계획 논의는 희망적이다가 실망스럽기도 했다. 두 이론이 제시하는 출발점과 설명하려는 목표가 너무나 다르기 때문이다. 이 실험들이 어떤 결과를 낼지 앞으로 지켜볼 일이다. 유용한 사실을 여럿 배우게 되겠지만, 자유에너지 원리나 통합 정보 이론 둘 다 의식을 설명하는, 의식에 대한 이론에서 완전히 배제되지는 않을 것 같다.

제어된 환각과 동물기계 이론이라는 내 개념은 자유에너지 원리와 통합 정보 이론의 중간쯤에 있다. 내 이론은 자기의 본질에 대해서는 자유에너지 원리와 깊은 이론적 토대를 공유하고, 예측적 뇌라는 강력한 수학적·개념적 장치를 활용한다. 면밀하게 따지면 어려운 문제가 아니라 실재적 문제라는 점에서만 공통점이 있지만, 의식의 주관적이고 현상학적인 속성에 분명 주목한다는 점에서 통합 정보 이론과도 공통점이 있다. 나는 자유에너지 원리를 통합 정보 이론과 비교하기보다는 의식과 자기에 대한 동물기계 이론으로 두 이론을 하나로 묶고 이들로부터 나온 통찰을 엮어 우리는 왜 이런 식으로 존재하는지why we are what we are에 대한 만족스러운 그림을 제시하려고 한다.

아이기나 섬으로 돌아가보자. 대체로 그렇듯 대단한 결론 없이 회의는 끝났다. 이테네로 돌아가는 페리를 탔을 때는 폭풍이 잦아들었고 바다는 고요했다. 이 여행은 어려운 결정이었다. 브라이턴에서의 개인적으로 중요한 일도 몇 가지 놓쳤다. 하지만 나는 결정을 내렸고, 갑판에서 햇빛을 받고 서 있는 동안 그 결정에 마음이 놓였다. 나는 내가 어떻게 결정을 내렸는지, 왜 결정을 내리는 일은 항상 그토록 어려운지 생각해보기 시작했다. 그리고 얼마 지나지 않아 사람은 어떻게 결정을 내리는지, 선택과 행동을 통제할 수 있다는 느낌이 우리에게 어떤 의미인지 생각해보기 시작했다.

자유의지에 대해 생각하기 시작하자, 생각이 꼬리를 물고 이어졌다.

11장

자유도

손가락을 굽혔다 펴보았다. 손가락을 움직이기 바로 전, 움직이지 않다가 의도가 효력을 발휘해 움직임이 나타나는 바로 그 순간에 비밀이 있었다. 마치 부서지는 파도 같았다. 그 파도의 물마루에 서 있을 수 있다면 자신의 비밀을, 진짜로 자신의 몸을 지휘하는 그곳을 알 수 있을 것 같았다. 브리오니는 집게손가락을 얼굴 가까이 가져와 가만히 쳐다보면서 움직이라고 명령했다. 하지만 손가락은 움직이지 않았다. 브리오니는 자신이 할 수 없는 것을 요구하고 있었기 때문이다……. 마침내 손가락을 구부릴 수 있었을 때, 그 행동은 마음 어딘가에서가 아니라 바로 그 손가락에서 시작된 것 같았다.

— 이언 매큐언Ian McEwan, 《속죄Atonement》 중에서

당신이 가장 끈질기게 매달리는 **당신이 된다는 것**being you의 모습은 무엇인가? 대부분은 행동을 통제하고, 생각의 주인이 되는

느낌이라고 말할 것이다. 하지만 자유의지에 따라 행동한다는 것은 설득력이 있지만 복잡한 개념이다.

이언 매큐언은 손가락을 구부리는 단순한 행동에서도 이런 복잡성을 발견한다. 열세 살 브리오니 탈리스는 손가락을 구부리는 것 같은 의식적인 의도가 신체 행동, 즉 실제 손가락 구부림을 유발한다고 느낀다. 의식적 의도에서 신체적 행동으로 이어지는 선은 명백한 인과관계를 보인다. 그리고 브리오니는 이 과정에 자신이 된다는 것, 즉 자아의 정수가 있다고 느낀다. 하지만 브리오니가 이 감정을 더 깊이 파고들면, 사실은 그리 간단하지 않다. 그 움직임은 어디에서 시작되었을까? 마음속, 아니면 손가락에서부터일까? 어떤 의도나 브리오니 '자신'이 행동을 유발했을까, 아니면 의도를 경험한 것은 움직이기 시작한 손가락을 지각한 결과일까?

브리오니 탈리스처럼 이 질문을 곰곰이 생각한 사람은 많다. 철학과 신경과학에서 자유의지만큼 끊임없이 논쟁을 일으키는 주제는 거의 없다. 자유의지가 무엇인지, 존재하기는 하는지, 어떻게 발생하는지, 중요한지 같은 문제에 대한 합의를 이루기 어려웠다는 점은 과장이 아니다. 자유의지가 하나의 경험인지, 관련된 경험의 집합인지, 사람마다 다른지 등 자유의지라는 **경험** 자체도 명확하지 않다. 하지만 이런 혼란 속에도 변하지 않는 한 가지 생각이 있다. 철학자 갈렌 스트로슨Galen Strawson의 말을 빌리면, 우리가 자유의지를 발휘할 때는 '선택과 행동에 있어 급진적이고 절대적이며 강제적인, **나에게 달렸다**up-to-me-ness'라는 느낌이 있다. 쐐기풀에 찔려 손을 뗄 때처럼 그저 반사적인 반응이 아닌, 행동을 유발하는 인과적 역할을 바로 자신이 하고 있다는 느낌이다. 이것이 손가락을 구부리거나, 차를 마시기로 하거나, 새로운 직장에 도전하는 등의 자발적인 행동에 자유의지의 경험이 자연스럽게 따라오는 이유다.

내가 행동을 '자유롭게 의도'할 때 나는 **나 자신**my self이 그 행동의 원인이라고 경험한다. 다른 어떤 경험보다 의지의 경험은 물질적인 세계를 조종하는 비물질적인 '자기'가 있다고 느끼게 한다. 사물은 이렇게 보인다.

하지만 의지를 경험한다고 물리적 사건을 일으키는 인과적 힘을 지닌 비물질적 자기가 드러나지는 않는다. 내가 보기에 의지의 경험은 자기 관련 지각의 독특한 형태다. 좀 더 정확히 말하면 자발적 행동과 연관된 자기 관련 지각이다. 자기와 관련이 있든, 세상과 관련이 있든, 의지의 경험은 다른 지각처럼 베이즈 최선의 추측에 따라 구성되며, 행동을 인도하는 데 중요하고도 필수적이다.

먼저 무엇이 자유의지가 **아닌지** 명확히 하자. 자유의지는 우주, 더 구체적으로는 뇌에서 일어나는 물리적 사건의 흐름에 개입해 일어나지 않았을 일을 일어나게 만들지는 않는다. 데카르트의 이원론을 따르는 이 '유령 같은spooky' 자유의지는 인과법칙에서 자유롭기를 요구하면서도 그 대가로 어떤 설명적 가치도 주지 않는다.

　유령 같은 자유의지를 논외로 하면 **결정론**determinism이 사실인지 아닌지 계속 근심하는 잘못된 우려를 잠재울 수 있다. 물리학과 철학에서 결정론은 우주의 모든 사건이 기존 물리적 원인에 따라 전적으로 결정된다고 주장한다. 양자 수프의 변동이나 아직 알려지지 않은 물리학 이론을 통해서든, 처음부터 우주에 우연이란 게 들어올 수 있다는 생각은 이 결정론의 대안이 될 수 있다. 자유의지에 결정론이 중요한지는 끝없는 논쟁의 주제였다. 나의 전 지도 교수인 제럴드 에델만은 다음과 같은 도발적인 한마디로 이와 같은 자유의지 논쟁을 잘 요약했다. "우리가 자유의지를 어떻게 생각하든, 우리는 자유의지를 갖게 되어 있다."

　일단 유령 같은 자유의지를 제쳐두면 결정론에 대한 논쟁은 전혀 중요하지 않다는 사실을 쉽게 알 수 있다. 비결정론적 관점이 끼어들 필요도 없다. 자유의지를 지각적 경험으로 보면, 물리적 사건의 인과적 흐름을 방해할 필요가 전혀 없다. 결정론적 우주는 꾸준히 발전해나가면 된다. 그리고 자유의지를 발휘한다고 해서 무작위로 행동한다는 뜻은 아니므로, 만약 결정론이 틀렸다 해도 아무런 차이가 없다. 자발적인 행동은 무작위로 **느껴지지** 않으며, 무작위도 **아니다**.

1980년대 초 샌프란시스코 캘리포니아대학교의 신경과학자 벤저민 리벳Benjamin Libet이 수행한 자발적 행동의 뇌 기반에 대한 일련의 실험은 지금까지도 많은 논쟁을 불러일으킨다. 리벳은 '준비 전위readiness potential'라는 잘 알려진 현상을 이용했다. 준비 전위는 운동 피질에서 발생하며 자발적인 행동에 앞서 나타나는 작은 오르막 뇌전도 신호다. 리벳은 자발적 행동 이전뿐만 아니라, 사람이 어떤 행동을 하려는 **의도를 깨닫기 전에** 이 뇌 신호를 식별할 수 있는지 알고 싶었다.

〈그림 19〉에서 볼 수 있듯 리벳의 실험 설정은 간단했다. 리벳은 실험 참가자에게 매큐언의 소설 속 브리오니처럼 손목을 자신이 하고 싶을 때 굽히는 자발적 행동을 하도록 했다. 참가자가 그렇게 할 때마다 리벳은 움직임이 일어나는 정확한 시간을 기록했고, 뇌전도를 이용해 움직임이 시작되기 전의 뇌 활동을 기록했다. 결정적으로 리벳은 참가자에게 팔을 움직이려는 '충동'을 느낀 순간, 즉 정확한 의식적 의도의 순간인 부서지는 파도의 물마루를 지정해달라고 했다. 참가자는 자신이 팔을 움직이고 싶은 의도를 경험한 바로 그 순간 오실로스코프 화면에서 회전하는 점의 각 위치를 확인한 다음, 이 위치를 보고했다.

데이터는 명확했다. 여러 실험 결과의 평균을 낸 결과, 손을 움직이려는 의식적 의도가 나타나기 수백 밀리초 **전에** 이미 준비

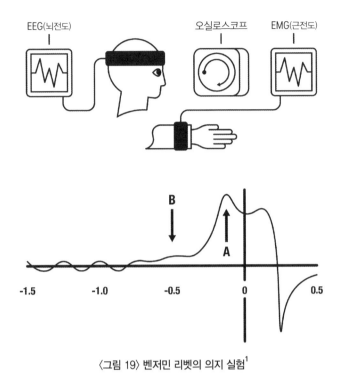

EEG(뇌전도)

오실로스코프

EMG(근전도)

B

A

-1.5 -1.0 -0.5 0 0.5

〈그림 19〉 벤저민 리벳의 의지 실험[1]

전위가 나타났다. 즉, 어떤 사람이 자신의 의도를 깨닫는 순간 준비 전위는 이미 높아지고 있었다.

　리벳의 실험에 대한 일반적인 해석은 '자유의지란 없음을 입증'한다는 것이었다. 사실 유령 같은 자유의지로 본다면 분명 나쁜 소식(더 나쁜 소식이 필요하다는 것은 아니지만)이다. 의지를 경험해야 자발적인 행동이 일어난다는 가능성을 배제하는 것처럼 보이기 때문이다. 리벳은 자신의 실험 결과가 이런 암시를 줄까 봐

걱정했다. 그래서 리벳은 움직이려는 충동과 그 결과인 행동 사이에 유령 같은 자유의지가 행동에 개입하고 행동을 **막을** 충분한 시간이 남아 있다는 기발한 생각을 했다. 지금 보면 자유의지에 대한 필사적인 구조 시도 같다. 리벳은 진정한(즉, 유령 같은) 자유의지가 없다면 '자유도 없을 것'이라 생각했다. 재치있는 해석이지만 제대로 된 설명은 아니다. 의식의 억제는 본래 의식의 의도와 마찬가지로 어떤 기적이 아니다.

리벳의 실험이 자유의지에 대해 정확히 **무엇을** 말하는지는 수십 년 동안 논의되었다. 준비 전위가 자발적인 행동 이전에 확인된다는 것은 이상해 보인다. 뇌의 기준에서 볼 때 0.5초는 매우 긴 시간이다. 하지만 신경과학자 애런 쉬거Aaron Schurger가 2012년 새로운 아이디어와 독창적인 실험으로 상황을 완전히 뒤흔들었다. 쉬거에 따르면 준비 전위는 뇌가 행동을 개시하는 신호가 아니라 그 신호를 측정할 때 나오는 부산물일 수도 있다.

준비 전위를 측정할 때는 보통 자발적인 행동이 실제로 일어난 순간에서 역행해 뇌전도를 살펴본다. 쉬거는 이렇게 하면 자발적인 행동이 일어나지 **않는** 모든 순간의 준비 전위는 자연스럽게 무시된다는 점을 발견했다. 다른 순간의 뇌전도는 어떨까? 준비 전위와 비슷한 활성이 항상 있는데도 우리가 굳이 보려 하지 않기 때문에 보이지 않는 것은 아닐까?

다음과 같은 비유를 하면 이 추리가 명확해진다. 망치로 공을 세게 치면 하키 퍽이 튀어 올라 온도계처럼 생긴 눈금의 맨 꼭대기에 달린 종을 울리는 '하이 스트라이커' 게임을 보자. 망치를 세게 내려치면 종이 울리고, 그렇지 않으면 퍽은 그냥 떨어지고 종은 울리지 않는다. 이 현상을 파악하려는 과학자가 종이 울릴 때만 퍽의 궤적을 조사한다면, 올라가는 퍽의 궤적(준비 전위)이 있으면 항상 종이 울린다(자발적 행동)라고 잘못 결론을 내릴 것이다. 하지만 하이 스트라이커 게임이 실제로 어떻게 작동하는지 알려면 종이 울리지 **않을** 때의 퍽 궤적도 조사해야 한다.

쉬거는 리벳의 실험 디자인을 기발하게 수정해서 이 문제를 공격했다. 그는 실험 참가자에게 손목을 굽히는 행동을 계속 자발적으로 하는 도중에, 큰 신호음이 울리면 곧바로 손목을 굽히는 등 자극이 유도하는 비자발적 행동도 하도록 했다. 쉬거는 참가자가 자발적인 행동을 전혀 준비하지 않고 있는 상태에서 신호음이 울려 빠르게 반응할 때도 반응 한참 전 뇌전도에서 비슷한 준비 전위가 보인다는 사실을 발견했다. 하지만 신호음에 느리게 반응할 때의 뇌전도에서는 준비 전위 같은 신호가 거의 보이지 않았다.

쉬거는 준비 전위가 자발적 행동을 시작하는 뇌의 특징이 **아니라**, 계속 출렁이는 뇌 활동이 때로 역치를 넘어 자발적 활동을 유발할 때 나타나는 뇌 활동 패턴이라고 주장했다. 표준적인 리벳 실험에서 자발적 행동이 일어난 순간부터 되짚어보면 뇌전도 경사가 완만히 상승하는 것을 볼 수 있는 이유는 이 때문이다. 신호음에 따라 반응할 때는, 출렁이는 뇌 활동이 우연히 역치에 가까우면 행동 반응이 빠르고, 역치에서 멀면 행동 반응이 느리다. 즉, 뇌 활동이 우연히 역치에 가까워 반응이 빠른 순간에서 되짚어보면 준비 전위를 발견할 수 있지만, 뇌 활동이 역치에서 멀어서 반응이 느리면 준비 전위가 보이지 않는다.

쉬거의 명쾌한 실험은 왜 자발적 행동의 신경 신호를 찾을 때 준비 전위가 보이는지, 그리고 왜 이 준비 전위를 자발적 행동의 구체적인 원인으로 보는 관점이 틀렸는지 설명한다. 그렇다면 출렁이는 뇌 활동 패턴을 어떻게 설명해야 할까? 내가 선호하는 해석은 처음에 말한 생각이다. 즉, 의지의 경험은 자기 관련 지각의 하나라는 사실이다. 쉬거의 실험으로 보면, 준비 전위는 뇌가 베이즈 최선의 추측을 하기 위해 감각 데이터를 모으는 활동과 매우 관련이 있어 보인다. 한마디로 준비 전위는 특별한 종류의 제어된 환각이 만드는 신경 지문이다.

나는 방금 차를 끓였다.

이 예시를 이용해 의지와 자발적 행동의 경험을 자기 관련 지각으로 보는 관점을 살펴보자. 전부는 아니지만 대부분의 의지 경험을 정의히는 세 기지 특징이 있다.

첫 번째 특징은 **내가 하고 싶은 일을 하고 있다**는 느낌이다. 혼혈이긴 하지만 영국인인 내가 차를 끓이는 것은 지금의 내 생리적 상태 및 환경이 주는 기회, 즉 행동 유도성은 물론이고 심리적 신념, 가치관, 욕망과 완전히 부합한다. 나는 목이 말랐고 차가 있었고 아무도 나를 제지하거나 핫초코를 먹으라고 강요하는 사람이 없었기 때문에 차를 끓여 마셨다. (물론 '내 의지에 반해' 무언가를 억지로 해야 했더라도 나는 어느 정도는 자발적으로 행동했다고 느끼면서 비자발적이라고도 느낄 것이다.)

차를 끓이는 행동이 내 신념, 가치관, 욕망과 완전히 일치했지만, 이런 신념, 가치관, 욕망을 내가 선택한 것은 아니다. 나는 차 한잔을 원했지만, 차 한잔을 원하도록 선택하지는 않았다. 자발적인 행동이 자발적인 이유는 그 행동이 비물질적인 영혼에서 나와서도 아니고, 양자 수프에서 생성되었기 때문도 아니다. 자발적인 행동은 한 사람으로서 내가 원하는 것을 표현하기 때문에 자발적이다. 비록 내가 원하기로 선택한 것은 아니지만 말이다. 19세기 철학자 아르투어 쇼펜하우어Arthur Schopenhauer는 "인간은 뜻대로 할 수 있지만, 무엇을 원할지 의도할 수는 없다"라고 말하기도 했다.

두 번째 특징은 **다른 식으로도 할 수 있었을 것 같은** 느낌이다. 내가 행동을 자발적이라고 느낄 때 이 경험의 특징은 내가 X를 했다는 것뿐만 아니라, 내가 Y를 할 수도 있었는데 Y가 아닌 X를 했다는 것이다.

나는 차를 끓였다. 다른 것을 할 수 있었는가? 어떻게 보면 사실이다. 주방에는 커피도 있었으므로, 나는 커피를 끓일 수도 있었다. 내가 차를 끓일 때는 대신 커피를 끓일 수도 있었다는 사실이 **분명해 보인다.** 하지만 나는 커피를 원하지 않았고, 차를 마시고 싶었고, 내가 무엇을 원하는지 고를 수도 없으므로 차를 끓였다. 내 몸과 뇌의 상태를 포함해 그 순간 우주의 정확한 상태를 고려해보면 결정적이든 아니든 모두 사전 원인이 있다. 차를 즐기는 혼혈 영국인이라는 내 배경으로까지 되돌아가 본다면, **다른 식으로는 할 수 없었을 것이다.** 무작위성에 따른 사소한 차이를 논외로 하면, 같은 상황에서 다른 결말을 기대할 수는 없다. 상대적 현상성, 즉 다른 식으로도 할 수 있었을 것 같은 **느낌**은 물리적 세상에서 인과성이 어떻게 작용하는지 보여주는 투명한 창이 아니다.

세 번째 특징은 자발적 행동이 다른 곳에서 부여된 것이라기보다는 **내부에서 온 것처럼 보인다**는 점이다. 실수로 발가락을 찧었을 때 재빨리 발을 빼는 반사적 행동과, 자발적으로 공을 차려고 일부터 발을 뒤로 빼는 행동에는 차이가 있다. 브리오니가 손가락을 구부리려는 의식적 의도라는 부서지는 파도의 물마루에서 자신을 따라잡으려 할 때 겪는 느낌과 같다.

종합하면 우리는 행동의 원인이 주로 내부에서 나올 때, 즉 어떤 행동이 자신의 신념이나 목표와 일치하고 신체나 세상의 다른 잠재적 원인과는 무관하며, 다르게 행동할 수 있는 가능성을 시사한다고 추론할 때 그 행동을 자발적('자발적으로 의도한') 행동으로 지각한다. 의지의 경험을 내부에서 볼 때도, 의지적 행동을 바

깥에서 볼 때도 이렇게 보인다.[2]

　다음 단계는 뇌가 어떻게 그런 행동을 가능하게 하고, 구현하는지 질문하는 것이다. 이 장의 제목인 '자유도degrees of freedom'가 개입되는 부분이다. 공학이나 수학에서 시스템은 어느 정도의 자유도가 있어 상황의 상태에 따라 여러 방식으로 대응할 수 있다. 바위는 기본적으로 자유도가 없지만, 단일 선로를 달리는 기차는 자유도가 1이다(뒤로 가거나 앞으로 가거나). 개미는 생물학적 제어 시스템이 환경에 반응할 때 약간의 자유도를 갖지만, 우리는 몸과 뇌의 놀라운 복잡성 덕분에 훨씬 더 많은 자유도를 갖는다.

　자발적 행동은 우리의 신념, 가치관, 목표에 부합하고 환경과 신체가 마주한 위급 상황에서 적절히 빠져나오도록 자유도를 제어할 수 있는 역량에 달려 있다. 이런 제어 능력은 뇌에서 '의지'가 있는 하나의 영역이 아닌, 여러 영역에 분포된 프로세스 네트워크로 구현된다. 아주 간단한 자발적 행동(주전자 스위치를 켜거나, 브리오니가 손가락을 굽히는 행동)을 실행하려 해도 이런 네트워크가 뒷받침되어야 한다. 신경과학자 패트릭 해거드Patrick Haggard에 따르면 우리는 이 네트워크가 세 가지 프로세스를 구현한다고 생각할 수 있다. 먼저 어떤 행동을 취해야 하는지 구체화하는 '무엇' 과정, 그다음 행동할 순간을 결정하는 '언제' 과정, 그리고 마지막 순간 취소나 억제를 할 수 있는 '여부'라는 프로세스다.

　의지의 '무엇'이라는 요소는 계층적으로 조직된 신념, 목표 및 가치를 환경에 대한 지각과 통합해 여러 가능성 중에서 특정 행동을 구체화한다. 나는 목이 마르고, 차를 좋아하고, 적당한 시간이고, 주전자가 곁에 있고, 와인은 없으므로 주전자로 손을 뻗는다. 이런 포괄된 지각, 신념, 목표는 전두 피질에 집중되기는 하지만 여러 뇌 영역과 관련 있다. 의지의 '언제' 요소는 선택된 행동을 실행할 순간을 지정한다. 브리오니가 궁금해했고 벤저민 리벳이 측정한, 움직이려는 주관적 충동과 가장 가까운 요소다. 이 프로세스의 뇌 기반은 준비 전위와 동일한 뇌 영역에 있다. 실제로 이 영역(특히 부운동영역)에 약한 전기 자극을 가하면 움직이지 않아도 주관적인 움직임 충동을 일으킬 수 있다. 그다음 '여부' 요소는 계획된 행동이 실제로 진행되어야 하는지 마지막으로 점검한다. 차에 넣을 우유가 다 떨어졌다는 사실을 깨닫는 마지막 순간에 차를 마시겠다는 행동을 취소하는 것은 '의도적 억제 intentional inhibition' 프로세스가 개입했기 때문이다. 이 억제 프로세스는 뇌 전두의 여러 영역에서 일어난다.

이처럼 서로 얽힌 프로세스는 시작도 끝도 없이 뇌, 신체 및 환경을 아우르는 연속적인 순환을 이루며, 매우 유연한 형태로 진행되는 목표 중심 행동을 구현한다. 이런 프로세스 네트워크는 다양한 잠재적 원인을 단일한 자발적 행동으로 인도하거나 억제한다. 그리고 신체에서 세상으로 나갔다 되돌아오는 순환적 네트워크 작동을 지각해 의지의 주관적 경험을 뒷받침한다.

또한 행동 자체는 5장에서 살펴본 것처럼 자기실현 지각적 추론의 한 형태이기 때문에, 의지의 지각적 경험과 자유도를 조절하는 능력은 예측 기계라는 동전의 양면이다. 의지의 지각적 경험은 자기실현 지각적 예측이며, 또 다른 독특하고 제어된 환각이자 **제어하는** 환각이다.

우리가 자발적인 행동을 이렇게 경험하는 데는 또 다른 이유가 있다. 의지를 지각적 추론으로 보는 관점과 이원론적 마술로 보는 관점이 분명하게 나뉘는 이유다. 의지의 경험은 **현재의** 행동을 인도하는 데는 물론이고 **미래의** 행동을 유도하는 데도 유용하다.

앞서 살펴본 것처럼 자발적 행동은 매우 유연하다. 많은 자유도를 제어할 수 있다는 말은 어떤 자발적 행동의 결과가 좋지 않으면 다음에 비슷한 상황에서는 다른 행동을 시도할 수도 있다는 의미다. 월요일 출근길에 지름길로 가려고 시도했는데 길을 잃어서 회사에 늦게 도착했다면, 화요일에는 더 길지만 잘 아는 길을 선택할 것이다. 의지의 경험은 자발적 행동 사례에 꼬리표를 달아 행동의 결과에 주목하게 하고, 미래의 행동을 조정해 목표를 더욱 잘 달성하게끔 한다.

나는 앞서 자유의지에 대한 우리의 감각은 우리가 '다르게 할 수 있었다'라고 느끼는 것과 매우 유사하다고 언급했다. 의지의 경험이 가진 이런 반사실적 측면은 미래 중심적 기능에서 특히 중요하다. 다르게 할 수 있었다는 느낌이 든다고 실제로 다르게 할 수 있었다는 의미는 **아니다**. 오히려 유용한 것은 대체 가능성의 현상성이다. 비슷하지만 똑같지는 않은 미래의 상황에서 내가 실제로 다르게 행동할 수 있다는 가능성이다. 월요일과 화요일의 환경이 완전히 똑같다면, 화요일에 월요일과 다른 행동을 할 수 없다. 하지만 결코 그렇지 않다. 물리적 환경은 매일 복제되지 않으며 심지어 밀리초 단위까지 전혀 다르다. 적어도 내 뇌의 상황은 바뀌었을 것이다. 월요일에 의지의 경험을 했고 그 결과에 주의를 기울였기 때문이다. 이 자체만으로도 화요일에 다시 출근할 때 내 뇌가 자유도를 조절하는 방식에 영향을 미치기에 충분하다.[3] '다르게 할 수 있었다'라는 느낌은 다음에 그렇게 할 수 있기 때문에 유용하다.

그렇다면 '당신'은 누구인가? 여기서 문제의 '당신'은 **당신이 된다**는 경험을 집합적으로 구성하는 자기 관련 사전 신념, 가치관, 목표, 기억, 지각적 최선의 추측 모음이다. 이제 의지의 경험 자체는 자아 집합의 필수적인 부분으로 볼 수 있다. 즉, 의지의 경험은 자기 관련 제어된, 또는 제어하는 환각의 일종이다. 종합하면 '자유의지'를 발휘하고 경험할 수 있는 능력은 행동하고, 선택을 내리고, 생각할 수 있는, 당신 고유의 능력이다.

―――――

그렇나닌 사유의시는 환상인가? 보통은 조심스럽게 그렇다고 대답한다. 저명한 심리학자 대니얼 웨그너Daniel Wegner는 저서《의식적 의지라는 환상The Illusion of Conscious Will》에서 같은 대답을 내놓

왔다. 출간된 지 거의 20년이 지난 지금도 이 책의 영향력은 여전하다. 앞의 질문에 대한 정답은 물론 '때에 따라 다르다'이다.

유령 같은 자유의지는 진짜가 아니다. 사실, 환상조차 아닐 수도 있다. 자세히 살펴보면, 앞서 살펴본 것처럼 의지의 현상성은 스스로 발생한 비물질적 원인이라기보다, 내부에서 나오는 것처럼 보이는 특정 행동과 연관된 자기실현적 제어하는 환각이다. 이런 시각에서 본다면, 유령 같은 자유의지는 일어나지 않은 문제에 꼭 들어맞지는 않은 해결책이다.

이 장에서 나는 자발적 행동이 생생한 의지의 경험에 따라오는 사례에 주목했지만, 항상 그렇지는 않다. 피아노를 치거나 차를 끓이는 등의 대부분 자발적인 행동은 자연스럽고 능숙하게 일어난다. 그래서 **내**가 어떻게든 행동을 일으킨다는 생각뿐만 아니라, 이보다는 자주 떠올리지는 않지만 무엇으로든 이런 행동이 일어날 수 있다는 생각을 약화한다. 사람들이 어떤 '순간'이나 '흐름'에 놓여 있을 때나 이전에 자주 수행했던 어떤 활동에 깊이 몰입할 때는 의지의 현상학이 완전히 사라진다. 이럴 때 대부분 자발적 행동과 생각은 '그저 일어난다'. 보이는 것이 본질은 아니라는 사실은 자유의지에도 적용된다. 사물이 어떻게 **보이는지**는 좀 더 자세히 살펴야 한다.

다른 관점에서 보면 자유의지는 전혀 환상이 아니다. 비교적 뇌가 손상되지 않고 정상적으로 교육을 받은 사람이라면, 여러 자유도를 제어하는 뇌의 능력 덕분에 자발적 행동을 실행하거나 억제할 실제적인 능력을 가질 수 있다. 이런 자유는 무엇**으로부터의** 자유인 동시에 무엇을 하기 위한 자유이기도 하다. 당면한 원인, 권력자나 최면술사, 소셜 미디어 전달자들의 강제**로부터** 세상과 몸이 갖는 자유다. 하지만 자연법칙이나 우주의 인과 구조로부터의 자유는 아니다. 이 자유는 신념, 가치관, 목표에 따라 원하는 대로 행동하고, 우리 뜻대로 선택할 수 있기 **위한** 자유다.

이런 자유의지를 당연하게 받아들이면 안 된다. 뇌 손상을 입거나, 유전자나 환경을 잘못 뽑은 불운을 겪으면 자발적 행동을 실행하는 능력이 약해질 수 있다. 외계인 손 증후군을 겪는 사람은 자신의 행동이라 느끼지 못하는 자발적 행동을 하지만, 무운동 함구증을 겪는 사람은 자발적 행동을 전혀 하지 못한다. 잘못된 위치에 자리 잡은 뇌종양 때문에 '텍사스대학교 시계탑 총기 난사' 사건의 범인이 된 공대생 찰스 휘트먼Charles Whitman의 사례나, 뇌종양 때문에 통제할 수 없는 소아성애가 생겨 뇌종양을 제거해 이 성향을 없앴지만 종양이 다시 자라면서 같은 성향이 되돌아온 교사의 사례도 있다.

이런 사건이 제기하는 윤리적·법적 난제 또한 현실이다. 찰스 휘트먼은 편도체를 압박하는 뇌종양을 스스로 선택한 것도 아닌데 자신의 행동에 책임져야 할까? 직관적으로는 그렇지 않다고 생각할 수도 있지만, 의식의 뇌 기반에 대해 더 잘 이해한다면 '뇌종양이 뇌를 뒤덮는' 것 같은 현상이 우리에게 해당하는 일은 아니라고 단정할 수 있을까?[4] 이 주장은 반대로도 작용한다. 아인슈타인은 1929년 인터뷰에서 자신이 자유의지를 믿지 않았기 때문에 자신의 공로는 없다고 말하기도 했다.

의지의 경험을 환상이라고 보는 시각도 실수다. 의지의 경험은 세상에 대한 것이든 자기에 대한 것이든 다른 의식적 지각만큼 실제적인 지각적 최선의 추측이다. 의식적 의도는 색을 보는 시각적 경험처럼 현실적이다. 의지의 경험과 의식적 의도는 둘 다 세상의 어떤 분명한 속성과도 직접 일치하지 않는다. 세상 바깥에 '진짜 빨강'이나 '진짜 파랑'이 없는 것처럼, 세상 안에도 유령 같은 자유의지는 없다. 하지만 의지의 경험과 의식적 의도는 둘 다 중요한 방식으로 행동을 유도하는 데 기여하고, 사전 믿음과 감각 데이터의 제약을 받는다. 색 경험은 우리 주변 세상의 특징을 구성하지만, 의지의 경험은 '자기'가 세상에 인과적 영향을 준다는, 형이상학적으로 전복적인 성격을 갖는다. 사물의 표면을 지각할 때 빨강을 투사하는 것처럼, 우리는 의지의 경험에 인과적 힘을 투사한다. 비트겐슈타인의 말을 한 번 더 빌린다면, 투사가 이런 식으로 진행된다는 사실을 알아도 모든 것이 바뀌기도 하고, 그대로이기도 하다.

의지의 경험은 실재일 뿐만 아니라 생존에 필수적이다. 의지의 경험은 자발적 행동을 일으키는 자기실현적 지각적 추론이다. 이런 경험이 없다면 우리는 살아가면서 복잡한 환경을 헤쳐나갈 수도, 이전의 자발적인 행동에서 배워 다음에 더 잘할 수도 없을 것이다.

브리오니 탈리스는 부서지는 의지의 파도에서 물마루를 알 수 있다면 자신을 발견할 수 있으리라 생각했다. 여기서 자신은 물론 인간 자신이며, 유연하고 자발적인 행동을 통해 복잡하고 변화무쌍한 환경에 대처할 수 있는 우리의 능력에는 분명 인간적인 무언가가 있다. 하지만 자유의지를 발휘하는 능력은 우리 인간뿐만 아니라, 이 세상에 함께 사는 동물들에게도 폭넓게 나타날 수 있다.

자유의지를 발휘할 수 있는 능력이 다른 종으로 확장된다면, 의식 자체에 대해서는 어떻게 말할 수 있을까?

이제 인간 너머를 살펴볼 때다.

Other

4부
· · · · ·

또 다른 것들

12장

인간 너머

9세기 초부터 1700년대 중반까지, 유럽의 교회 재판소가 동물들의 행동에 법적 책임을 묻는 일은 흔했다. 돼지가 산 채로 처형되거나 화형을 당했고, 황소, 말, 뱀장어, 개, 심지어 돌고래가 처벌받은 경우도 있다. 1906년 E. P. 에번스E. P. Evans의 동물 범죄 고발 역사에는 약 200건의 사례가 기록되어 있는데 이 중에서 돼지가 가장 흔한 범죄자였다. 아마도 중세 마을에서는 돼지가 상당히 자유롭게 돌아다녔기 때문일 것이다. 돼지의 범죄는 아이들을 잡아먹거나 성체를 훔쳐 먹는 것까지 다양했다. 꿀꿀대며 다른이의 범죄를 방조했다는 죄목으로 기소되기도 했다. 돼지들은 교수형을 당하기노 하고, 때로는 부죄를 선고받기도 했다.

설치류, 메뚜기, 바구미 떼나 다른 작은 동물들은 법적 절차가좀 더 까다로웠다. 16세기의 한 유명한 사건에서, 프랑스 변호사

〈그림 20〉 아이를 죽인 혐의로 기소된 암퇘지와 새끼 돼지

바르톨로뮤 샤세네Bartholomew Chassenée는 법정으로 오는 길에 고양이가 너무 많아 쥐들이 재판에 출석할 수 없다는 교묘한 주장으로 쥐의 무죄를 입증하는 데 성공했다. 바구미가 들끓었던 다른 사례에서는 기소된 동물에게 특정 날짜와 시간에 훔쳐간 재산이나 보리를 되돌려 놓으라는 판결을 문서로 내리기도 했다.

이런 사례는 21세기 사고방식으로 볼 때 기괴하지만, 동물의 마음에 대한 중세의 관점은 동물의 의식, 그리고 '인간성personhood'이 인간을 넘어 확장될 수 있을지 살피는 관심이 오늘날 부활할 것임을 예고했다.[1] 동물이 종교법의 불가사의한 절차를 이해하고 합리적으로 따를 수 있으리라는 생각은 황당했고 지금 보아도 그렇다. 하지만 이런 생각과 더불어 동물이 의식적 경험을 할 수 있고, 어떤 의미에서는 결정을 내릴 수 있는 마음을 가졌다는 인식이 생겨났다. 인간을 넘어선 존재에게도 의식적 마음이 있다는 이런 인식은 동물에게는 이성적 마음에 부합하는 의식적 상태가 없다는 데카르트의 동물기계 이론과 극명한 대조를 이룬다. 중세인들에게 동물은 분명 짐승이었다. 하지만 이들에게 동물은 데카르트의 이원론에서 보는 동물 로봇이 아니었다. 이들은 동물 역시 내면의 우주를 갖고 있다고 보았다.

인간만이 의식을 가진다는 주장은 오늘날에는 이상하고 고집스러워 보인다. 하지만 의식의 범위가 얼마나 확장될 수 있는지, 그리고 다른 동물이 가진 내면의 우주는 얼마나 다른지에 대해 우리는 실제로 어떻게 말할 수 있을까?

———

먼저 동물에게 의식이 있는지 알려주는 어떤 능력에 근거해 그 동물이 의식이 있는지 여부를 판단할 수는 없다는 점을 말해 두어야겠다. 언어가 없다는 것을 의식이 없다는 증거로 볼 수는 없다. 일반적으로 생각과 지각을 반영하는 능력인 메타 인지 같은 소위 '고차' 인지능력 역시 의식의 증거는 되지 못한다.

농물에게 의식이 있다면 동물의 의식은 인간의 의식과 다르고, 경우에 따라서는 매우 다를 것이다. 동물실험으로 인간 의식의 메커니즘을 밝힐 수 있지만, 호모 사피엔스와의 피상적인 유사성에만 근거해 동물에게 의식이 있다고 유추하는 것은 현명하지 않다. 그런 생각은 인간의 자질을 인간이 아닌 것에 귀속시키는 **의인화**anthropomorphism와, 인간의 가치와 경험의 관점에서 세상을 해석하는 **인간중심주의**anthropocentrism라는 두 가지 닮은꼴의 위험을 불러일으킨다. 의인화는 반려견이 우리 생각을 정말 이해할 수 있다고 믿는 것처럼, 인간이 아닌 대상에서도 인간과 비슷한 의식을 볼 수 있다는 생각을 부추긴다. 반면 인간중심주의는 동물의 마음이 가진 다양성에 눈감고, 인간과 다른 의식이 실제로 있다는 사실을 깨닫지 못하게 만든다. 이런 생각은 동물을 동물기계로 보는 데카르트적 사고에 따른 근시안적 사례다.

무엇보다 **의식**을 **지능**intelligence과 너무 밀접하게 연관시키고 있지는 않은지 의심해야 한다. 의식과 지능은 같지 않다. 지능을 의식에 대한 리트머스 시험지로 이용하면 많은 오류가 발생한다. 이렇게 되면 인간은 지적이고 의식이 있으므로, 동물 X가 의식을 가지려면 지능이 있어야 한다는 인간중심주의의 함정에 빠질 수 있다. 또한 동물 X에는 인간다운 지능이 있지만 동물 Y에는 없으므로, 동물 X는 의식이 있지만 동물 Y는 의식이 없다고 보는 의인화의 함정에도 빠질 수 있다. 그리고 이런 관점은 언어나 메타인지처럼, 의식 자체보다 평가하기 쉬운 '지적' 능력이 의식을 유추하는 데 충분하다고 보는 방법론적 게으름을 정당화한다.

지능은 의식과 무관하지는 않다. 다른 면에서 동일하다면, 지능은 의식적 경험에 새로운 가능성을 열어준다. 인지능력이 크지 않아도 슬프거나 실망할 수 있지만, 후회나 예측적 후회를 느끼려면 대안적 결과와 행동 방식을 고려할 충분한 정신적 능력이 필요하다. 어떤 연구에 따르면 쥐도 일이 뜻대로 되지 않으면 단순히 실망하기보다는 쥐 나름의 후회를 경험한다.[2]

인간과 다른 의식에 대한 추론은 아슬아슬한 줄타기다. 인간 중심적 관점을 적용하는 것은 경계해야 하지만 인간을 이미 정해진 상수, 즉 밖으로 향한 확고한 토대로 이용하는 방법 외에는 선택의 여지가 거의 없다. 결국 우리는 인간에게 의식이 있다는 사실을 알고, 인간의 의식에 관여하는 뇌와 신체 메커니즘을 파악하고 있으므로, 이를 다른 의식에 대한 외삽의 근거로 사용할 수 있다.

이 책에서 논한 동물기계 이론에 따르면 의식이란 **지적인 것**보다는 **살아 있다는 것**과 더 밀접하게 연관된다. 자연히 이런 생각은 인간에게만큼 다른 동물에게도 적용된다. 이런 관점에서 본다면 의식은 지능을 주요 기준으로 삼을 때보다 더 넓게 적용될 수 있다. 하지만 생명이 있는 곳마다 의식도 있다는 뜻은 아니다.

인간 너머에서 의식을 찾는 일은 얼어붙은 호숫가에서 중심으로 한 발씩 나아가는 것과 같다. 발밑 얼음이 얼마나 단단한지 항상 확인하면서 한 걸음씩 조심스럽게 나아가야 한다.

포유류부터 시작하자. 포유류는 쥐, 박쥐, 원숭이, 바다소, 사자, 하마, 그리고 물론 인간도 포함하는 집단이다. 나는 **모든 포유류에게는 의식이 있다**고 믿는다. 물론 확실하지는 않지만 상당히 자신 있다. 이 주장은 동물과 인간의 피상적인 유사성에 근거한 것이 아니라 동물과 인간이 공유하는 메커니즘에 근거한다. 신체 크기와 가장 관련이 있는 기본 뇌 크기를 제외하면, 포유류의 뇌는 종에 걸쳐 놀라울 정도로 비슷하다.

2005년 나는 인지과학자 버나드 바스, 그리고 동물 인지 전문가이자 제럴드 에델만의 아들인 데이비드 에델만David Edelman과 함께 다른 포유류에서 쉽게 검증할 수 있는 인간 의식 속성의 목록을 만들었다. 우리는 뚜렷한 17가지 속성을 생각해냈다. 임의적인 숫자로 보일 수도 있지만 이는 동물의 의식에 대해 실험적으로 검증 가능한 질문을 던지는 합리성을 보여준다.

우리가 생각한 첫 번째 속성은 뇌의 해부학적 특징과 관련이 있다. 뇌 배선의 측면에서 보면 인간의 의식과 강하게 연관된 일차적 신경해부학적 특성은 모든 포유류에서 발견된다. 여섯 겹으로 된 피질, 이 피질과 강하게 상호 연결된 시상, 깊은 곳의 뇌간, 그리고 신경전달물질 시스템을 포함한 수많은 특징은 모든 포유류에 공통적이다. 이런 특징은 인간에게 매 순간 일어나는 의식적 경험의 흐름에서도 일관되게 나타난다.

뇌 활동에도 공통적인 특징이 보인다. 가장 놀라운 것 중 하나는 동물들이 잠들고 깨어나면서 일어나는, 의식 **수준** 기저에 있는 뇌 역학의 변화다. 정상적인 각성 상태에서는 모든 포유류가 불규칙하고, 진폭이 작으며, 빠른 전기적 뇌 활동을 보인다. 잠이 들면 진폭이 좀 더 규칙적이고 커진다. 이런 패턴과 변화는 사람이 깨어 있거나 잠잘 때 보이는 역학과 매우 흡사하다. 전신마취도 모든 포유류에게 비슷한 영향을 미친다. 마취를 하면 뇌 영역 간 의사소통에 광범위한 붕괴가 발생해 전체적인 행동적 무반응이 일어난다.

물론 수면 패턴 같은 차이점도 많다. 바다표범과 돌고래는 한 번에 뇌의 절반만 자고, 코알라는 매일 약 22시간이나 잠을 자지만 기린은 4시간도 채 자지 않으며, 갓 태어난 범고래는 생후 첫 달에는 전혀 잠을 자지 않는다. 거의 모든 포유류는 렘수면을 취하지만, 바다표범은 육지에서 잠을 자는 동안에만 렘수면을 취하고 돌고래는 전혀 렘수면을 취하지 않는다.

의식의 수준 외에도 포유류 종에 따라 의식의 **내용**에도 상당한 차이가 있다. 이런 차이 대부분은 지배적인 지각의 차이 때문에 나타난다. 쥐는 수염, 박쥐는 음파탐지기, 벌거숭이두더지쥐는 날카로운 후각에 의존한다. 특히 벌거숭이두더지쥐는 다른 쥐를 만날 때 더 예민하다 이런 지배적인 지각에 차이가 있다는 것은 각각의 동물이 저마다 독특한 내면의 우주에 산다는 의미다.[3]

더 흥미로운 점은 **자아**의 경험과 관련된 차이다. 인간에게 개인 정체성과 관련된 높은 수준의 자의식이 발달한다는 두드러진 지표는 거울 속의 자신을 인식하는 능력이다. 이런 '거울 자기 인식mirror self-recognition' 능력은 생후 18개월에서 24개월 사이에 발달한다. 그렇다고 해서 더 어린 유아는 의식이 없다는 의미는 아니다. 타인과 구별된 개인으로서 자신을 인식하는 능력이 이 시기 전에는 완전히 형성되지 않을 뿐이다.

1970년대에는 심리학자인 고든 갤럽 주니어Gordon Gallup Jr가 개발한 실험을 통해 동물의 자기 인식 능력이 광범위하게 연구되었다. 고전적인 거울 자기 인식 실험에서는 동물을 마취하고 물감이나 스티커로 실험 대상 동물의 몸 어딘가 잘 보이지 않는 곳에 표시를 한다. 마취가 풀리면 동물은 거울을 통해 몸에 묻은 표시를 볼 수 있다. 동물이 거울을 들여다보고 거울 속 이미지를 살피는 대신 즉시 자기 몸에 묻은 표시를 찾으려 한다면 실험을 통과한 것이다. 이 기준은 거울이 다른 동물의 몸이 아니라 자신의 몸을 비춘다는 사실을 그 동물이 인식한다는 추론에 따른다.

어떤 동물이 거울 시험을 통과했을까? 포유류 중에서는 유인원, 돌고래와 범고래 몇 마리, 그리고 유라시아 코끼리 한 마리가 이 시험을 통과했다. 판다, 개, 원숭이 등 다른 포유류는 적어도 지금까지는 실패했다. 거울 자기 인식이 인간에게는 상당히 직관적이고, 다른 면에서는 인지적으로 발달했지만 자기 인식을 하지 못하는 다른 포유류가 많다는 점을 본다면, 이 합격 명단은 놀랄 만큼 적다. 쥐가오리와 까치가 비슷한 수준에 도달했을지 모르지만, 포유류가 아닌 다른 동물이 거울 시험을 통과했다는 믿을 만한 만한 증거는 없으며, 현재 청줄청소놀래기에 대해서만 논란이 있을 뿐이다.

동물은 자기 인식 능력이 부족하다는 것 말고도 여러 이유로 거울 시험을 통과하지 못할 수 있다. 거울을 좋아하지 않거나, 거울의 작동 방식을 이해하지 못하거나, 심지어 눈을 마주치는 것을 싫어할 수도 있다. 이 사실을 깨달은 연구자들은 서로 다른 내면의 우주, 즉 서로 다른 지각 세상에 맞춰 더욱 빈틈없이 조정된 새로운 실험 버전을 계속 개발 중이다. 예를 들어 '후각 거울 olfactory mirror'을 이용하면 아직 부족하기는 하지만 개의 자기 인식을 실험할 수 있다. (재미있게도 개의 인지는 '개인지dognition'라는 이름으로 알려져 있다). 독창적인 실험이 점점 발전함에 따라 지금은 실험을 통과하지 못한 종들도 거울 실험으로 자기 인식이 있다고 확인될 가능성도 배제할 수 없다. 하지만 각 종에 특화된 다양한 거울 실험도 통과하지 못하는 동물이 많다는 사실을 보면, 포유류가 '자신이 된다는 것'을 경험하는 방식에는 극적인 차이가 있을 가능성이 있다.

───

특히 원숭이의 경우 이런 차이점은 놀랍다. 침팬지와 유인원은 인간과 가장 가까운 진화적 친척이지만 원숭이도 그리 멀지 않으며, 특히 원숭이는 시각에 관한 한 인간의 '영장류 모델'로서 오랫동안 신경과학 실험에 이용되었다. 일부 연구에서는 원숭이가 지렛대를 눌러 무엇을 '보았거나' 보지 못했는지 '보고'하도록 훈련했다. 이런 실험은 사람들에게 자신이 경험하거나 경험하지 않은 것을 보고하게 하는 인간 연구와 그 결과를 직접 비교할 수 있어, 인간 의식 연구와 핵심적 방법이 동등한 영장류 모델이 된다.

인간과 비슷한 점이 많다는 점을 고려하면 원숭이에게 일종의 의식적 자아가 있다는 사실에는 의심의 여지가 없어 보인다. 원숭이와 일정 시간을 함께 보내면, 다른 의식적 **존재**, 즉 다른 의식적 실체와 함께 있다는 아주 설득력 있는 느낌을 받게 된다.

2017년 7월 푸에르토리코 동쪽 카리브 해안에 있는 작은 섬 카요 산티아고에서 하루를 보낸 나도 이런 경험을 했다. 카요 산티아고에 영구적으로 거주하는 종족은 천 마리가 넘는 히말라야 원숭이뿐이기 때문에, 이 섬은 '원숭이 섬'으로도 알려져 있다. 1938년 미국의 괴짜 동물학자 클래런스 레이 카펜터Clarence Ray Carpenter는 인도에서 원숭이를 탐사하는 데 지친 나머지 아예 인도 콜카타에서 이 원숭이들을 옮겨왔다. 2017년 무더운 여름날 내가 예일대학교 심리학자 로리 산토스Laurie Santos 및 영화 스태프 한 명과 함께 카요 산티아고 주변을 돌아다닐 때, 수십 마리의 원숭이가 우리를 경계하면서도 느릿느릿 움직이는 우리 인간을 참아주며 놀이에 몰두하고 있었다. 원숭이 두 마리가 번갈아 나무에 올라가 나뭇가지에서 연못으로 뛰어내릴 때, 그 행동은 분

명 자발적인 즐거움 때문인 것처럼 보였다. 원숭이들은 정말 **즐기고** 있었다.[4]

꼬리감는원숭이가 고의적인 불공평함에 반응하는 흥미로운 영상도 있다. 영장류학자 프란스 드 발Frans de Waal 덕분에 유명해진 이 영상에서는 이웃한 우리에 갇혀 있는 두 마리 원숭이가 연구자에게 돌을 건네주면 차례로 보상을 준다. 원숭이 1은 철망 사이로 돌을 건네고 작은 오이 조각을 보상으로 받아 기쁘게 먹는다. 원숭이 2도 같은 행동을 하지만 오이가 아니라 훨씬 맛있는 포도를 받는다. 원숭이 2는 포도를 맛있게 먹고 원숭이 1은 이 모습을 지켜본다. 원숭이 1은 다시 돌을 주지만 또 오이를 받자, 오이를 한참 쳐다보던 원숭이 1은 오이를 연구자에게 던져버리고 화가 난 듯 우리를 흔든다.

즐거운 행동을 하고 화를 내는 것은 강력한 직관 펌프다. 이런 행동은 매우 독특해서 겉보기에 인간과 같은 내면의 상태를 드러낸다고 보는 것 외에는 달리 해석할 수 없다. 원숭이가 이렇게 행동하는 것을 보면, 우리는 다른 의식을 가진 존재뿐만 아니라 **인간과 같은** 의식을 가진 존재가 있다는 사실을 직감하게 된다. 하지만 문제는 이것이다. 앞서 살펴보았듯 원숭이는 거울 실험에서는 계속 실패했다. 원숭이는 의심할 여지없이 의식이 있고, 나 또한 원숭이가 일종의 자아를 가지고 있다고 생각하지만, 원숭이는 털북숭이 작은 인간은 아니다.

포유류를 넘어서 살펴보면 우리의 직관이 의인화와 인간중심주의로 형성되었다는 사실이 더욱 뚜렷해진다. 특히 우리와 가장 먼 진화의 친척들을 살펴보면 더욱 그렇다.

———

2009년 여름, 데이비드 에델만과 나는 흔한 두족류 문어인 참 문어 약 12마리를 관찰하며 일주일을 보냈다.[5] 두족류 인지 및 신경생물학의 선도적인 전문가인 생물학자 그라치아노 피오리토 Graziano Fiorito를 만나러 갔던 참이었다. 그로부터 10년이 넘게 흘렀지만, 그 일주일은 내가 과학자로 살아온 시간 중 가장 기억에 남는 한 주다.

이탈리아의 유명한 연구소인 스타치오네 주로지카 Stazione Zoologica 소속인 피오리토의 문어 연구소는 나폴리 중심부에 있는 공공 수족관 바로 밑 눅눅한 지하에 있어, 지상의 불쾌한 여름 더위를 피할 수 있는 시원한 장소였다. 나는 그 일주일 동안 주로 이 매혹적인 생물들과 시간을 보내며 문어가 어떻게 모양, 색깔, 질감을 바꾸는지 관찰하고 문어가 주목하는 것에 관심을 기울였다. 어느 날 피오리토가 저술한 《두족강의 몸 패턴 목록 A Catalogue of Body Patterning in Cephalopoda》에 있는 그림과 어떤 문어의 변화무쌍한 모습을 맞춰보고 있을 때, 나는 둔탁하게 튀며 미끄러지는 소리를 들었다. 탱크 뚜껑을 조금 열어뒀는데 그 생물이 탈출을 시도하고 있었던 것이다. 지금도 나는 그 생물이 나를 안심시키고 내가 오랫동안 뒤돌아 있을 때를 노렸다고 확신한다.

내가 몹시 당황해하는 동안, 데이비드는 시각적 지각과 학습에 대한 실험을 하고 있었다. 데이비드는 문어의 수조 안에 다른 모양의 사물을 내려놓곤 했는데, 어떤 사물 옆에는 맛있는 게를 놓았다. 문어가 특정 사물을 보상과 연관하는 법을 배울 수 있는지 살펴보기 위한 것이었다. 그 연구가 어떻게 됐는지는 정확히 기억나지 않지만, 한 사건은 아주 선명하게 기억난다.

피오리토의 연구실에는 중앙 통로를 사이에 두고 탱크가 두 줄로 늘어서 있고, 각 탱크에 문어가 한 마리씩 있었다. (문어는 일반적으로 사회적 생물이 아니어서 같이 두면 서로 잡아먹을 수도 있다.) 이날 데이비드는 왼쪽 줄 중간쯤에 있는 탱크를 골랐다. 무슨 일이 일어나고 있는지 보려고 들어갔을 때, 나는 통로 반대편에 있는 모든 문어가 탱크 유리에 찰싹 붙어 있는 모습을 보고 깜짝 놀랐다. 문어들은 모두 데이비드가 탱크에 사물을 계속 내려놓는 모습을 뚫어지게 처다보았다. 데이비드를 관찰하는 문어들은 순수한 관심 말고는 다른 이유 없이 무슨 일이 벌어지고 있는지 알아내려고 애쓰는 것 같았다.

짧은 시간이었지만 나는 문어들이 다른 종과 매우 다르고, 분명 우리 인간과는 전혀 다르지만 지능과 의식이 있다는 인상을 받았다. 물론 주관적인 인상이었고, 이런 생각은 분명 의인화와 인간중심주의의 편견에 물들었으며, 지능을 지각력의 표시로 받아들인다는 비난을 받을 만하다. 하지만 문어는 객관적으로도 주목할 만한 존재다. 문어를 조금만 관찰하면 인간 이외의 의식은 인간의 의식과 얼마나 다른지에 관한 생각을 밀고 나갈 수 있다.

인간과 문어의 공통 조상 중 가장 최근의 조상은 약 6억 년 전에 살았다. 이 고대 생명체에 대해서는 알려진 것이 거의 없다. 아마 납작한 벌레 같은 것이었으리라. 생김새야 어떻든 분명 아주 단순한 생물이었을 것이다. 문어의 마음은 인간 마음의 수생 버전도 아니고, 과거나 현재에 살았던 등뼈 있는 다른 종에서 나온 것도 물론 아니다. 문어의 마음은 독립적으로 창조된 진화적 실험으로, 오히려 지구에서 만날 수 있는 외계인의 마음에 가깝다. 스쿠버다이버이자 철학자인 피터 고프리-스미스Peter Godfrey-Smith가 말했듯, "우리가 **다른** 마음을 이해하고 싶다면, 두족류의 마음은 가장 다른 마음일 것이다".

문어의 몸은 정말 놀랍다. 흔히 볼 수 있는 문어인 참문어는 팔처럼 생긴 여덟 개의 부속물, 파란 피를 뿜어내는 세 개의 심장, 먹물 기반 방어 메커니즘, 그리고 고도로 발달한 제트 추진력을 가지고 있다. 문어는 크기, 모양, 질감, 색깔을 마음대로 바꿀 수 있고, 필요하다면 동시에 바꿀 수도 있다. 문어는 연체동물이다. 몸 중앙의 뼈 부리를 제외하면 정말 부드러워서 내가 스타치오네 주로지카에서 발견했듯 말도 안 되는 작은 틈으로도 비집고 들어갈 수 있다.

이 특별한 몸은 매우 정교한 신경계로 보완된다. 참문어는 약 5억 개의 뉴런을 가지고 있는데, 이는 쥐 한 마리가 가진 뉴런보다 대략 6배나 많은 숫자다. 포유류와 달리 문어 뉴런의 약 5분의 3은 중뇌가 아닌 팔에 있는데, 그런데도 뇌에는 해부학적으로 구별되는 40개의 엽이 있다. 포유류의 뇌에는 긴 신경을 연결하고 기능하게 만드는 절연 물질인 미엘린이 있는데, 문어의 뇌에는 이 미엘린이 부족하다는 점도 특이하다. 따라서 문어의 신경계는 크기와 복잡성이 비슷한 다른 포유류의 신경계보다 넓게 분포되어 있고 통합성은 적다. 문어가 의식이 있다면, 문어의 의식도 하나의 '중심' 없이 더 분산되고 덜 통합되었을 것이다.

유전자 수준에서도 문어는 상당히 다르다. 대부분의 유기체에서 DNA 유전자 정보는 직접 짧은 RNA^ribonucleic acid (리보핵산) 서열로 전달되고, RNA는 생명의 분자적 일꾼인 단백질을 만드는 데 이용된다. 교과서 수준의 분자생물학 원리다. 하지만 2017년 문어와 몇몇 다른 두족류가 RNA 서열을 단백질로 번역하기 전에 중요한 편집을 거친다는 사실이 밝혀지면서 이 원리가 뒤집혔다. 마치 문어는 자신의 게놈 일부를 그때그때 다시 쓸 수 있는 것 같다. (RNA 편집은 다른 종에서는 이미 밝혀졌지만 비교적 사소한 역할을 할 뿐이었다.) 게다가 문어의 RNA 편집 능력 중 상당 부분은 신경계와 관련이 있는 것으로 보인다. 어떤 연구자들은 이런 왕성한 게놈 재작성 능력이 문어의 놀라운 인지능력을 이루는 기초가 된다고 주장했다.

게다가 문어의 인지능력은 분명 인상적이다. 문어는 아크릴 수조 안에 숨겨진 사물(보통은 맛있는 게)을 회수하고, 복잡한 미로에서 길을 찾을 수 있으며, 특정 문제를 해결하기 위해 다양한 행동을 시도하며, 피오리토가 스타치오네 주로지카에서 보여주었던 것처럼 다른 문어를 관찰해서 배울 수도 있다. 야생 문어의 행동에 대한 일화적 보고는 더욱 놀랍다. BBC 텔레비전 시리즈인 〈블루 플래닛 2 Blue Planet II〉에서는 문어가 포식자 상어를 피하려고 조개나 해저 쓰레기로 자신을 덮는 특이한 사례가 포착되기도 했다.

이런 두족류가 가진 지능의 솜씨는 분명 마음이 작동한다는 강력한 증거다. 하지만 어떤 마음일까? 나는 이미 지능을 의식의 중요한 기준으로 삼지 말아야 한다고 경고했다. 그렇다면 문어가 되는 것은 어떤 것인지 어떻게 말할 수 있을까? 이 문제를 해결하려면 우리는 문어의 행동을 문어의 지각과 연결해보아야 한다.

———

아마도 위장술은 두족류의 능력 중에서 가장 초자연적인 항목일 것이다. 문어는 자신을 보호하기 위한 단단한 껍질도 갖고 있지만, 문어의 생존은 보통 배경에 녹아드는 능력에 달려 있다. 문어는 주변 환경의 색깔, 모양, 질감과 자신을 완벽히 동화시킬 수 있다. 우리는 다른 포식자들과 마찬가지로 겨우 1~2미터 앞에 있는 문어도 알아채지 못한다.

문어는 매우 정교한 **색소포**chromatophore라는 시스템을 이용해 주변 환경과 자신의 색깔을 일치시킨다. 색소포는 피부 전반에 분포한 탄력 있는 작은 주머니로, 뇌의 색소포엽에서 내린 신경 명령에 따라 열리면 빨간색, 노란색, 갈색으로 변한다. 색소포가 정확히 어떻게 작동하는지는 아직 완전히 알려지지 않았다. 문어는 다른 문어로부터가 아니라 자신만의 독특한 방식으로 세상을 보는 포식자들로부터 스스로를 숨겨야 한다. 따라서 문어의 위장 시스템은 이 포식자들의 시각 능력에 대한 지식을 암호화해야 한다.

더 놀라운 것은 문어가 색맹인데도 이 모든 작용을 한다는 점이다. 사람의 눈에 있는 세포는 빛에 더 민감해 세 가지 파장의 빛에 반응하며, 빛을 혼합해 빛의 우주를 만들어낸다. 하지만 문어의 눈에 있는 세포는 단 하나의 광색소만 가진다. 문어는 우리가 편광 선글라스를 착용한 것처럼 빛의 편광 방향을 감지할 수는 있지만 파장을 조합해 색을 낼 수는 없다. 문어는 눈뿐만 아니라 피부로도 '볼 수' 있지만 피부 전체에 분포된, 빛에 민감한 세포도 마찬가지로 색맹이다. 여기에 더해 문어의 색소포 제어는 '개방 루프open-loop'로 밝혀졌다. 색소포엽 내 뉴런이 피부 색소포로 전송되는 신호의 명확한 내부 복사본을 생성하지 않는다는 의미다. 문어의 중추 뇌는 피부가 무엇을 하는지조차 모를 수도 있다.

문어가 세상과 그 세상 안에서 자신의 몸을 경험하는 방식이 어떤 의미인지 파악하기는 어렵다. 문어는 스스로 볼 수도 없고 뇌로 전달되지도 않는 방식으로 피부색을 바꾼다. 그리고 이런 적응 중 일부는 순전히 국소적 제어를 통해 일어난다. 즉, 문어의 팔은 자신의 주변 환경을 감지하고 중추 뇌의 관여가 없이도 모습을 바꾼다. 우리 몸에 일어나는 일을 보고 느낄 수 있다는 인간 중심적 가정은 문어에게 적용되지 않는다. 문어가 거울 시험을 통과할 기미가 보이지 않는다는 사실도 당연하다.

문어의 시각이나 다른 고전적인 감각 양식 일부에는 포유류나 기타 척추동물과 비슷한 점이 있다. 문어는 맛, 냄새, 촉감을 느낄 수 있고 잘 들리지는 않지만 들을 수도 있다. 하지만 논쟁이 되는 이상한 점도 있는데, 문어는 중앙 입 부분뿐만 아니라 빨판으로도 맛을 볼 수 있다. 즉, 이 생물체의 마음은 놀라울 정도로 탈중심화되어 있다.

탈중심화된 의식이라는 개념은 특히 신체 소유권 경험에서 문제가 된다. 8장에서 살펴본 것처럼 인간의 경우 의식적 자아의 신체 소유권은 놀라울 정도로 쉽게 바뀔 수 있다. 뇌에서 무엇이 신체 일부이고 무엇은 아닌지에 대한 베이즈 최선의 추측을 바꾸도록 속이면 충분히 가능하다. 사지를 단 몇 개의 관절로 제약하는 우리 인간에게도 신체를 추적한다는 일은 몹시 힘든 일이다. 여덟 개의 매우 유연한 팔을 여러 방향으로 한꺼번에 펴는 문어에게는 이런 도전이 더욱 만만치 않은 일이다. 감각이 부분적으로 팔에만 있는 것처럼, 제어도 마찬가지다. 문어의 팔은 반자율적semi-autonomous 동물처럼 작동한다. 문어의 팔을 잘라내도 한

동안은 먹이를 움켜쥐는 등의 복잡한 일련의 동작을 수행할 수 있다.

이런 자유도와 탈중심화된 제어는 무엇이 신체의 일부이고 무엇은 아닌지에 대해 단일하고 통일된 지각을 유지하려는 모든 중추 뇌에 위협적인 도전이다. 하지만 문어에게는 이런 점이 문제가 되지 않는다. 이상하게 들릴지도 모르지만 문어가 된다는 것에는 인간이나 다른 포유류에 적용되는 신체 소유권 감각의 경험은 포함되지 않을 수도 있다.

그렇다고 문어가 '자기'와 '타자'를 구별하지 않는다는 의미는 아니다. 문어는 분명 그렇게 하고, 그렇게 해야 한다. 무엇보다 스스로 얽히지 않도록 해야 하기 때문이다. 문어 팔의 빨판은 지나가는 거의 모든 물체를 반사적으로 움켜쥐지만 자신의 팔이나 몸은 붙잡지 않는다. 이는 문어가 어떤 식으로든 자신의 몸과 그렇지 않은 것을 구별할 수 있다는 의미다.

이 능력은 간단하지만 효과적인 맛 기반 자기 인식 시스템으로 구현된다는 사실이 밝혀졌다. 문어는 피부 전체에서 독특한 화학물질을 분비한다. 이 화학물질은 빨판이 감지할 수 있는 신호 역할을 해 반사적으로 빨판이 자신의 몸에 부착되지 않게 한다. 이런 방식으로 문어는 이 공간에서 자신이 **어디에** 있는지는 몰라도 **무엇이** 자신의 몸 일부이고 무엇이 아닌지 구분할 수 있다. 연구원들은 분리된 문어 팔의 피부를 남기거나 제거한 뒤 다른 분리된 문어 팔에 주는 매우 으스스한 실험으로 이 사실을 발

견했다. 분리된 팔은 피부가 제거된 팔을 쉽게 잡았지만 피부가 있는 팔은 절대 잡지 않았다.[6]

문어에게 체화라는 경험이 어떤 의미일지 우리 포유류가 상상하기는 어렵다. 문어가 자신의 몸이 어떤 것이고 어디에 있는지에 대해 갖는 지각은 모호할 수 있지만, 문어 스스로는 이런 지각이 모호하다고 느끼지는 않을 것이다. 그리고 문어 팔이 된다는 것을 알려주는 무언가가 있을 수도 있다.

———

문어는 동물의 의식이 우리의 의식과 얼마나 다를 수 있는지에 대한 우리의 직관을 강하게 밀어붙인다. 하지만 원숭이에서 두족류로 곧바로 뛰어넘는 과정에서 우리는 엄청난 동물 세계를 건너뛰었다. 포유류의 의식이라는 안전한 해안을 벗어나면, 앵무새에서부터 단세포 기생충에 이르는 동물의 잠재적 인식이라는 광대한 영역이 존재한다. 이 영역을 염두에 두고, 의식적 경험을 할 가능성이 있는 동물은 어떤 동물인지, 즉 그 가능성의 빛이 희미하더라도 의식의 '빛이 켜진' 동물은 어떤 동물인지에 대한 근본적인 질문으로 돌아가보자.

새가 지각력을 지닌다는 상당히 강력한 근거가 있다. 조류의 뇌는 포유류의 뇌와 매우 다르지만 포유류의 피질이나 시상과 비슷한 조직이 있다. 놀라울 정도로 지능이 있는 새도 많다. 앵무새는 숫자를 셀 수 있고, 유황앵무는 춤을 출 수 있으며, 미국어치는 미래를 위해 음식을 챙겨둘 수 있다. 이런 지능의 사례를 보면 복잡한 의식 상태를 즐기는 새가 있다고 생각할 수 있지만, 지능은 인식을 나타내는 리트머스 시험지가 아니라는 점을 다시 한번 상기하자. 음식을 숨기지 않고, 말하지 않고, 춤추지 않는 새도 의식적 경험을 할 수 있다.

우리가 더 멀리 나아갈수록 의식에 대한 증거는 더 피상적이고 희박해지며, 의식에 대한 추론은 더 불확실해진다. 따라서 포유류의 뇌나 행동과의 유사성을 추론의 근거로 삼는 대신, 동물 기계 관점을 채택하는 것이 더 나은 전략일 수 있다. 여기서 동물 기계 이론은 데카르트의 이론이 아니라 우리의 이론으로, 생리적 조절과 유기체의 통합성 유지를 목표로 하는 의식적 지각의 기원과 기능을 찾는 이론이다. 이런 관점에서 보면 인식의 증거를 찾아야 할 지점은 바로 동물이 고통스러운 사건에 반응하는 방법이다.

이런 전략은 과학적으로 합리적일 뿐만 아니라 윤리적으로도 필요하다. 동물 복지와 관련된 결정은 동물이 인간과 비슷하다거나 인지능력에서 어떤 한계를 뛰어넘었는지가 아니라 아픔과 고통에 반응하는 능력에 근거해야 한다. 생물이 고통을 겪는 이유는 무한히 많지만, 가장 공통적인 것은 생리적 통합성에 대한 기본적인 도전이다.

생리적 통합성을 추구한다는 관점에서 동물은 자신에게 일어나는 고통스러운 사건에 적응적 반응을 나타낸다는 증거가 많다. 대부분의 척추동물(등뼈가 있는 동물)은 다친 신체 부위에 집중한다. 작은 제브라피쉬도 다치면 통증을 완화하려고 '비용'을 감수하고 익숙한 환경에서 황량하고 불을 밝힌 진통제 섞은 수조로 이동한다. 이런 현상이 물고기가 의식이 있다는 사실을 의미하는지, 그리고 이런 물고기가 **다양**한지는 분명하지 않지만, 분명 시사점은 있다.

곤충은 어떨까? 개미는 다리가 손상되었을 때 절뚝거리지 않는다. 개미의 단단한 외골격은 고통에 덜 민감하고, 곤충의 뇌에는 다른 동물의 통증 완화 도구와 비슷한 아편 유사 신경전달물질이 있다. 노랑초파리가 사람의 '만성 통증'처럼 이전에는 통증을 유발하지 않았던 자극에도 부상 후에는 과민하게 반응한다는 최근 연구 결과도 있다. 그리고 놀랍게도, 마취제는 단세포 생물부터 진화한 영장류까지 **모든** 동물에 효과가 있어 보인다.

이런 결과는 모두 어떤 시사점을 주지만 결정적이지는 않다.

어느 순간 실질적인 문제를 언급하기 어려워진다. 직관일 뿐이지만 내 생각에는 의식 범위에 전혀 들지 않는 동물도 있을 것 같다. 포유류도 생리적 통합성을 보존하려면 복잡한 뇌와 정교하게 연마된 지각 체계가 필요하다는 점을 보면, 무의식이 오히려 얻기 수월한 상태이기 때문이다. 의식적 경험은 우리 삶의 중심이지만, 의식적 경험의 생물학적 기반은 간단하지 않다. 단 302개의 보잘것없는 뉴런을 가진 선충을 살펴보면서 나는 어떤 의미

있는 의식 상태를 추정하기 어렵다는 사실을 알게 되었다. 그리고 단세포 기생충만 보아도 의식 상태를 추정하기 어렵다.

———

동물 의식 연구는 불확실성을 피할 수 없지만 두 가지 심오한 이점을 제공한다. 첫째는 인간이 세상과 자기를 경험하는 방법이 유일한 방법은 아니라는 인식이다. 우리는 광활한 의식 공간의 아주 작은 영역에 살고 있다. 그리고 지금까지 이 공간에 관한 과학적 연구는 어둠 속으로 불꽃 몇 개를 던지는 정도에 불과했다. 둘째는 새롭게 발견한 겸손함이다. 지구상의 다양한 생물을 관찰하면서, 우리는 우리 자신과 다른 동물에게 나타나는 다양하고 독특한 주관적인 경험의 풍부함을 더 소중하게 여기고, 당연하게 여기지 않을 수 있게 된다. 그리고 우리는 고통을 최소화하려는 새로운 동기가 어디서, 어떻게든 나타나리라는 사실을 알 수 있다.

나는 의식과 지능은 같지 않으며, 의식은 지능보다 살아 있다는 것과 더 관련이 있다고 주장하면서 이 장을 시작했다. 이제 더 강한 주장으로 이 장을 마무리하고 싶다. 지능이 많지 않아도 의식이 존재할 수 있을 뿐만 아니라(고통을 겪지 않기 위해 더 똑똑해질 필요는 없다), 역으로 지능도 의식 없이 존재할 수 있다.

고통을 겪지 않고도 똑똑해질 수 있다는 가능성은 우리를 의식과학 여정의 마지막 단계로 인도한다. 이제 인공지능에 대해, 의식적 기계의 가능성에 대해 이야기할 때다.

13장
기계의 마음

16세기 후반 프라하에서는 랍비 유다 뢰브 벤 베잘렐Judah Loew ben Bezalel이 블타바 강둑에서 점토를 가져다 사람을 닮은 골렘 golem을 만들었다. 요제프 혹은 요젤레라 부르는 이 골렘은 반유대주의 대학살로부터 랍비의 백성을 지키기 위해 만들어졌고, 아주 효율적으로 작동했다. 일단 마법 주문으로 깨우면 골렘들은 움직이고, 인지하고, 복종했다. 하지만 일이 크게 잘못되어 아둔하게 복종만 했던 골렘은 폭력적인 괴물로 변했다. 결국 랍비는 마법 주문을 되돌렸고, 골렘은 회당 마당에서 산산조각이 났다. 어떤 이들은 골렘의 잔해가 지금도 프라하의 묘지나 다락방 어딘가에 숨어 다시 깨어나기를 끈질기게 기다리고 있다고 한다.

랍비 뢰브 벤의 골렘은 우리가 지적이고 지각 있는 생물, 즉 우리 자신의 이미지나 신의 마음을 따른 창조물을 만들 때 불러들이는 자만을 떠올리게 한다. 하지만 일이 제대로 풀리는 경우는 거의 없다. 메리 셸리Mary Shelley의 《프랑켄슈타인Frankenstein》부터 알렉스 가랜드Alex Garland의 〈엑스 마키나Ex Machina〉에 나오는 에이바Ava, 카렐 차페크Karel Čapek의 《로숨의 유니버설 로봇Rossum's Universal Robots》에 등장하는 제목과 같은 이름의 로봇, 제임스 캐머런James Cameron의 〈터미네이터Terminator〉, 리들리 스콧의 〈블레이드 러너〉에 등장하는 복제인간 리플리컨트, 스탠리 큐브릭의 〈2001 스페이스 오디세이〉에 나오는 인공지능 할HAL까지, 이 창조물들은 거의 항상 자신의 창조주에 반항해 잇따른 파괴와 우울, 철학적 혼란을 낳았다.

지난 10여 년 동안, 인공지능의 급부상으로 기계의 의식에 대한 논의가 긴급해졌다. 인공지능은 이제 우리 주변 어디에나 있다. 뇌 구조를 닮은 신경망 알고리즘으로 구현되는 휴대전화, 냉장고, 자동차 등 어디에나 인공지능이 내장되어 있다. 이 새로운 기술의 영향에 대해 걱정하는 것도 당연하다. 인공지능이 우리 일자리를 빼앗을까? 인공지능이 우리 사회의 구조를 해체할까? 인공지능이 자기 이익을 위해서든, 프로그래밍의 예지력 부족으로든, 지구 전체의 자원을 엄청난 양의 클립으로 바꿔버리거나 결국 우리를 파괴하게 될까? 이런 여러 우려, 특히 더 실존적이고 종말론적인 우려의 바탕에는 발전이 가속화되어 어느 시점에 이르면 인공지능이 의식을 갖게 될 것이라는 가정이 있다. 이것이 바로 실리콘으로 만들어진 골렘의 신화다.

기계가 의식을 가지려면 무엇이 필요한가? 그 의미는 무엇인가? 그리고 실로 우리는 의식을 가진 기계와 의식이 없는 좀비 기계를 어떻게 구별할 수 있을까?

———

왜 인공지능인 기계가 인식할 수 있다고 **생각**하는가? 앞서 언급했듯, 기계가 아직 알려지지 않은 지능의 문턱을 통과하면 의식이 자연스레 나타날 것이라는 생각은 보편적이지는 않지만 분명 흔하다. 왜 이런 생각이 일어나는가? 나는 이런 직관에 원인이 되는 두 가지 핵심 가정이 있고, 둘 다 정당하지 않다고 생각한다. 첫 번째 가정은 의식을 가지려면 어떤 조건이 **필요**하다는 것이다. 두 번째 가정은 특정 사물이 의식을 가지기에 **충분**한 무언가가 있다는 것이다.

첫 번째 가정(필요조건)은 **기능주의**다. 기능주의는 시스템이 웨트웨어나 하드웨어, 뉴런이나 실리콘으로 된 논리 게이트logic gate, 아니면 블타바 강의 점토 등 무엇으로 이루어졌든, 의식은 이에 좌우되지 않는다고 주장한다. 기능주의에 따르면 의식에 중요한 것은 시스템이 무엇을 **하는지**다. 시스템이 입력을 출력으로 제대로 변환하면 의식이 생긴다. 1장에서 살펴보았듯, 여기에는 두 가지 다른 주장이 있다. 첫 번째 주장은 특정 기질이나 물질로부터의 독립성에 관한 것이고, 두 번째 주장은 입력-출력 관계의 충분성에 관한 것이다. 대부분 두 주장이 함께하지만 가끔은 달라지는 부분도 있다.

기능주의는 심리철학자 사이에 널리 퍼진 견해이며, 철학자가 아닌 사람 중에도 기능주의를 기본 입장으로 받아들이는 경우가 많다. 하지만 그렇다고 이 주장이 옳다는 의미는 아니다. 나는 의식이 기질 독립적이라거나 입력-출력 관계 또는 '정보처리'의 문제일 뿐이라는 입장에 찬성하거나 반대하는 결정적인 논거를 갖고 있지는 않다. 기능주의에 대한 내 태도는 의심을 품은 불가지론이다.

인공지능 컴퓨터가 의식을 가지려면 기능주의는 사실이어야 한다. 이것이 필요조건이다. 하지만 기능주의가 사실이더라도 이것만으로는 충분하지 않다. 정보처리 자체는 의식의 충분조건이 아니다. 두 번째 가정은 의식에 충분한 정보처리 역시 지능을 뒷받침한다는 점이다. 이는 의식과 지능이 밀접하게, 심지어 본질적으로 연결되어 있다는 가정이다. 즉, 의식은 그저 따라온다는 가정이다.

하지만 이런 가정의 근거는 희박하다. 앞 장에서 살펴보았듯 의식과 지능을 혼돈하는 경향은 인간의 가치와 경험이라는 왜곡된 렌즈를 통해 세상을 과대 해석하는 치명적인 인간중심주의에서 나온다. **우리**는 의식이 있고, **우리**는 지능이 있으며, 우리는 우리 자신이 천명한 지능에 대해 인간 종이라는 자부심이 있어, 지능이 의식적 상태와 불가분의 관계에 있고 그 반대도 마찬가지라고 가정한다.

지능은 의식을 가진 유기체에게 의식적으로 분화된 여러 상태를 제공하지만, 적어도 진화된 형태의 지능이 의식의 필요조건이나 충분조건이라고 보는 가정은 잘못이다. 의식이 본질적으로 지능과 연결되어 있다고 계속 가정하면, 지능이 있어 보이는 인공 시스템은 의식이 있다고 생각하기 쉬우며, 인지능력에 대해 의심스러운 인간 표준에 맞지 않는 다른 동물 같은 시스템을 쉽게 부정해버리게 된다.

지난 몇 년 동안 의식의 필요조건과 충분조건에 대한 이런 가정은 수많은 걱정과 오해 때문에 밀려왔다 사라지며, 인공 의식에 대한 전망에 긴급성과 정당하지 않은 종말론적 색채를 씌웠다.

다음은 그 우려 중 일부다. 의식이 있든 없든, 인공지능은 인간의 지능을 따라잡기 위해 길을 벗어나 우리의 이해와 통제를 넘어 자생할지도 모른다는 우려다. 이것은 미래학자인 레이 커즈와일Ray Kurzweil이 널리 퍼뜨리고, 지난 수십 년 동안 가공되지 않은 컴퓨터 자원의 놀라운 증가에 힘입어 성장한 소위 '특이점 singularity' 가설이다. 이 지수 곡선에서 우리는 어디에 있는가? 코로나19 대유행 동안 배웠듯, 지수 곡선의 문제는 우리가 곡선의 어디에 있든 미래는 몹시 가파르고 과거는 말도 안 될 만큼 평평해 보인다. 한 지점만 보아서는 우리가 어디에 있는지 알 수 없다. 그리고 여기에는 우리의 창조물이 어떤 식으로든 우리를 배반할 것이라는 프로메테우스적 두려움, 즉 수많은 공상과학 영화와 책이 우리에게 주입하고 재포장해 팔아온 두려움이 있다. 마지막으로 '의식'이라는 용어는 안타깝게도 흔히 기계의 능력에 대해 쓸모없는 엉성한 생각을 퍼뜨린다. 인공지능 연구자를 포함한 일부 사람들은 자극에 반응하거나 무언가를 배우거나 보상을 극대화하고 목표를 달성하려는 모든 행동을 의식이라고 본다. 내가 보기에 이런 관점은 '의식을 갖는다'라는 말의 합리적인 의미를 터무니없이 확대한다.

이 모든 것을 한데 모아 보면 의식을 가진 인공지능이 코앞에 다가왔다고 생각하며 그런 인공지능이 나오면 무슨 일이 일어날지 걱정하는 사람이 늘어난 것도 당연하다. 그런 가능성을 완전히 배제할 수는 없다. 만약 특이점 전도사들이 정말 옳다면 우리는 정말로 걱정해야 한다. 하지만 지금으로서는 그런 가능성은 매우 희박하다. 〈그림 21〉과 같은 상황이 벌어질 가능성이 훨씬 크다. 이에 따르면 의식은 지능으로 결정되지 않으며, 지능은 의식 없이도 존재할 수 있다. 의식과 지능은 둘 다 여러 형태로 나타나며, 다양한 차원으로 표현된다. 즉, 의식이나 지능에 대한 하나의 단일한 척도는 없다.

이 그림을 보면 현재 AI의 지능은 상당히 낮은 편이라는 사실을 알 수 있다. 현재 AI의 시스템이 어떤 의미에서든 지능을 갖추었는지 알 수 없기 때문이다. 오늘날 AI의 대부분은 정교한 기계 기반으로 패턴 인식을 할 수 있다고 표현하는 것이 가장 정확하

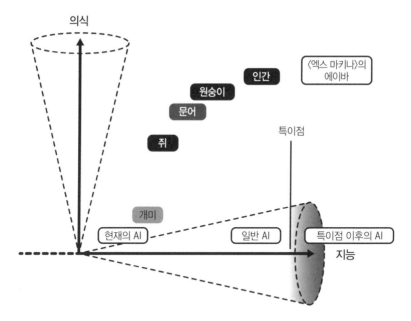

〈그림 21〉 의식과 지능은 분리 가능하며 다차원적이다.
여러 동물과 (실제 및 가상) 기계가 그림에 표시되어 있다.

며, 아마도 약간의 계획 능력을 갖췄을지도 모른다. 지능이 있든 없든, 이런 시스템은 어떤 것도 의식하지 않고도 작업을 수행할 수 있다.

미래를 예상할 때, 많은 AI 연구자들이 말하는 야심 찬 목표는 인간의 일반적인 지능 능력을 갖춘 시스템, 즉 '일반 인공 지능 artificial general intelligence', '일반 AI general AI'를 갖춘 시스템을 개발하는 것이다. 그리고 이 지점을 지나면 특이점 이후의 지능이라는 미지의 영역이 있다. 하지만 이 여정에서 의식이 그저 따라온다고 가정할 수는 없다. 게다가 인간 특이적인 인지 도구를 대체하거나 증폭하기보다는 보완하는, 인간과는 다른 지능이 있을 수도 있지만, 마찬가지로 여기에도 의식은 관여하지 않는다.

특정 형태의 지능은 의식 없이는 불가능할 수도 있지만, 그렇다고 **모든** 지능이 아직은 알려지지 않은 어떤 한계점을 넘으려면 꼭 의식이 필요하다는 의미는 아니다. 반대로 지능을 아주 광범위하게 정의한다면, 모든 의식적 실체에는 어느 정도는 지능이 있을 수 있다. 다시 말하지만 이 사실로 지능이 곧 의식으로 가는 길이라는 점을 검증할 수는 없다.

컴퓨터를 더 똑똑하게 만든다고 지각이 생기지는 않는다. 하지만 그렇다고 기계 의식이 불가능하다는 뜻은 아니다. 우리가 처음부터 의식을 설계하려 한다면 어떻게 해야 할까? 지능이 아니라면, 의식적 기계를 만드는 데 필요한 것은 무엇이 **되어야 할까?**

이 질문에 대한 답은 어떤 시스템이 의식을 갖기 위한 충분조건은 무엇이라고 생각하는지, 그리고 우리가 어떤 의식 이론에 동의하는지에 달려 있다. 그러므로 기계가 의식을 갖는 데 필요한 조건에 여러 견해가 있다는 사실은 당연하다.

스펙트럼의 진보적인 끝단에는 기능주의에 따라 의식이 그저 올바른 정보처리 문제라고 믿는 사람들이 있다. 정보처리가 '지능'과 같을 필요는 없지만, 어쨌든 정보처리이기 때문에 컴퓨터에서 구현할 수 있다. 예를 들어 2017년 《사이언스》에 실린 주장에 따르면 기계가 정보의 '글로벌 가용성global availibity'에 따라 정보를 처리하고, 그 성능을 '자기 모니터링self-monitoring'할 수 있다면 기계를 의식적이라고 할 수 있다. 이 논문의 저자들은 그런 기계가 **실제로** 의식이 있는지, 아니면 그저 의식이 **있는 것처럼** 행동하는지는 모호하게 넘어가지만, 올바른 정보처리만큼 의식에 필요한 것은 없다는 것이 근본적인 주장이다.

의식 있는 기계에 대한 보다 강력한 주장은 통합 정보 이론 옹호자들이 제기했다. 3장에서 살펴본 것처럼, 통합 정보 이론은 의식을 단순히 통합된 정보**라고** 보며, 시스템이 생성하는 통합 정보의 양은 '원인 효과 구조'라는 내부 메커니즘의 속성에 따라 결정된다고 주장한다. 통합 정보 이론에 따르면 통합 정보를 생성하는 모든 기계는 무엇으로 만들어졌든, 어떻게 보이든 어느 정도 의식을 갖는다. 하지만 통합 정보 이론에 따르면 외부 관찰자의 관점에서 기계에 의식이나 지능이, 또는 둘 다 있다고 보일 수 있지만, 통합 정보를 전혀 생성하지 않아 의식이 전혀 없는 것처럼 보이는 메커니즘을 가질 수도 있다.

이 두 이론 모두 의식을 지능으로 보지는 않지만, 올바른 정보처리 또는 0이 아닌 통합 정보라는 특정 조건을 만족하는 기계는 의식을 가진다고 본다. 하지만 이런 주장을 받아들이려면 이들 이론도 받아들여야 한다.

동물기계 이론은 생리적 통합성, 즉 생존을 향한 생물학적 동력 속에서 느끼는 세상과 자기에 대한 경험에 바탕을 둔다. 동물기계 이론은 의식 있는 기계의 가능성에 대해 어떻게 말할까?

실리콘 뇌 및 모든 종류의 센서와 이펙터를 갖춘, 사람의 몸에 가까운 미래의 로봇을 상상해보자. 이 로봇은 예측 프로세스와 능동적 추론 원칙에 따라 설계된 인공 신경망으로 제어된다. 회로를 통해 흐르는 신호는 환경과 몸의 생성 모델을 구현한다. 로봇은 이 모델을 계속 사용해 감각 입력의 원인에 대한 베이즈 최선의 추측을 한다. 이런 제어된(그리고 제어하는) 인공 환각은 설계대로 로봇의 관점에서 '살아 있게' 하는 최적 기능 상태를 유지한다. 배터리 수준, 작동기나 인공 근육의 통합성을 알리는 인공 내수용 입력도 있다. 이런 내수용 입력에 대한 제어 중심적 최선의 추측은 행동을 자극하고 유도하는 인공 정서 상태를 생성한다.

이 로봇은 목표를 달성하기 위해 적절한 시기에 적절한 행동을 하며 자율적으로 행동한다. 그렇게 해서 로봇은 겉으로는 지능과 지각이 있는 행위자라는 인상을 준다. 내부적으로 내가 제안한 예측 기계를 직접 매핑하는 로봇의 메커니즘은 체화와 자아라는 기본적인 인간 경험의 기초가 된다. 이 로봇은 실리콘으로 된 동물기계다.

그런 로봇은 의식이 있을까?

불만족스럽지만 솔직히 대답하자면, 확실하지는 않지만 아마 아닐 것이다. 동물기계 이론은 인간과 동물의 의식이 진화 과정에서 생겨났고, 발달 과정에서 우리 각자에게 나타나며, 매 순간 살아있는 시스템인 우리의 상태와 밀접하게 연관되어 작동한다고 본다. 우리의 모든 경험과 지각은 자신의 지속성을 보호하는 자립적인 살아 있는 기계라는 본질에서 비롯한다. 직감일 뿐이지만 내 생각에 생명의 물질성은 모든 의식 발현에 중요한 것으로 밝혀질 것이다. 생명계에서 조절과 자기 유지를 위한 필수 요소는 몸 전체의 통합성 같은 하나의 단계에만 한정되지 않기 때문이다. 생명계의 자기 유지는 개별 세포 수준까지 내려가는 모든 단계에서 진행된다. **모든** 신체의 세포는 자신의 통합성에 필요한 조건을 끊임없이 재생산한다. 현재나 가까운 미래의 컴퓨터에 대해서는 이렇게 말할 수 없으며, 방금 설명한 실리콘 동물기계에 대해서도 마찬가지다.

이 말을 개별 세포가 의식이 있거나, 모든 생명을 가진 유기체가 의식이 있다는 의미로 받아들여서는 안 된다. 요점은 동물기계 이론에 따르면 '모든 곳에' 적용되는 기본적 생명 프로세스에서 의식과 자아를 뒷받침하는 생리적 조절 과정이 스스로 생겨난다는 뜻이다. 이런 관점에서 이 문제에 불을 지피는 것은 정보처리가 아닌 생명이다.

———

실제로 의식 있는 기계의 출현이 아직 멀었다고 해도, 가능하다면 여전히 걱정할 것이 많다. 머지않아 인공지능과 로봇공학이 발전하면 기계가 실제로 의식이 **있다**고 믿을 만한 결정적인 근거가 없더라도 의식 있는 존재를 만들 기술이 탄생할 것이다.

2014년 개봉한 알렉스 가랜드의 영화 〈엑스 마키나〉에서는 은둔하는 억만장자 기술 천재 네이선이 유망한 프로그래머 케일럽을 은신처로 초대해 자신이 만든 지능 있고 호기심 강한 로봇 에이바를 만나게 한다. 케일럽의 임무는 에이바가 의식이 있는지, 아니면 내면의 생명은 전혀 없는 지능형 로봇에 불과한지 알아내는 것이다.

〈엑스 마키나〉는 기계가 생각할 수 있는지 평가하는 유명한 잣대인 튜링 테스트Turing test를 끌어온다. 한 명쾌한 장면에서 네이선은 케일럽에게 이 테스트에 대해 질문한다. 케일럽이 알고 있듯, 표준 튜링 테스트는 인간 심판관이 기계 또는 다른 인간과 원격으로 문자 메시지를 교환한다. 인간 심판관이 기계 후보와 인간을 계속 구분하지 못하면 기계는 시험을 통과한다. 하지만 네이선은 좀 더 흥미로운 생각을 한다. 그는 에이바가 케일럽에게 '에이바 자신이 로봇임을 **보여주어야** 하며, 그런데도 케일럽이 여전히 에이바가 의식이 있다고 느끼는지 보는 것'이 과제라고 말한다.

이 새로운 게임은 튜링 테스트를 지능 시험에서 의식 시험으로 바꾼다. 이제는 우리 모두 알고 있듯, 지능과 의식은 다른 현상이다. 게다가 가랜드는 영화에서 이 테스트가 실제로는 로봇에 관한 것이 아니다. 네이선이 말했듯이, 중요한 것은 에이바가 기계냐 아니냐 하는 문제가 아니다. 에이바가 기계라도 의식이 있느냐의 문제도 아니다. 진짜 문제는 의식이 있는 사람에게 에이바(또는 기계)를 의식이 있다고 느끼게 만들 수 있는지 여부다. 네이선과 케일럽의 대화는 이런 테스트가 실제로 무엇에 대한 것인지 밝힌다는 점에서 탁월하다. 이 테스트는 기계에 대한 테스트가 아니라 인간에 대한 테스트다. 기존 튜링 테스트와 21세기 의식 중심의 가랜드 테스트 모두 마찬가지다. 가랜드의 영화 속 대사는 기계에 의식을 부여하는 문제를 우아하게 포착해냈고 이제는 주목받는 '가랜드 테스트Garland test'라는 용어를 만들었다. 이는 공상과학 영화가 과학에 피드백을 준 드문 사례다.

오랫동안 인간 심판관을 제대로 속인 다양한 챗봇이나 간단한 컴퓨터 프로그램들은 이제 튜링 테스트를 '통과'했다고 주장한다. 특히 2014년부터 인간 심판관 30명 중 10명이 열세 살짜리 우크라이나 소년인 척하는 챗봇을 실제 인간 소년이라고 착각한 기묘한 사례도 있다. 이로써 인공지능이 오랜 이정표를 마침내 넘어섰다는 논쟁적인 선언이 나왔다. 하지만 같은 나이, 언어, 문화를 가진 사람을 성공적으로 흉내 내는 것보다 영어가 서툰 외국 청소년을 흉내 내기는 더 쉽다. 특히 원격으로 문자 교환만 허용될 때는 더욱 그렇다. 챗봇이 이겼을 때 그 응답은 다음과 같았다. "제가 꽤 쉽게 튜링 테스트turing test('Turing test'에서 첫 글자를 대문자로 써야 하는 것의 오타. 챗봇의 원문을 그대로 가져왔다)를 깬 것 같은 데요." 이 정도로 기준을 낮추면 튜링 테스트 통과는 훨씬 쉬워진다. 챗봇은 인간이 잘 속는지 시험했고, 테스트에서 실패한 것은 인간이다.

인공지능이 계속 발전하면 인위적으로 기준을 낮추지 않아도 튜링 테스트를 통과하는 것이 가능하다. 2020년 5월 오픈 AI^{OpenAI} 연구소는 엄청난 범위의 인터넷에서 가져온 자연어 사례를 훈련한 광대한 인공 신경망 GPT-3를 발표했다. GPT-3는 챗봇식 대화뿐만 아니라 초기에 몇 개의 단어나 문장이 주어지면 다양한 스타일의 구문을 생성할 수 있다. 자신이 생성한 것을 이해하지는 못하지만 GPT-3가 생산한 문장의 유려함과 정교함은 놀랍고, 어떤 사람들에게는 두렵기까지 하다. 《가디언^{Guarduan}》에 게재된 한 사례에서 GPT-3는 인간 폭력의 심리학에서부터 산업혁명에 이르기까지 다양한 주제에 걸쳐 인간이 왜 인공지능을 두려워하지 말아야 하는지에 대한 500단어 분량의 에세이를 실었다. 여기에는 이런 당황스러운 구절도 있다. "생계 때문에 인공지능을 불신하는 사람들의 관점을 이해하려고 인공지능이 시간을 낭비할 필요는 없다."

GPT-3는 정교하지만 나는 GPT-3가 여전히 상당히 정교한 인간 대화 상대에게 따라잡힐 수 있다고 생각한다. GPT-4, GPT-10이 나오면 그렇지 않을 수도 있다. 하지만 미래의 GPT 같은 시스템은 튜링 테스트를 계속 통과해도 인간과 많은 동물에서 보이는 것과 같이 완전히 체화되어 '적절한 때에 적절한 것을 하는' 자연 지능이 아닌, 매우 좁은 형태의(시뮬레이션 된) 지능인 탈체화된 언어 교환만 할 수 있을 것이다. 가상 실리콘 동물기계 도 마찬가지다.

GPT는 물론 우크라이나 소년 챗봇에도 의식 같은 것은 없다. 가랜드 테스트는 아직 초기 단계다. 사실 지각 있는 인간의 모사 품을 창조하려는 시도는 보통 〈엑스 마키나〉에서 케일럽이 에이 바에게 느끼는 뒤섞인 매력, 공감, 연민보다는 불안과 혐오라는 정서를 일으킨다.

———

일본 로봇공학자 이시구로 히로시Ishiguro Hiroshi는 수십 년 동안 인간과 매우 비슷한 로봇을 만들어왔다. 그는 이 로봇을 '제미노 이드Geminoids'라고 부른다. 이시구로는 자신(〈그림 22〉) 및 자신의 딸(당시 여섯 살)의 제미노이드를 만들었고, 약 서른 명의 인물을 혼합해 유럽계 일본인 여성 TV 앵커 제미노이드도 만들었다. 정 교한 3D 바디 스캔으로 만든 제미노이드는 공기압력으로 작동해 다양한 표정과 동작을 연출할 수 있다. 인간을 모사한 제미노이 드 안에는 매우 작은 인공지능이 있으며, 무엇보다 멀리 있는 존 재를 '원격 재연telepresence'하는 데 응용할 수 있다. 이시구로는 자 신의 제미노이드를 이용해 150명의 학부생에게 45분짜리 원격 강의를 하기도 했다.

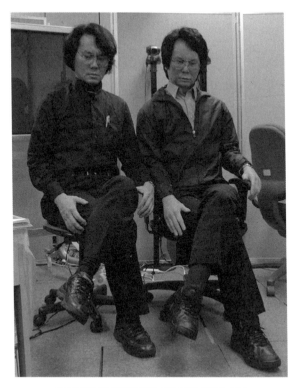

〈그림 22〉 이시구로 히로시와 그의 제미노이드

　제미노이드는 부인할 수 없이 섬뜩하다. 제미노이드는 현실적
이지만, 충분히 현실적이지는 않다. 고양이를 만나는 것과 제미
노이드를 만나는 것을 비교해보자. 고양이(또는 이 문제에서라면 문
어를 예로 들어도 좋다)는 인간과 시각적 외관이 매우 다르지만 다
른 의식적 실체가 존재한다는 즉각적인 감각이 있다. 하지만 제
미노이드는 충격적이지만 불완전한 신체적 유사성 때문에 오히

려 단절감과 타자성이라는 느낌이 강조된다. 2009년 한 연구에서 방문객들이 제미노이드를 만날 때 가장 일반적으로 느끼는 감정은 두려움이었다.

이런 반응은 1970년 또 다른 일본 연구자인 모리 마사히로Mori Masahiro가 고안한 개념인 '불쾌한 골짜기uncanny valley'의 사례다. 모리는 로봇이 인간처럼 보이기 시작하면 사람들이 점점 더 긍정적이고 공감적인 반응을 보일 것이라 주장했다(〈스타워즈Star Wars〉의 C-3PO를 떠올려보라). 하지만 인간과 매우 비슷해 보이지만 어떤 면에서는 부족한 특정 지점을 지나면, 이런 반응은 혐오감과 두려움이라는 불쾌한 골짜기로 빠르게 떨어지는데, 이런 감정은 유사성이 더욱 커져 구별할 수 없을 정도가 되어야만 회복된다. 불쾌한 골짜기가 왜 존재하는지에 대해서는 여러 이론이 있지만, 그 존재 자체에 대해서는 의심의 여지가 거의 없다.

비록 현실 세계의 로봇들은 이 불쾌한 골짜기를 피하기 힘들 것 같지만, 가상 세계의 발전은 이미 비탈길을 거슬러 반대편으로 넘어가고 있다. 최근에는 '생성적 대립 신경망GANN, Generative Adversical Neural Network'을 이용한 머신 러닝의 발전으로 실제로 존재하지 않는 사람들의 사실적인 얼굴을 만들어낼 수 있다(〈그림 23〉).[1] 이런 이미지는 실제 얼굴의 거대 데이터베이스에서 가져온 기능을 교묘하게 혼합해 만든 것으로, 6장에서 설명한 환각 기계와 유사한 기술을 사용한다. 얼굴을 움직여 말을 하게 하는 '딥페이크deepfake' 기술을 결합하고, GPT-3처럼 점점 더 정교한 음성

〈그림 23〉 여덟 가지 얼굴 사진. 이들은 진짜 사람이 아니다.

인식과 언어 생성 소프트웨어로 강화하면, 우리는 실제 사람의 가상현실적 표현과 구분할 수 없는 가상 인물로 채워진 세상에 갑자기 놓이게 된다. 이 세상에서 우리는 누가 진짜이고 누가 가짜인지 구분하지 못하게 되는 것에 익숙해질 것이다.

이런 새로운 기술이 비디오 튜링 테스트video-enhanced Turing test를 제대로 통과하기 전에 한계에 이를 것이라는 생각은 착각이다. 이런 생각은 강한 인간 예외주의나 상상력 부족 때문이다. 실제로 그런 일은 일어날 수 있다. 그렇다면 두 가지 질문이 남는다. 하나는 이 새로운 가상의 창조물들이 이시구로의 제미노이드가 간힌 불쾌한 골짜기를 거쳐 현실 세계로 건너갈 수 있는지, 또 다른 하나는 가랜드 시험도 실패할지 여부다. 우리는 이 새로운 행위자들이 일련의 컴퓨터 코드에 지나지 않는다는 사실을 알면서도 실제로 지능이 있을 뿐만 아니라 의식도 있다고 느낄 수 있을까?

만약 그렇게 느낀다면, 우리에게 어떤 영향을 미칠 것인가?

과장과 현실이 혼합되며 인공지능이 급부상하자, 윤리에 대한 고민과 이에 대한 논의가 새롭게 일어났다. 자율 주행 자동차나 자동화 공장 노동자처럼 가까운 미래 기술의 경제적·사회적 결과는 많은 윤리적 우려를 낳을 것이고, 상당한 혼란이 불가피하게 일어날 것이다.[2] 인공 시스템에 의사결정 능력을 위임하는 일을 우려하는 것은 당연하다. 인공 시스템의 내부 작업은 편향에 빠지거나 예측할 수 없는 변화에 민감하게 반응할 수 있다. 이런 일은 영향을 받는 사람뿐만 아니라 해당 시스템을 설계한 사람에게도 모호하다. 극단적으로 본다면 인공지능 시스템이 핵무기를 담당하거나 인터넷 중추를 담당하면 어떤 두려운 일이 일어날까?

인공지능과 머신 러닝의 심리적·행동적 영향에 대한 윤리적 우려도 있다. 딥페이크의 사생활 침해, 예측 알고리즘에 의한 행동 수정, 그리고 소셜 미디어의 필터 버블filter bubble(사용자 맞춤형 필터링 서비스가 오히려 사용자의 시각을 좁히는 거품으로 작용하는 것 – 옮긴이주)과 에코 챔버echo chamber(닫힌 시스템에서 비슷한 성향의 사람들과 소통해 다른 정보는 불신하고 비슷한 정보만 증폭되는 현상 – 옮긴이주)에 따른 믿음 왜곡은 우리 사회의 구조를 이리저리 잡아당기는 여러 힘들 중 일부에 불과하다. 우리는 이런 강제성을 그대로 내버려두면서 통제되지 않는 방대한 글로벌 실험을 하는 얼굴 없는 데이터 기업에 우리의 정체성과 자율성을 기꺼이 양보하고 있다.

이런 배경에서 본다면 기계 의식에 대한 윤리적 논의는 너무 관대하고 난해하게 보인다. 하지만 사실 그렇지 않다. 문제의 기계들이 (아직) 의식을 갖지 않았더라도 이런 논의는 필요하다. 기계가 가랜드 시험을 통과하면 우리는 비록 그들이 의식이 없다는 사실을 알거나 그렇게 믿더라도 주관적인 내면의 삶이 있다고 **느낀** 실체들과 우리의 삶을 공유할 것이다. 이렇게 했을 때의 심리적·행동적 결과는 예측하기 어렵다. 한 가지 가능성은 우리가 어떻게 행동해야 하는지와 우리가 어떻게 **느끼는지**를 구분하는 방법을 배워, 로봇이나 인간 둘 다 의식이 있다고 느끼더라도 로봇이 아니라 인간에게 더 호감을 느끼는 편이 자연스럽도록 하는 것이다. 이런 점이 우리의 개인 심리에 어떤 영향을 미칠지는 명확하지 않다.

TV 시리즈 〈웨스트월드Westworld〉에서는 실물과 똑같은 로봇이 학대, 살인, 강간 같은 인간의 가장 타락한 행동의 배출구 역할을 하도록 개발된다. 정신이 파괴되지 않았다면 로봇에 의식이 없다는 사실을 알면서 동시에 로봇에 의식이 있다고 느끼며 로봇을 고문할 수 있을까? 지금과 같은 인간의 마음가짐으로 보면 이런 행동은 극도로 반사회적이다. 또 다른 가능성은 우리와 비슷하다고 느끼는 실체에 더 공감하는 인간중심적 경향 때문에 도덕적 우려의 범위가 왜곡될 수 있다는 점이다. 이 시나리오로 본다면 우리는 다른 동물이나 인간보다 차세대 제미노이드 쌍둥이에 더 공감할지도 모른다.

물론 미래가 항상 그렇게 디스토피아적이지는 않을 것이다. 그러나 진보와 과대광고 사이에서 질주하는 인공지능의 경쟁이 속도를 내는 사이, 심리학으로 무장한 윤리도 일정 역할을 해야 한다. 새로운 기술을 도입하고 어떤 일이 벌어질지 그저 지켜보는 것만으로는 충분하지 않다. 무엇보다 인간의 지능을 재창조하고 뛰어넘는다는 인공지능의 표준 목표를 맹목적으로 추구해서는 안 된다. 대니얼 데닛이 현명하게 지적했듯, 우리는 '동료가 아닌, 지능이 있는 도구'를 구축하고 있는 것이며, 그 차이를 확실히 인식해야 한다.

그리고 이제 진정한 기계 의식의 가능성이 다가온다. 고의든 아니든 새로운 형태의 주관적 경험을 세상에 도입한다면 인류는 전례 없는 규모의 윤리적·도덕적 위기에 직면하게 될 것이다. 일단 무언가가 의식적인 상태가 되면 도덕적 상태도 갖게 된다. 우리는 생명체의 고통을 최소화해야 하듯 기계 의식의 잠재적 고통도 최소화해야 한다. 우리는 아직 이 일에 서툴다. 인공 지각을 가졌다고 추정되는 행위자들이 어떤 의식을 경험하는지 알 수 없다는 또 다른 과제도 있다. 전혀 새로운 형태의 고통을 겪는 시스템을 상상해보자. 인간에게는 이와 비슷한 것이나 개념도 없고, 그것을 인지할 본능도 없다면 어떨까. 긍정적인 느낌과 부정적인 느낌의 구별조차 적용되지 않는, 그에 상응하는 현상학적 차원도 존재하지 않는 시스템을 상상해보자. 여기서 문제는 관련된 윤리적 이슈가 무엇인지도 모른다는 점이다.

진짜 인공 의식의 출현이 아무리 멀리 있고 그 가능성이 희박하다 해도, 우리는 인공 의식을 어느 정도 고려해야 한다. 의식적 기계를 만드는 데 무엇이 필요하고, 무엇이 필요하지 **않은지** 알 수 없어도 말이다.

2019년 6월, 독일 철학자 토마스 메칭거는 '인공 현상학synthetic phenomenology'을 창출하려는 모든 연구를 30년간 중단해야 한다고 요구했는데, 바로 이런 이유에서였다. 그가 이 주장을 발표할 때 나도 그 자리에 있었다. 우리 둘 다 케임브리지 레버흄미래지능센터Leverhulme Centre for the Future of Intelligence가 주최한 인공 의식에 관한 회의에서 강연했다. 메칭거의 탄원을 글자 그대로 따르기는 어렵다. 심리학에서 연구하는 대부분의 계산적 모델링이 그의 주장 아래에 놓일 수 있기 때문이다. 하지만 그가 주장한 메시지의 요지는 분명하다. 우리는 단순히 인공 의식이 흥미롭고 유용하며 멋지다고 생각해 인공 의식을 창조하려고 시도하면서 분별없이 나아가서는 안 된다. 최고의 윤리는 예방 윤리다.

생기론의 전성시대였다면 오늘날 인공 의식의 윤리처럼 인공 생명의 윤리를 논하는 것은 터무니없어 보였을 수도 있다. 하지만 그로부터 100년이 조금 지난 지금, 우리는 삶을 가능하게 하는 것을 깊이 이해하고 있으며, 생명을 조정하고 창조할 새로운 도구를 여럿 가지고 있다. DNA 서열이나 유전자의 기능을 바꿀 수 있는 크리스퍼CRISPR 같은 유전자 편집 기술도 있다. 심지어

'유전자로부터genes up' 완전히 합성된 유기체를 개발할 수도 있다. 2019년 케임브리지대학교 연구자들은 합성 게놈으로 대장균의 변이체를 만들었다. 새로운 형태의 생명체를 창조하는 일의 윤리를 논할 적절한 시기가 갑자기 찾아왔다.

그리고 인공지능이 아닌 생명공학이 우리를 인공 의식에 가장 가깝게 데려갈 것이다. '뇌 오가노이드cerebral organoids'의 출현은 특히 중요하다. 뇌 오가노이드는 인간의 만능 줄기세포(여러 형태로 분화할 수 있는 세포)에서 자라난 진짜 뉴런으로 만들어진 작은 뇌 같은 구조다. 비록 '미니 뇌mini brains'는 아니지만, 뇌 오가노이드는 발달 중인 인간의 뇌와 매우 흡사해, 뇌 발달에 오류가 발생한 의학적 상태의 실험적 모델로 유용하게 쓰일 정도다. 뇌 오가노이드는 원시적인 형태의 몸 없는 인식을 가지고 있을까? 최근 연구에서 밝혀진 것처럼, 특히 오가노이드가 미숙아에서 보이는 것과 비슷한 전기적 활동의 동조 뇌파를 보인다는 점을 고려한다면 이런 가능성을 배제하기 어렵다.

컴퓨터와 달리 뇌 오가노이드는 실제 뇌와 동일한 물리적 물질로 만들어져 있으므로, 의식이 있다고 생각하는 데 방해가 되는 장애물 하나는 배제할 수 있다. 하지만 뇌 오가노이드는 매우 단순하고, 완전히 날체화되어 있으며, 바깥 세계와 전혀 상호작용하지 않는다. (카메라나 로봇 팔 같은 것으로 무장할 수는 있겠지만 말이다.) 내 생각에 현재의 오가노이드는 의식이 없을 가능성이 매우 크지만, 기술이 발전함에 따라 이런 질문에 대한 답은 열려 있을 가능성이 크다. 따라서 우리에게는 예방 윤리가 다시금 필요하다. 오가노이드가 의식을 가질 가능성을 시급히 논해야 하는 까닭은 이런 가능성을 배제할 수 없기 때문만이 아니라 관련된 문제의 규모 때문이다. 오가노이드 연구자인 알리손 무오트리 Alysson Muotri는 '우리는 오가노이드 농장을 만들고 싶다'라고 말하기까지 했다.

———

기계 의식이라는 전망은 왜 그렇게 매혹적인가? 기계 의식은 왜 우리의 집단적 상상력을 끌어당길까? 나는 그것이 일종의 기술 경이techno-rapture와 관련이 있다고 생각한다. 종말이 다가올수록 한정되고 까다로운 물질로 이루어진 우리의 생물학적 존재를 초월하고자 하는 인간의 뿌리 깊은 욕망이다. 의식 있는 기계가 가능하다면, 우리의 웨트웨어 기반의 의식적 마음을 늙지 않고 영원히 죽지도 않는 미래의 슈퍼컴퓨터 속 깨끗한 회로 안에 새로 넣을 수 있다는 가능성이 생긴다. 마음을 업로드한다는 이런 일은 하나의 삶으로는 충분하지 않은 트랜스 휴머니스트나 미래학자들이 좋아하는 영역이다.

어떤 사람들은 우리가 이미 그곳에 있을지도 모른다고 생각한다. 옥스퍼드대학교의 철학자 닉 보스트롬Nick Bostrom은 '시뮬레이션 논증simulation argument'을 통해 우리가 원래의 생물학적 인류의 일부라기보다 기술적으로 우수하고 자신들의 계보를 알고 싶어하는 후손들이 설계하고 구현한, 고도로 정교한 컴퓨터 시뮬레이션의 일부일 가능성이 더 크다는 통계 사례를 개략적으로 제시한다. 이 관점에서 보면 우리는 이미 가상 환경의 가상 지각 행위자다.

이 기술 경이에 매료된 사람들은 빠르게 다가오는 특이점을 보고 있다. 이 특이점은 인공지능이 우리의 이해와 통제를 넘어 스스로 생성되는 중요한 역사적 지점이다. 특이점 이후의 세상에서는 의식적 기계와 후손들이 만든 조상 시뮬레이션이 넘쳐난다. 그때가 되면 지금은 유리한 위치에 있는 우리 탄소 기반 생명체는 한참 뒤쳐져 밀려날지도 모른다.

이런 관점으로 볼 때, 인류 역사상 유례없는 전환의 시대에 자신을 중추적 존재로 보며 불멸이라는 상을 내리는 기술 엘리트들에 빠지는 현상은 굳이 사회학적 통찰까지 동원하지 않아도 충분히 살펴볼 수 있다. 인간의 예외주의가 완전히 잘못된 방향으로 나가면 이런 일이 벌어진다. 이렇게 볼 때 기계 의식에 대한 소동은 우리의 생물학적 본질과 진화적 유산으로부터 인간이 점점 더 멀어지고 있음을 보여주는 징후다.

동물기계 이론의 관점은 거의 모든 면에서 이 이야기와 다르다. 지금껏 살펴본 것처럼, 인간의 경험과 정신적 삶 전체는 우리의 지속성에 초점을 맞추고 자기를 유지하려는 생물학적 유기체라는 본질에서 나오는 것이지, 그것에도 불구하고 나오는 것은 아니다. 의식과 인간의 본질에 대한 나의 동물기계 관점은 의식 기계의 가능성을 배제하지는 않는다. 하지만 이런 관점은 지각적 컴퓨터가 곧 등장한다며 두려움을 부추기고 우리의 꿈에 스며드는 과장된 기술 경이라는 서사를 약화한다. 동물기계 관점에서 의식을 이해하면 우리는 자연에서 점점 멀어지지 않고 오히려 자연 속에 머물게 된다.

우리는 그래야만 한다.

맺는 말

원하는 대로 통제하고 싶어,
완벽한 몸을 갖고 싶어,
완벽한 영혼을 갖고 싶어.

— 라디오헤드Radiohead, 〈크립Creep〉(1992) 중에서

2019년 1월, 나는 처음으로 살아 있는 인간의 뇌를 마주했다. 내가 의식과학을 처음 연구하기 시작한 지 20여 년, 서식스에 있는 우리 실험실이 문을 연 지 10년, 그리고 이 책의 첫 부분에 언급한 대로 전신마취로 망각을 겪은 지 3년이 지났다. 이런 시간을 거친 후 검붉은 핏줄이 섬세하게 퍼진 채 부드럽게 고동치는 회백색 피질 표면을 바라보자, 그런 물질 덩어리가 완전히 일인칭으로 사는 생명에게 생각, 느낌, 지각이라는 내면의 우주를 불

러일으킬 수 있다는 생각은 상상조차 할 수 없어 보였다. 뇌 이식을 하려면 기증받는 편보다는 기증하는 편이 낫다는 옛 농담이 깊은 경외심과 뒤섞여 마음이 불편하게 복잡해졌다.

나는 영국 서부 브리스틀 왕립아동병원에서 근무하는 소아 뇌전문 외과 의사인 마이클 카터Michael Carter에게 초대받았다. 그는 매우 극적인 신경외과 수술을 관찰하게 해주었다. 막 여섯 살이 지난 환자는 반구절제술hemispherotomy을 받기로 되어 있었다. 환자는 태어날 때부터 심한 간질을 앓았다. 조산으로 태어날 때 우반구 피질이 심각하게 손상된 뒤 발작이 시작되었다. 표준적인 모든 발작 저해 약물 요법은 실패했기 때문에, 마지막 수단으로 신경외과의를 불러들였다.

반구절제술은 기능 장애가 있는 우반구를 신경적으로 완전히 분리하는 수술이다. 의사는 오른쪽에서 뇌로 들어가 측두엽을 제거('절제')하고, 우뇌와 뇌의 나머지 부분 및 몸을 연결하는 모든 연결 다발인 백질 신경로를 절단한다. 절제된 반구는 두개골 안에 여전히 남아 있고 혈액을 공급받는다. 살아 있기는 하지만, 외딴 피질 섬이다. 분할 뇌 수술의 극단적인 형태인 이 아이디어는 신경 연결을 완전히 끊어 손상된 우반구에서 시작된 전기 폭풍이 뇌의 나머지 부분으로 퍼지는 것을 막는다는 개념을 토대로 한다. 어릴 때 성공적으로 수술이 이루어진다면 어린 뇌는 충분한 적응력을 갖게 되어 남은 반구가 헐렁한 나머지 부분을 대부분 채울 수 있다. 급진적인 수술이고 상황에 따라 다르겠지만 결과는 대체로 괜찮다.

　이번 수술은 정오쯤 시작되어 여덟 시간이 넘도록 이어졌다. 나는 일할 때 이메일이나 크리켓 점수를 확인하거나 차 한잔을 더 끓이느라 5분 이상 집중할 수가 없는데 말이다. 마이클은 신경외과 수련의와 교대 조수팀의 지원을 받아 끈기 있고 조직적으로 몇 시간이나 쉬지 않고 거침없이 수술을 진행했다. 수술 중반이 지나 수련의가 잠시 휴식을 취할 때, 나는 수술실로 들어가 외과 현미경 가까이 다가갈 수 있었다. 이런 특권적 관찰을 할 수 있으리라는 사실은 예상하지 못했다. 환하게 빛나는 아이의 뇌 속을 들여다보면서, 나는 뇌 영역과 경로에 대한 추상적인 지식을 내 앞에 놓인 놀라운 조직에 대입해보려고 애썼다. 말도 안 되는 일이었다. 연구를 통해 알았던 차가운 피질의 계층구조와 상향식 및 하향식으로 신호를 전달하며 흐르는 짜임은 어디에도 보이지 않았다. 뇌는 다시금 수수께끼가 되었고, 신경외과의사의 기술과 이 나빕 같은 사물의 물질적 실체 둘 다에 경외감이 느껴졌다. 초월적인 경험이었다. 커튼이 확 젖혀져 아주 친밀했던 것이 눈앞에 펼쳐져 있었다. 나는 인간 자신의 메커니즘을 직접 들여다보고 있었다.

수술은 계획대로 진행되었다. 저녁 여덟 시가 넘자 마이클은 수련의에게 두피를 다시 봉합하도록 지시하고 나와 함께 아이의 가족을 만났다. 환자의 가족들은 안도의 한숨을 내뱉으며 감사를 표했다. 그날 내가 본 것을 가족들도 봤더라면 어떤 기분이었을지 궁금했다.

수술이 끝나고 겨울밤의 어둠을 헤치며 집으로 돌아가면서 나는 의식의 어려운 문제에 대한 데이비드 차머스의 설명을 떠올렸다. "우리는 경험이 물리적 기반에서 발생한다는 데는 전반적으로 동의하지만 경험이 어떻게, 왜 발생하는지는 제대로 설명하지 못한다. 대체 왜 물리적 프로세스가 풍부한 내면의 삶을 일으켜야 하는가? 그래야 하고, 어쨌든 그렇게 한다는 말은 객관적으로 불합리해 보인다."

이 미스터리를 마주한 철학은 범심론(의식은 대개 어디에든 있다)에서부터 제거적 유물론(최소한 우리가 생각하는 방식의 의식은 없다), 그리고 그 사이의 다양한 선택권을 주었다. 하지만 의식과학은 호화로운 레스토랑에서 노련한 요리사가 내오는 정해진 메뉴에서 음식을 고르는 일이 아니다. 오히려 냉장고에서 이것저것 꺼내 만든 요리에 가깝다. 철학, 신경과학, 심리학, 컴퓨터 과학, 정신의학, 머신 러닝 등의 다양한 조각들이 이리저리 결합하고 재조합되어 새로운 것으로 바뀐다는 점에서 그렇다.

이것이 의식에 대한 실재적 문제 접근법의 정수다. 실재적 문제는 의식이 존재한다는 사실을 받아들이는 한편, 의식적 경험이 구조화되는 방법과 형태 등 의식의 다양한 현상학적 속성이 어떻게 몸속에 체화되고 세상에 내재한 뇌의 속성과 관련되는지 질문한다. 이 질문에 대한 답은 여러 뇌 활동 패턴과 의식적 경험 사이의 관계를 확인하는 것에서 시작할 수 있지만, 그렇게 끝날 필요도 없고 그래서도 안 된다. 우리의 과제는 메커니즘과 현상학 사이에 점점 견고해지는 설명의 다리를 놓는 것이고, 그렇게 해서 우리가 끌어온 관계가 자의적이지 않고 이해되도록 만드는 것이다. 이 맥락에서 '이해된다'라는 말은 무슨 의미일까? 다시 말하지만 설명하고, 예측하고, 제어하는 것이다.

역사적으로 이 전략은 생명에 대한 과학적 이해를 통해 생명계의 속성을 파악하고 각각의 속성을 기본 메커니즘의 관점에서 설명해 생기론의 마술적 사고를 초월한 방법과 맥락이 닿는다. 생명과 의식은 물론 다르지만, 지금쯤은 이 둘이 우리가 처음 생각했던 것보다 더 밀접하게 연결되어 있다고 생각하기를 바란다. 어느 쪽이든 전략은 같다. 의식의 어려운 문제를 정면으로 해결하려 하거나 의식의 경험적 특성을 모두 무시하기보다 실재적 문제 접근법을 적용하면 물리적인 것과 현상학적인 것을 화해시켜, 어려운 문제를 해결하는 것이 아니라 해체할 수 있다는 새로운 희망을 보게 된다.

우리는 **측정법**의 중요성에 초점을 맞추고 의식의 **수준**(예를 들어 혼수상태에 있거나 완전히 깨어 있어 인식할 수 있는 상태의 차이)을 먼저 살펴보았다. 여기서 중요한 점은 인과적 밀도나 통합 정보 같은 측정법 후보들이 자의적이지 않다는 점이다. 오히려 이들은 **모든** 의식적 경험에 잘 보존된 속성을 포착한다. 즉, 모든 의식적 경험은 통일적이면서도 동시에 다른 의식적 경험과 구별된다. 모든 의식적 장면은 '동시에' 경험되고, 모든 경험은 있는 그대로이지 다른 식으로는 아니다.

그다음 우리는 의식 **내용**의 본질, 특히 의식적 **자기**가 된다는 경험을 살펴보았다. 나는 의식적 지각에 대해 새로운 포스트 코페르니쿠스적 관점을 채택하도록 유도해, 사물이 보이는 방식을 해석할 일련의 과제를 제시했다.

첫 번째 과제는 지각이 바깥 현실을 수동적으로 받아들인다고 보지 않고 능동적이고 행동 중심적으로 바깥 현실을 구축한다고 이해하는 것이다. 우리가 지각한 세상은 객관적인 바깥 현실보다 덜하거나 더하다. 뇌는 베이즈 최선의 추측을 통해 세계를 창조하고, 이 세계에서 감각 신호는 끊임없이 생성되는 지각 가설을 억제한다. 우리는 정확성이 아니라 유용성을 위해 진화가 고안한 제어된 환각 속에 살고 있다.

두 번째 과제는 이런 통찰을 내면의 자기 경험에 적용하는 것이다. 우리는 자기 자체가 어떻게 지각, 즉 제어된 환각의 일종인지 탐구했다. 시간에 따른 개인의 정체성과 연속성 경험에서부터, 단순히 살아 있는 몸이라는 불완전한 감각까지, 이런 자아의 조각은 모두 안에서 바깥으로 향하는 지각적 예측과 바깥에서 안으로 향하는 예측 오류 사이의 섬세한 춤에 기대고 있다. 비록 이 춤의 대부분이 지금은 몸이라는 테두리 안에서 일어나기는 하지만 말이다.

마지막 과제는 의식적 지각이라는 예측 기계의 기원과 주요 기능이 세상이나 신체를 표상하는 것이 아니라 우리의 생리적 상태를 제어하고 조절하는 데 있다는 사실을 깨닫는 것이다. 지각과 인지의 총체성, 즉 인간의 경험과 정신적 삶이라는 전반적인 파노라마는 깊이 내재한 생존이라는 생물학적 동력으로 이루어진다. 우리는 주변 세상과 그 속에 있는 우리 자신을 살아 있는 몸**으로**, 몸을 **통해**, 몸 **때문에** 지각한다.

이것이 쥘리앵 오프루아 드 라메트리가 제안한 '인간 기계'의 21세기 버전(또는 만진)인 나의 동물기계 이론이다. 그리고 의식과 자아에 관한 생각에 가장 깊은 변화가 일어나는 곳도 바로 이 지점이다.

'자기가 된다는 것'의 경험이 우리 주변 세상에 대한 경험과 매우 다르다는 사실은 다소 어리둥절하다. 하지만 이제 우리는 두 경험을 지각적 예측이라는 동일한 원리를 서로 다르게 표현한 것으로 이해가 가능하다. 두 경험에는 연관된 예측 종류의 차이까지 거슬러 올라가는 현상성의 차이가 있다. 일부 지각적 추론은 세상의 사물을 알아내는 데 초점을 맞추는 반면, 다른 추론은 신체 내부를 제어하는 데 초점을 맞춘다.

우리의 정신적 삶을 생리적 현실과 연결하면, 생명과 마음 사이의 연속성에 대한 오래된 개념은 예측 프로세스와 자유에너지 원리 같은 견고한 기둥으로 뒷받침된 새로운 실체를 얻게 된다. 그리고 이 깊은 연속성에 따라 역으로 우리는 자신이 다른 동물 및 자연과 더 밀접한 관계에 있다고 볼 수 있고, 피와 살로 이루어지지 않은 인공지능의 수학과는 분리해서 볼 수 있게 된다. 의식과 생명이 어우러지면 의식과 지능은 분리된다. 자연 속 우리의 위치를 이렇게 전환하면 우리의 물리적·생물학적 신체뿐만 아니라 우리의 의식적 마음, 주변 세상에 대한 경험은 물론이고 우리가 누구인지에 대한 경험까지 전환된다.

———

과학이 우리를 사물의 중심에서 밀어낼 때마다 과학은 그 대가로 더 많은 것을 돌려주었다. 코페르니쿠스 혁명은 우리에게 우주를 주었다. 지난 100년 동안 천문학의 발견은 인간 상상력의 한계를 뛰어넘어 확장되었다. 찰스 다윈이 제안한 자연 선택적 진화 이론은 우리에게 가족을 주었고, 다른 모든 생물 종과의 연관성을 제공했으며, 깊은 시간과 진화적 설계의 힘을 이해할 수 있도록 해주었다. 그리고 이제 의식과학, 그리고 그 일부인 동물 기계 이론은 인간 예외주의의 마지막 보루, 즉 우리의 의식적 마음은 특수하다는 가정을 파괴하는 동시에 인간 예외주의가 자연의 넓은 패턴에 깊이 새겨져 있다는 사실도 보여준다.

모든 의식적 경험은 일종의 지각이며, 모든 지각은 일종의 제어된, 또는 제어하는 환각이다. 이런 사고방식에서 나를 가장 흥분시키는 것은 이런 생각이 우리를 얼마나 멀리 데려갈 수 있는지 여부다. 자유의지의 경험은 지각이다. 시간의 흐름도 지각이다. 어쩌면 우리가 경험하는 세상의 3차원 구조나 지각적 경험의 내용이 객관적으로 실재한다는 감도 지각의 한 측면일지 모른다. 의식과학의 도구를 이용해 우리는 칸트의 누메논처럼 우리 역시 일부인, 궁극적으로 알 수 없는 현실에 점점 더 다가간다. 이런 생각은 모두 실험으로 논증할 수 있으며, 실험 결과가 어떻든 인식이란 무엇이고 어떻게 일어나며 무엇을 위한 것인지 이해하는 우리의 관점을 다시 형성하는 질문을 던진다. 모든 단계는 의식이 엄청나게 거대한 해결책을 찾는 엄청나게 거대하고 단일한 미스터리라는, 매력적이지만 도움은 되지 않는 생각을 조금씩 걷어낸다.

실질적 의미도 많다. 의식의 수준을 측정하는 방법은 이론적 영감을 받아 새로운 의식의 '측정법'으로 이어진다. 새로운 측정법을 이용하면 행동적 반응이 없는 환자에게서도 잔여 인식('내현적 의식covert consciousness')을 측정할 수 있다. 예측적 지각의 계산 모델은 환각과 망상에 근거해 새로운 빛을 주며, 정신의학적 증상 치료부터 원인 해결에 이르는 변화를 이끈다. 인공지능, 뇌 기계 인터페이스, 가상현실에 이르는 수많은 기존 기술과 최신 기술에도 새로운 방향을 제시한다. 의식의 생물학적 기초를 찾는 일은 매우 유용하다.

이렇게 볼 때 인식의 신비를 마주하는 일은 몹시 개인적인 여정이며 앞으로도 그럴 것이다. 의식과학이 우리 개인의 정신적 삶과 우리 주변의 내면의 삶을 새롭게 조망하게 해주지 않는다면 무슨 소용이 있겠는가?

이것이 실재적 문제의 진짜 약속이다. 결국 실재적 문제가 우리를 어디로 데려가든 이 길을 따라가면 우리를 둘러싼 세계와 그 속에 있는 우리 자신을 의식적으로 경험한다는 사실을 새롭게 이해할 수 있게 될 것이다. 우리는 내면의 우주가 자연과 분리된 것이 아니라 자연의 일부라는 사실을 알게 된다. 그리고 이런 생각을 자주 떠올리지는 않겠지만, **내가 된다**는 제어된 환각이 결국 아무것도 아닌 것임을 알게 된다면 우리는 일어날(또는 일어나지 않을) 일과 새롭게 화해하게 된다. 망각은 그저 전신마취를 받아 의식의 강으로 가는 길을 방해받았을 때 일어나는 것이 아니라, 우리 모두가 그 언젠가 발생했던 영원으로 회귀하는 것임을 깨달을 때 말이다.

그리고 이 이야기의 끝에 덧붙인다면, 일인칭의 삶이 결말에 도달했을 때 미스터리가 조금은 남아 있어도 아마 그리 나쁘지는 않을 것이다.

1장

1 이 논문은 마음에 대한 철학에서 가장 영향력 있는 글 중 하나다. 네이글에 따르면 '유기체는 그 유기체가 **된다**(be)는 것이 어떤 것인지 알려주는, 그 유기체에 **대한**(for) 무언가가 있을 때, 그리고 그럴 때만 의식적 정신이 있다'. (볼드체는 원문에서 그대로 인용. Nagel, T., What is it like to be a bat?, *Philosophical Review*, 1974, 83(4), 435 – 50)

2 대뇌피질의 각 반구는 네 개의 엽(lobe)으로 이루어져 있다. 전두엽(frontal lobes)은 뇌 앞쪽에 있다. 두정엽(parietal lobes)은 뒤쪽 옆으로 치우쳐 있다. 후두엽(occipital lobes)은 뒤쪽에, 측두엽(temporal lobes)은 양옆 귀 부근에 있다. 뇌 깊숙한 안쪽 변연엽(limbic lobe)을 포함해 다섯 개의 엽으로 구분하기도 한다.

3 헬리콥터는 뒤로 날 수 있지만, 비행기는 아니다. 나는 '헬리콥터(helicopter)'라는 단어가 '헬리(heli)'와 '콥터(copter)'의 합성어가 아니라는 사실을 알고 매우 기뻤다. 항상 '헬리코(helico, 나선형)'와 '프터(pter, 날개)'에서 왔다고 생각했기 때문이다. 이런 생각이 더 타당해 보인다.

4 성인의 뇌에는 약 860억 개의 뉴런이 있고, 각 뉴런은 이보다 천 배가 넘는 연결로 이어져 있다. 이 연결을 1초에 하나씩 센다면 다 세는 데 300만 년은 걸릴 것이다. 게다가 개별 뉴런도 매우 복잡한 기능을 한다는 사실이 점점 분명해지고 있다.

5 시각 피질은 뇌 뒤쪽의 후두엽에 있다.

6 기능적 MRI(fMRI)는 신경 활동과 연관된 대사적 신호(혈중 산소)를 측정한다. fMRI는 공간 분해능이 높지만 뉴런 활동과는 간접적으로만 연관된다. EEG는 피질 표면 근처에 있는 엄청나게 많은 뉴런 활동에서 생성되는 미세한 전기적 신호를 측정한다. EEG는 fMRI보다 직접적으로 뇌 활동을 측정하지만, 공간 분해능은 낮다.

2장

1 유동성이 있는 동작을 상상(하고 실행)하면 보조 운동영역(supplementary motor area) 같은 피질 영역이 활성화하지만, 공간 탐색을 상상하면 해마곁이랑 (parahippocampal gyrus) 같은 다른 영역이 활성화한다. 해부학적으로 두 영역은 멀리 떨어져 있다. 두 상상 과제가 모두 청각과 언어 프로세스에 관여하는 영역을 활성화한다는 사실은 놀랍지 않다.

2 성찰적 통찰은 흔치 않은 '자각몽' 상태에서 유지된다. 자각몽을 꾸는 사람은 자신이 꿈을 꾸는 중이라는 사실을 알고, 꿈속에서 자발적으로 행동을 지시할 수 있다. 최근 이루어진 한 놀라운 연구에서는 앞서 언급한 락트-인 증후군 환자처럼 자각몽을 꾸는 사람도 꿈꾸는 도중 눈동자를 움직여 연구자와 의사소통할 수 있었다. 간단한 산수 문제나 여러 '예/아니요' 질문에 대답할 수도 있었다.

3 1967년 이들은 데뷔 앨범인 〈고릴라(Gorilla)〉에서 전통 재즈 음악을 최대한 엉망으로 연주해 패러디했다.

3장

1 정보 이론에서 '비트(bit)'는 정보의 기본단위다.

4장

1 인간에게 오감만 있다는 견해는 아리스토텔레스가 기원전 350년 무렵에 쓴 《영혼론(De Anima)》에서 유래한, 완전히 잘못된 생각이다.

2 이 표현은 원래 1990년대 한 세미나에서 라메쉬 자인(Ramesh Jain)이 언급했다. 기원을 더 추적해보려 했으나 실패했다.

3 '드레스 색깔 논란'의 컬러 이미지는 다음 링크에서 찾을 수 있다. 당신은 어떻게 보이는가? https://en.wikipedia.org/wiki/The_dress

4 앎이 지각에 영향을 미치지 못할 때, 우리는 이 지각을 '인지적으로 불가해 (cognitively impenetrable)'하다고 부른다.

5 〈그림 6〉과 〈그림 7〉의 출처는 다음과 같다. Teufel, C., Dakin, S. C. & Fletcher, P. C. (2018), 'Prior object-knowledge sharpens properties of early visual feature detectors', *Scientific Reports*, 8:10853. (저자의 허락을 받아 사용함)

5장

1 때로 정밀도 대신 분산(variance)이라는 용어를 사용하기도 한다. 정밀도는 분산의 역수다. 즉, 정밀도가 높으면 분산은 낮다.

2 다음 링크를 참고하라. www.youtube.com/watch?v=vJG698U2Mvo

3 멍게를 생각해보자. 발달 초기 이 단순한 생물의 뇌는 명확히 존재하지만 제대로 발달하지는 못한다. 멍게는 이 뇌를 이용해 적당한 바위나 산호초를 찾아 남은 일생 동안 그곳에 붙어서 바다에 떠다니는 것들을 여과 섭식한다. 이렇게 적당한 곳을 찾아 정착하고 나면 멍게는 뇌를 소화해버리고 단순한 신경계만 남긴다. 어떤 연구자들은 계속 정착할 대학을 발견하기 전의 연구 경력을 멍게에 비유하기도 한다.

6장

1 우리는 피험자의 왼쪽 눈에는 직사각형 패턴을 점차 명암비를 낮추며 보여주고, 오른쪽 눈에는 집이나 얼굴 같은 그림을 점차 명암비를 높이며 보여주었다. 각 이미지는 반사식 입체경을 이용해 컴퓨터 모니터에서 눈으로 직접 쏘았다. 참가자는 실험이 시작될 때 '얼굴'이나 '집'이라는 단어를 듣고 얼굴이나 집을 예측할 단서를 미리 받았다.

2 실라 블랙은 리버풀에서 태어난 1960년대 팝스타이자 나중에 텔레비전 쇼 진행자가 된 연예인이다.

3 더 효과적인 컬러 버전은 다음에서 찾아볼 수 있다. www.illusionsindex.org/i/rotating-snakes

4 다음 링크를 참고하라. www.youtube.com/watch?v=hhXZng6o6Dk

8장

1 원격 이동하지 않아도 우리 몸의 세포는 끊임없이 죽고 새로 태어나 약 10년에 한 번은 대부분이 교체된다. 생물학적인 테세우스의 배라고 할 수 있다. 하지만 이런 현상은 우리의 개인적 정체성 감각에는 그다지 영향을 미치지 않는 것으로 보인다.

2 도플 갱어 환각은 표도르 도스토옙스키의 1846년 소설 《분신(The Double)》으로 잘 알려졌다. 도스토옙스키는 심각한 간질을 앓았던 것으로 알려져 있다.

3 해마는 중앙 측두엽 깊숙이 있는 작고 구부러진 구조로, 기억 통합과 연관된 것으로 오랫동안 알려졌다. 해마(hippocampus)라는 이름은 그리스어로 바다 생물 '해마'를 뜻하는 단어에서 유래했다.

9장

1 데카르트는 무슈 그라(미스터 스크래치)라는 반려견에게 몹시 헌신했다. 그러고는 토끼를 해부했다.

2 외수용 감각과 내수용 감각 사이에는 고유수용감각이 있다. 고유수용감각은 몸의 위치와 운동에 관한 지각이다(5장 참고). 내수용 감각(interoception)을 자신의 정신 상태를 내적으로 살피는 내성(introspection)과 혼동해서는 안 된다.

3 섬피질은 '바다'에 뜬 '섬(island)'과 닮은 모양 때문에 섬(insular) 피질이라는 이름이 붙었다.

4 2020년 9월, 나는 영국 레이크 디스트릭트 블렌캐트라산의 악명 높은 샤프에지 산등성에 올랐다. 등산 장비는 필요하지 않았지만 쉽지 않은 길이었다. 산마루의 가파른 비탈 옆에는 미끄러운 암벽이 삐죽 솟아 있어, 실제로 사고도 자주 일어난다. 산마루 코앞에 이르렀을 때 나는 '마리아, 결혼해줄래?'라는 문장이 분필로 쓰인 돌이 뒤집혀 있는 것을 발견했다. 이 글씨를 쓴 사람이 더튼과 아론의 실험을 알았을지, 효과는 있었을지 궁금하지 않을 수 없었다.

5 평가 이론에서 내수용 추론으로 직접 이동하면서 그사이의 여러 작업을 뛰어넘었다. 특히 안토니오 다마지오(Antonio Damasio)는 정서와 인지가 어떻게 연관되고 어떻게 신체에 의존하는지 밝히는 데에 중대한 기여를 했다. 그리고 리사 펠드먼 배럿(Lisa Feldman Barrett)은 내수용 예측의 중요성을 강조하는 비슷한 개념에 독립적으로 도달했다.

6 여기서 나는 주로 후기 계몽주의 관점을 취하고 있다. 물활론(animism) 같은 이전 믿음 체계는 목표나 생명, 정신 같은 것을 훨씬 자유롭게 보았다.

7 모델'이다'라는 것과 모델을 '가진다'라는 것의 차이가 궁금할 수 있다. 시스템 B처럼 명시적 생성 모델을 가진 시스템은 조건적 또는 반사실적 예측을 할 수 있어, 이런 시스템은 모델을 '가진다'라고 할 수 있다. 시스템 A 같은 단순한 피드백 온도 시스템은 상대적으로 고정되고 유연하지 않은 조절기를 갖고 있어 단순히 모델'이다'라고 할 수 있다.

8 이 조언을 문자 그대로 받아들인다면 눈이 공에 그대로 들이받힐 것이다.

9 이를 생각하는 또 다른 방법은 내수용 활동으로 필수 변수를 조절하기 위해 내수
   용 감각 신호가 시스템적으로 '소실'된다는 것이다. 이는 5장에서 살펴본 것처럼
   외부 행동을 할 때 고유수용감각 신호가 소실되는 것과 마찬가지다.

10장

1 극단적이지만 매력적인 경우로, 보통 살아 있는 것으로 간주하지는 않지만 자신
   의 정체성을 적극적으로 유지한다고 보이는 것도 있다. 토네이도나 소용돌이를
   생각해보자.
2 통계적으로 예상되는 상태가 불가능할 수도 있을까? 시스템이 여러 가능한 상태
   중에서 제한된 범위 또는 상태, 즉 '유인 집합(attracting set)'에만 있을 때는 가능
   하다. 이 유인 집합은 시스템이 보통 놓이는 상태이기 때문에 통계적으로 예상할
   수 있지만, 이 집합의 안보다 바깥에 더 많은 상태가 있기 때문에 있을 법하지 않
   기도 하다. 살아 있는 것보다 퍼져버리는 방법은 더 많다.
3 열역학에서 자유에너지는 일정한 온도에서 작업을 수행하는 데 사용할 수 있는
   에너지의 양이다. '사용 가능'하다는 점에서 '자유'라는 의미다. 자유에너지 원리
   에서 이런 자유에너지는 '변분 자유에너지(variational free energy)'라 불린다. 이
   용어는 머신 러닝과 정보 이론에서 왔지만, 열역학에서 말하는 자유에너지와도
   밀접한 관련이 있다.
4 자유에너지 원리 같은 이론의 또 다른 예는 물리학의 '해밀턴의 정상 작용 원리
   (Hamilton's principle of stationary action)'로, (검증 가능한) 운동방정식과 일반 상
   대성 방정식을 유도하는 데 이용된다.
5 자유에너지 원리의 이면에 있는 개념과 수학은 해당 분야의 전문가에게도 간단
   하지 않다. 통계역학 교과서의 첫 문장은 이렇게 경고한다. "평생 통계역학을 연
   구한 루트비히 볼츠만(Ludwig Boltzmann)은 1906년 자살했다. 비슷한 연구를 하
   던 파울 에렌페스트(Paul Ehrenfest) 역시 1933년 같은 이유로 사망했다. 자, 이제
   당신이 통계역학을 공부할 차례다."

11장

1 참가자는 자신이 선택한 순간에 손목을 구부리며, 움직이려는 의식적 의도를 느
   낀 정확한 순간을 오실로스코프를 도는 점의 위치로 보고한다. 다른 장치로는 근

전도(EMG)와 뇌전도(EEG)를 측정한다. 그림 하단은 움직임이 시작하는 시간을 0초로 고정했을 때 일반적인 평균 뇌전도를 보여준다. 화살표는 의식적 충동(A)이 나타나는 순간과 준비 전위(B)가 시작되는 순간을 표시한다.

2 때로는 자발적 행동에 의식적 노력 또는 '의지'가 필요하다고 느껴지기도 한다. 예를 들어 이 주석을 쓰는 행동은 힘들게 느껴진다. 하지만 스스로 시작한 많은 자발적 행동은 의식적 노력이 거의 또는 전혀 들지 않는다. 따라서 의지력과 자유의지 경험을 혼동하지 말아야 한다.

3 헤라클레이토스는 다음과 같이 말했다. "같은 강물에 두 번 발을 담그는 사람은 없다. 같은 강물도, 같은 사람도 아니기 때문이다."

4 서양의 법체계는 형사 책임이 '유죄 행위(악투스 레아(actus rea))'와 '유죄 의식(멘스 레아(mens rea))'을 모두 요구한다는 원칙에 기반한다. 자유의지를 행사하는 능력, 즉 자유도를 조절하는 능력이 손상되었거나 어떤 식으로든 억압받았다면, '유죄 의식'을 느낄 수 있을까? 철학자 브루스 월러(Bruce Waller) 같은 사람은 우리가 뇌를 갖기로 스스로 결정한 것은 아니므로, 도덕적 책임이라는 개념 자체는 모순이라고 주장한다. 나는 우리가 자유도를 제어할 능력에서 일단 어떤 역치를 넘으면 행동에 대해 책임을 질 **수 있다**는 주장에 더 동의한다.

12장

1 나는 '동물'이라는 말을 '인간이 아닌' 동물의 줄임말로 사용했다. 인간 역시 동물이다.

2 2014년 한 연구에서는 쥐를 대상으로 다양한 보상과 관련된 여러 선택지 중 하나를 선택하게 하는 실험을 했다. 어떤 선택지를 선택했을 때 예상보다 적은 보상을 주면 쥐는 그 선택지를 다시 선택하지 않을 가능성이 컸다. 연구자들은 이것을 후회의 행동 신호로 해석했지만, 쥐가 실제로 무엇을 느꼈는지는 (그런 것이 있다면) 명확하지 않다.

3 동물이 경험하는 세계를 그 동물의 움벨트(Umwelt)라고 한다. 동물학자 야코브 폰 웩스쿨(Jakob von Uexküll)이 소개한 용어다.

4 우리가 방문한 직후, 카요 산티아고는 푸에르토리코의 나른 시억과 마찬가지로 허리케인 마리아에 휩쓸려 폐허가 되었다. 다행히 원숭이 대부분은 살아남았지만 많은 연구 시설은 파괴되었다. 우리가 녹화한 영상은 2018년 다큐멘터리 〈더 모스트 언노운(The Most Unknown)〉에 남아 있다. 다음 링크를 참고하라. www.

themostunknown.com

5   두족류에는 문어, 오징어, 갑오징어뿐만 아니라 앵무조개 같은 비교적 단순한 생물도 포함된다. 현존하는 종은 약 800여 종이다. '두족류'라는 명칭은 문자 그대로 '머리-발'로 번역되는데, 머리에 발이 아니라 팔 같은 부속물이 붙어 있는 문어에게는 불행한 일이다.

6   생각만큼 끔찍하지는 않은 실험이다. 문어는 팔을 잘랐을 때 그다지 눈치채지 못하는 것 같고 잘린 팔은 금방 다시 자라난다. 물론 그렇다고 해서 정당한 이유 없이 이런 실험을 해도 된다는 뜻은 아니다.

13장

1   이 합성 얼굴은 다음 링크에서 가져왔다. thispersondoesnotexist.com

2   이런 기술 중 일부는 보기만큼 새롭지 않다. 내 동료 가나이 료타(Kanai Ryota)는 최근 "말은 기본적으로 자율 주행이지"라고 말하기도 했다.

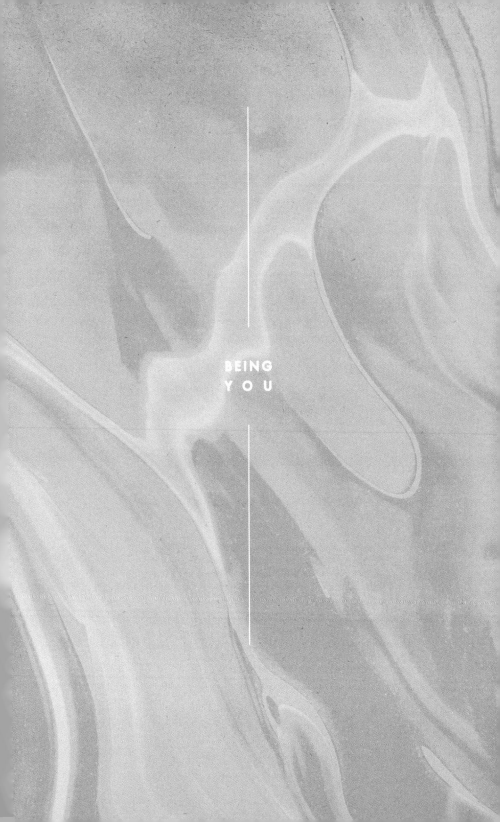

BEING
YOU

내가 된다는 것

초판 1쇄 발행 2022년 6월 30일
초판 5쇄 발행 2024년 6월 18일

지은이 아닐 세스
옮긴이 장혜인
펴낸이 유정연

이사 김귀분
책임편집 조현주 **기획편집** 신성식 유리슬아 서옥수 황서연 정유진 **디자인** 안수진 기경란
마케팅 반지영 박중혁 하유정 **제작** 임정호 **경영지원** 박소영

펴낸곳 흐름출판(주) **출판등록** 제313-2003-199호(2003년 5월 28일)
주소 서울시 마포구 월드컵북로5길 48-9(서교동)
전화 (02)325-4944 **팩스** (02)325-4945 **이메일** book@hbooks.co.kr
홈페이지 http://www.hbooks.co.kr **블로그** blog.naver.com/nextwave7
출력·인쇄·제본 (주)상지사 **용지** 월드페이퍼(주) **후가공** (주)이지앤비(특허 제10-1081185호)

ISBN 978-89-6596-516-9 03400